AutoLISP编程实战教程

符剑 | 编著

化学工业出版社
·北京·

内容简介

本书专注于AutoCAD中的AutoLISP编程，旨在帮助读者掌握AutoLISP编程技巧，提升AutoCAD操作的自动化能力，主要内容涵盖AutoLISP的基础概念、核心编程思想，以及在实际工作场景中的具体应用，包括图层管理、块操作、工作环境定制等。本书还提供了编写高效且可维护代码的建议，帮助读者避免常见的陷阱和错误。为便于学习和理解，本书创建了70多个AutoLISP脚本程序作为参考，方便读者实践和应用。

本书内容全面系统，实用性强，适用于具有一定AutoCAD基础操作能力的建筑师、工程师和设计师，特别是希望提高AutoCAD自动化能力、提升工作效率和准确性的专业人士。

图书在版编目（CIP）数据

AutoLISP编程实战教程 / 符剑编著. -- 北京 : 化学工业出版社，2025. 10. -- ISBN 978-7-122-48800-8

Ⅰ. TP391.72

中国国家版本馆CIP数据核字第2025JX9090号

责任编辑：曾　越
文字编辑：周　童　孙月蓉
责任校对：边　涛
装帧设计：王晓宇

出版发行：化学工业出版社
（北京市东城区青年湖南街13号　邮政编码100011）
印　　装：北京科印技术咨询服务有限公司数码印刷分部
787mm×1092mm　1/16　印张13½　字数342千字
2025年11月北京第1版第1次印刷

购书咨询：010-64518888　　售后服务：010-64518899
网　　址：http://www.cip.com.cn
凡购买本书，如有缺损质量问题，本社销售中心负责调换。

定　　价：78.00元　

序
FOREWORD

欧特克公司（Autodesk）是一家全球领先的设计与制造软件企业，以“帮助人们想象、设计并创造一个更美好的世界”为愿景。自1982年推出首款AutoCAD软件以来，Autodesk的产品已成为建筑、工程、制造等行业的标杆工具。多年来，Autodesk始终专注于将创新设计技术应用于各行各业，不断推动行业变革，为从业者提供卓越的体验和更多可能性。正如欧特克公司总裁兼CEO安德鲁·阿纳格诺斯特（Andrew Anagnost）所说：“我们有机会创造一个更可持续、更公平、更繁荣的未来”。

《AutoLISP编程实战教程》是一本专门为希望在AutoCAD中实现自动化操作的用户编写的专业书籍。作者符剑是AutoCAD编程领域的资深专家，拥有二十余年机械设计和工程项目管理经验，同时也是欧特克社区的专家成员。他在本书中结合自身的实践经验，详细讲解了AutoLISP编程的各个方面，从基础入门到高级应用，涵盖了自动加载、函数实例、图层管理、块操作、尺寸标注等多方面内容。通过一系列精心设计的实例和详细的步骤解析，帮助读者快速掌握AutoLISP编程技能，显著提高工作效率。此外，书中还介绍了如何在团队中共享LISP程序，实现高效协同工作，并详细阐述了AutoCAD的发展历程以及AutoLISP在自动化设计中的重要性。

《AutoLISP编程实战教程》不仅适合初学者，也是高级用户提升技能的理想参考。本书中的内容经过符剑多年实践验证，是AutoCAD用户不可多得的学习资源。通过本书，读者可以深入理解AutoLISP的编程哲学和实际应用，将AutoCAD的使用提升到一个新的高度。作为AutoCAD上海研发团队领导人，我强烈推荐这本书，希望它能帮助更多的用户在设计工作中取得更大的成功。

危建安

AutoCAD研发总监

欧特克中国研究院

2025.10

前言

PREFACE

从 20 世纪 90 年代网络的商业利用普及开始，到近年 AI（人工智能）等技术逐渐进入大众的视野，当今社会正在发生着巨大变化。AutoCAD 也是如此，它正随着这个潮流，在不断地发展和被完善着，并持续影响着我们的工作和生活。

AutoCAD 是一款由 Autodesk 公司开发的计算机辅助设计软件。自从 1982 年首次发布以来，它已经成为建筑师、工程师、产品设计师和其他专业人员用于二维绘图和基本三维设计的首选软件。掌握 AutoCAD 基本操作技能，如使用多段线绘制图形、创建图层以及结合字段制作块等功能至关重要，这些基础技能在绘图过程中如影随形，正如空气是我们所必需的一样，是成功完成设计的关键。

一旦掌握了一定的 AutoCAD 基础操作技能，并希望能进一步提高，特别是对重复性操作实现自动化，结合 AutoLISP 编程将是一个不错的选择。AutoLISP 是 AutoCAD 中内置的一种编程语言，它不但可以帮助我们实现自动化，提高效率，还对团队之间的协调和配合有很大的帮助。通过 AutoLISP，我们可以定制自己的界面，为日常工作流程创建专属的命令，从而提高效率和准确性。更为重要的是，对于重复性和烦琐的操作，AutoLISP 还可以实现自动化，从而大大减少手动输入的时间和可能发生的错误。

但是仅仅将 AutoLISP 应用于自己个人的使用和设计是不够的，只有将其与参加设计的同事共享，与整个项目的团队成员共享，才能发挥出更强大的作用。本书深度剖析了 AutoCAD 自定义功能中的共享方法，以实例的形式进行讲解，以便于读者更为系统化地掌握。

本书分为如下几个部分，系统地探讨 AutoLISP 的应用与技巧：

【基础篇】主要介绍 AutoLISP 的基本概念和技能，帮助大家建立扎实的基础。通过深入讲解 AutoCAD 的操作，以及 AutoLISP 编程的核心思想，使读者能够迅速掌握必要的知识。

【实战篇】将通过实际案例，展示 AutoLISP 函数的具体应用，包括图层管理、块操作等。这部分内容旨在通过实践，帮助大家提升在 AutoCAD 中的自动化能力，进而提高工作效率。

【技巧篇】提供一系列编程技巧，帮助读者优化代码、提高程序的运行效率。在这一部分中，大家将学习到如何利用 AutoLISP 处理常见问题和避开编程中的陷阱。

【协同篇】探讨如何在团队中实现 AutoLISP 程序的共享与协作。通过介绍 CUIX 等技术，大家可以学习如何在不同设备和团队成员之间高效地共享资源，提升团队协作的流畅性。

【应用篇】包括多个实际应用案例，展示 AutoLISP 在不同工作场景中的灵活运用。通过对这一部分案例的学习，大家将能够直接应用所学知识，解决实际工作中遇到的问题。

【附录】提供快捷键、常用函数和其他相关资源的汇总，方便大家查阅。无论是 AutoLISP，还是 SCR 脚本，这些工具不仅提升了协作的流畅性，而且大大提高了协同工作的效率。为了让读者更好地应用这些工具，本书所讲解的程序都可以扫描下方二维码进行下载。

本书开始执笔的时间为 2024 年 7 月，使用的软件版本为 AutoCAD 2024，编程所使用的计算机操作系统为 Windows 11。

由于编者水平有限，书中难免有疏漏，敬请广大读者批评和指正。

符 剑

扫码下载配书资源

目录
CONTENTS

基础篇

第 1 章 绪论 002

1.1 自动化设计与共享的重要性 002
1.2 为什么选择 AutoLISP 来进行共享 003
1.3 AutoLISP 在项目中的实际应用 004
1.4 AutoCAD 操作界面的构成 005

第 2 章 AutoLISP 基础 014

2.1 AutoCAD 与 API 014
2.2 AutoLISP 的创建及运行方法 016
2.3 AutoLISP 的基本规则 017
2.4 AutoLISP 的基本形状 018
2.5 加载应用程序 019

第 3 章 AutoLISP 的自动加载和应用 021

3.1 放置 AutoLISP 文件的专用文件夹 021
3.2 制作启动文件 acaddoc.lsp 023
3.3 借用自定义命令实现高效调试的简化 024
3.4 创建自己的 Library 库文件 025

实战篇

第 4 章 AutoLISP 函数与实例 030

4.1 COMMAND 函数 030
4.2 SETQ 函数和 GETPOINT 函数 031

4.3 GETREAL 函数 032
4.4 IF 函数 033
4.5 REPEAT 函数 034
4.6 WHILE 函数 035
4.7 GETVAR 函数和 SETVAR 函数 036
4.8 LIST 函数 038
4.9 ERROR 函数 039

第 5 章 AutoLISP 与图层 042

5.1 COMMAND 函数和 ENTMAKE 函数的区别 042
5.2 利用 COMMAND 函数来创建图层 043
5.2.1 用 AutoLISP 批量创建图层 044
5.2.2 图层名的输入简化 047
5.2.3 优化命令行的显示 047
5.2.4 图层命令的快捷键 049
5.3 利用 ENTMAKE 函数来创建图层 051
5.3.1 使用 DXF 组码创建图层 051
5.3.2 批量创建图层 054
5.4 添加线型的方法 056
5.4.1 基本思路 056
5.4.2 文件内已有线型时的对策 057
5.5 将标注自动添加到一个新图层 058
5.6 5 个特殊的变量 059
5.6.1 基本使用方法 060
5.6.2 专属图层的创建：ZD_Layers 061
5.7 图层的颜色 062

第 6 章 AutoLISP 与块和尺寸 065

6.1 块的调用 065
6.1.1 通过工具选项板调用 066
6.1.2 通过共享网盘调用 067
6.1.3 通过外部参照调用 068
6.2 块和 AutoLISP 的结合 068
6.3 块的批量导出 071
6.4 块的插入 072

6.4.1 直线上块的插入 072
6.4.2 斜线上块的插入 074
6.4.3 多段线上块的插入 074
6.4.4 删除重叠的部分 075
6.5 AutoLISP 的扩展函数 Visual LISP 076
6.6 批量修改块为不允许分解 077
6.7 快速打开块文件夹 079
6.8 使用 AutoLISP 创建标注样式 080
6.9 活用尺寸样式对齐直线 082
6.10 自动添加尺寸后缀 085

技巧篇

第 7 章 AutoLISP 编程小技巧 088

7.1 活用变量编程 088
7.1.1 系统变量和 GETVAR 函数 088
7.1.2 系统变量和 SETVAR 函数 089
7.1.3 全局变量和局部变量 090
7.1.4 引数和定数 090
7.2 活用 SSGET 函数 091
7.2.1 SSGET 函数的选择方式 092
7.2.2 SSGET 函数的选择模式 092
7.2.3 活用一：锁定图层中的图形为非选择 093
7.2.4 活用二：选择图形中特定的对象 094
7.3 1e99 的活用 095

第 8 章 利用 AutoLISP 打造自己的工作环境 097

8.1 常用系统变量的控制 097
8.1.1 对象捕捉：OSMODE 098
8.1.2 视觉样式：VSCURRENT 100
8.1.3 自动捕捉：AUTOSNAP 102
8.1.4 动态输入：DYNMODE 104
8.1.5 对象捕捉靶框：APERTURE 105
8.2 常用环境的控制 106

8.2.1 格栅的控制 106
8.2.2 世界坐标的切换 106
8.2.3 模型视图的切换 107
8.3 自制线型的自动下载 108
8.4 点的控制 110

第 9 章 切换键、鼠标宏、键盘宏的活用 112

9.1 什么是切换键 112
9.2 视觉样式的切换 113
9.3 参照文件卸载和重载的切换 114
9.4 鼠标宏和键盘宏 115

协同篇

第 10 章 共享程序，打造团队协同 122

10.1 协同共享的方法 122
10.1.1 第一种方法：云端共享 122
10.1.2 第二种方法：CUIX 文件共享 123
10.2 AutoLISP 文件夹 123
10.3 创建自制图标命令 124
10.4 关于主自定义文件 129
10.5 创建空白的局部自定义文件 131
10.6 加载局部自定义文件 132
10.7 添加命令 133
10.8 使用 Autodesk Vault 实现共享文件 136

第 11 章 鼠标点击大改造 138

11.1 鼠标的双击操作 138
11.2 自定义右键单击 139
11.3 创建双击专用 CUIX 文件 141
11.4 双击：启动点样式 142
11.5 双击：直线的复制 144
11.6 双击：隐藏尺寸界线 146
11.6.1 隐藏尺寸界线的方法 146

11.6.2　双击动作标注的设定　147
11.7　双击：创建中心线　149
11.8　块的复制和图案填充　150
11.8.1　块的复制　150
11.8.2　图案填充　151

第 12 章　配置文件和共享　152

12.1　配置文件的创建　152
12.2　电脑直接启动特定的配置文件　155
12.3　通过 AutoLISP 程序切换配置文件　157

应用篇

第 13 章　AutoLISP 实例　160

13.1　StripMtext　160
13.2　切换点样式　161
13.2.1　两种点样式的循环切换　161
13.2.2　三种点样式的循环切换　162
13.3　批量打开和解冻图层　163
13.4　打开计时右键单击　164
13.5　批量为图层名称添加前缀　165
13.5.1　无定向添加前缀　165
13.5.2　定向添加前缀　166
13.6　快速打开项目文件夹　167

第 14 章　命令宏和工具选项板　168

14.1　命令宏是什么　168
14.2　活用 VisualLisp 表达式　169
14.3　利用命令宏在任意处创建圆　171
14.4　将自制的命令宏放置到菜单栏　173
14.5　命令宏实例　177
14.5.1　保存文件为 DXF 格式　177
14.5.2　修剪功能的标准模式和快速模式切换　178
14.5.3　为标注的尺寸添加公差　178

第 15 章 AutoLISP 编程的注意事项 179

15.1 暂时退避 179
15.2 简化命令栏显示 180
15.3 中断错误的处理 183
15.4 清空 var 183
15.5 撤销标记 UNDO 184
15.5.1 打包撤销功能 184
15.5.2 标记功能 186
15.5.3 UNDO 功能的综合应用 187
15.6 使用 Visual LISP 编译文件 188
15.6.1 使用自带工具进行编译 188
15.6.2 使用 AutoLISP 代码进行编译 190
15.7 使用 FAS 保护器来进行加密 190

附录 191

附录 1 AutoCAD 默认快捷键一览表 191
附录 2 AutoLISP 常用函数一览表 193
附录 3 错误代码含义一览表 200
附录 4 本书中的 AutoLisp 程序一览表 202

基础篇

- AutoLISP 基础入门
- AutoLISP 的自动加载和应用
- 工欲善其事，必先利其器

春秋时期的思想家孔子在《论语》中有这样一段描述：“工欲善其事，必先利其器。”这句话的意思是说，我们要想做好工作，必须先把手中的工具准备好。AutoLISP 正是我们提高绘图效率的一个重要工具。如果你想在 AutoCAD 中实现高效的绘图操作，就需要先掌握 AutoLISP 的基础知识和技能，做好充分的准备，只有这样才能事半功倍，达到理想的成果。

AutoLISP 是一种为 AutoCAD 设计的编程语言，旨在通过编写脚本来实现绘图和设计任务的自动化和定制化。对于工程设计和绘图的专业人员来说，掌握 AutoLISP 能够减少大量重复性的劳动，提高工作效率。本篇将从基础知识入手，逐步和大家一起深入了解 AutoLISP 的各个方面，帮助大家从新手成长为精通 AutoLISP 的专业人士。

基础篇将介绍 AutoLISP 的基本概念和规则，让大家熟悉这门语言，并学习如何编写第一个 AutoLISP 程序，了解其基本语法和数据结构。通过这些内容，大家将掌握如何在 AutoCAD 环境中高效地使用 AutoLISP 进行编程。

接下来，会详细探讨如何将 AutoLISP 应用程序加载到 AutoCAD 中，以及如何管理和自动加载这些程序。还将介绍如何创建专用的 AutoLISP 文件夹，制作启动文件 acaddoc.lsp，并通过自定义命令实现高效调试和管理。通过这些技巧，大家可以更方便地在日常工作中使用 AutoLISP，提高工作效率。

无论您是刚刚接触 AutoLISP 的新手，还是希望进一步提升技能的专业人士，本篇都将为您提供全面的指导和实用的技巧。通过系统的学习和实践，您将能够对 AutoCAD 的使用游刃有余，充分发挥 AutoLISP 的强大功能，为设计工作带来革命性的变化。

第 1 章

绪 论

实现自动化设计与共享已经成为现代工程和设计领域的关键趋势之一。它不仅可以节省时间和人力资源，还可以减少错误和提高设计的一致性。实现自动化设计，设计师和工程师就可以将重复性的任务交给计算机来完成，从而释放更多的时间和精力用于创造性的工作和问题解决。同时，共享设计和工程数据使团队成员之间更容易协作，能确保他们都使用最新的信息进行工作，提高了项目的整体效率。

1.1 自动化设计与共享的重要性

拥有逾二十年项目设计及项目管理经验的我，有很多刻骨铭心的经历。也正是这些经历，为我提供了决定著书立说的不竭动力。在这众多的经历中，一个小小的插曲让我受益匪浅，也深深地影响了我的职业生涯。

那是十多年前的一个项目，我负责组建并带领一个小团队，负责与外协单位的协调工作和项目进度的全方位管理。团队中有一位小伙子，他的主要任务是图纸的修订。每当需要与外协单位进行资料交换，或是需要我们这边对图纸进行修改时，我都会将这些交给这位年轻人。然而，记忆犹新的是有一次临时会议前夕，我们突然发现一批图纸中有数据及图形需要更改，虽然涉及的文件多达百余张，但是更改的内容都一样。我像往常一样将任务交给了这位小伙子，嘱咐他在第二天上午会议前完成修改，并以 PDF 格式存放到公司的服务器里面。之后，我便离开了公司，忙于其他会议直至夜幕归家。

翌日，当我踏入办公室，惊见这位年轻设计师仍然埋头于图纸之中，于是半开玩笑地评论了他的早到。他告诉我，他整个夜晚都在努力完成我交付的任务，但尚未全部完成。这令我大感意外，我便追问他的具体操作方法。直至那一刻，我才意识到了自己的疏忽——我知道他擅长运用 AutoCAD 进行绘图，但却从未确认过他是否掌握批量处理文件以实现自动化设计的技能。事实上，借助 AutoCAD 的批量处理功能，原本需要整夜的工作仅需短短 30 分钟便能完成。

这次经历让我深刻反思，于是我开始尝试着组织学习班，开设公司内部的各类培训课程，以期提升团队的整体技能水平。但初期的效果并不理想。经过一系列的尝试与实践后，我逐渐领悟到：与其强迫一个人去学习，不如将自己创造的工具和流程直接“共享”。这种

“即拿即用”的理念，反而更容易被接受，并能迅速普及和应用。

从那以后，在每次项目创建，团队协作初期，我都会制作一个针对这个项目的 CUIX 共享文件，将与这个项目相关的文件和我日常工作中编写及使用的 AutoLISP 文件，甚至常用的模板、动态块的库等与团队成员进行共享。这种共享不仅仅是资源的共享，更是知识与技能的传递，极大地提升了团队的统一管理以及工作效率。从此以后，我管理的项目团队的工作模式发生了根本性的改变，不仅仅是在技术层面上实现了高效，更在协作与沟通上达到了一个全新的高度。

虽然这段经历很短暂，但在我的职业生涯中发挥了举足轻重的作用。它提醒我，技术的高效运用和团队成员能力的充分挖掘，对项目成功与否非常重要。我希望能够通过这本书，将这样的理念和经验传授给更多的人，使更多项目和团队获得成功。

1.2 为什么选择 AutoLISP 来进行共享

AutoCAD 是一个非常强大的工具，它是美国 Autodesk 公司开发的一款泛用 CAD 设计软件，容易上手，可以满足不同行业的制图设计要求，并可以以 DWG 的格式进行保存，可以修改再利用，等等，提高了我们的工作效率。

它的另外一个强大的功能就是为我们提供了多种开发自定义功能和自动化任务的方法，包括 VBA、NET 框架，JavaScript，AutoLISP，等等（图 1-2-1）。既然 AutoCAD 支持多种编程语言和接口，为什么选择使用 AutoLISP？原因有以下 5 点。

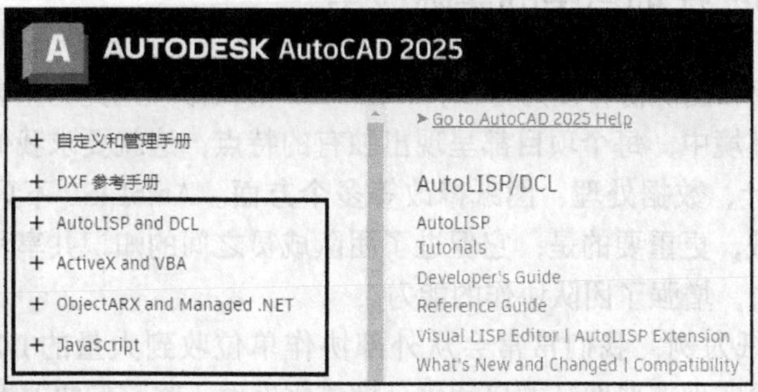

图 1-2-1　AutoCAD 可用的开发工具

（1）简洁与易用

AutoLISP 是一种特别为 AutoCAD 设计的编程语言，它基于 LISP 语言，LISP 语言是最古老的编程语言之一。AutoLISP 的语法简洁，易于学习，这对于非专业的设计工作人员来说尤其有吸引力。即便你是个新手，或是个没有太多编程背景的 AutoCAD 用户，也可以通过查阅一些基础教程来学习 AutoLISP，并编写简单的脚本来自动化日常任务。

（2）高效的自动化处理

在处理重复性工作方面，AutoLISP 可以帮助我们大幅提高工作效率。例如，我们可以编写一段 AutoLISP 程序来进行自动化绘图操作，比如自动插入块，自动创建图层，自动设置绘图比例，甚至还可以进行复杂的计算和数据处理。像这样的自动化不仅可以节省大量的工作时间，还可以减少因手动操作导致的错误等人为的失误。

（3）无缝的集成和跨版本兼容

AutoLISP 紧密集成在 AutoCAD 中，这意味着它可以直接与 AutoCAD 的数据库和用户界面交互，而不需要额外的中间件或桥接工具。这种无缝集成确保了脚本运行的稳定性和效率，并允许开发者访问 AutoCAD 的 API（应用程序接口）。

另外 AutoCAD 的版本更新迭代很快，但 AutoLISP 保持了很好的向后兼容性。也就是说，我们为一个版本编写的程序，在未来新发布的版本和旧的 AutoCAD 中仍然可以使用，或者需要的修改很小。这为企业提供了长期稳定性，降低了升级软件时的维护成本。

（4）强大的支持和低成本

AutoLISP 拥有一个活跃的用户和开发者社区。许多用户已经开发了各种用途的 AutoLISP 脚本，并愿意在论坛和社区中分享。新用户可以轻易地找到现成的代码片段来学习或者直接在自己的项目中使用。

对于许多小型企业或个人开发者来说，成本是一个重要因素。AutoLISP 是 AutoCAD 自带的，不需要额外购买许可或组件，这使得它成为了一个成本效益很高的方案。相比之下，其他开发工具，如 .NET 可能需要更多的资源和投资。

（5）易于共享和部署

AutoLISP 程序可以很容易地通过电子邮件或网络共享，并可以由用户直接加载执行，无须复杂的安装过程。这使得在用户之间共享自动化解决方案和工具变得简单便捷，对于促进团队合作和提高工作效率非常有帮助。

综上 5 个方面所述，AutoLISP 的集成度高、兼容性好、易于部署等因素，使得它成为实现共享工作和自动化 AutoCAD 任务的首选。本书也将围绕着 AutoLISP 的这些优点，从多个方面来阐述它的构筑方法以及使用技巧。

1.3 AutoLISP 在项目中的实际应用

在提高项目效率和团队协作能力方面，AutoLISP 的实际应用尤为重要。在现代设计和工程项目管理的复杂环境中，每个项目都呈现出独有的特点，这就要求我们采用定制化的解决方案，涵盖图形设计、数据处理、图纸修改等多个方面。AutoLISP 不只是作为一个高效的工具来应对这些挑战，更重要的是，它促进了团队成员之间的知识共享和技能提升，从而在提升工作效率的同时，增强了团队协作的能力。

以批量转换图纸为例，我们常常会从外部协作单位收到大量的 DXF 格式图纸。通过 AutoLISP，可以轻松实现这些图纸的自动化、批量化处理，将它们快速地转换为 DWG 格式，从而显著提升我们的工作效率。再比方说，当需要对一批图纸中的特定部分，进行移动、旋转和对齐等重复性操作的时候，使用 AutoLISP 可以非常简单快捷地编辑一段程序对图纸进行自动化、批量化处理，不仅极大地提高了效率，同时也促进了团队成员间的知识共享和技能提升。

此外，通过 AutoLISP，还可以预先定义并共享诸如图层名称、线条颜色、线型及其粗细等信息。这不仅简化了新图纸的创建流程，还确保了团队在绘图和图层创建方面的统一性和专业性。

我们在自己电脑 C 盘中已经安装好的 AutoCAD 的文件夹里，可以找到名为“Express”的文件夹（图 1-3-1）。它是 AutoCAD 的一个扩展工具集，是一些有识之士自行创建并被 AutoCAD 采纳的程序的集合。在这个文件夹里可以看到大部分的扩展功能都是由 AutoLISP 文件（.lsp）实现的。

总的来说，将 AutoLISP 融入并共享到团队项目中，不仅大幅促进了成员间的协作和技能交流，还大幅减少了重复性工作，对整体工作效率的提升作出了显著贡献。这种实践体现了 AutoLISP 作为一个强大工具，在现代设计和工程项目管理中的不可替代价值，同时也彰

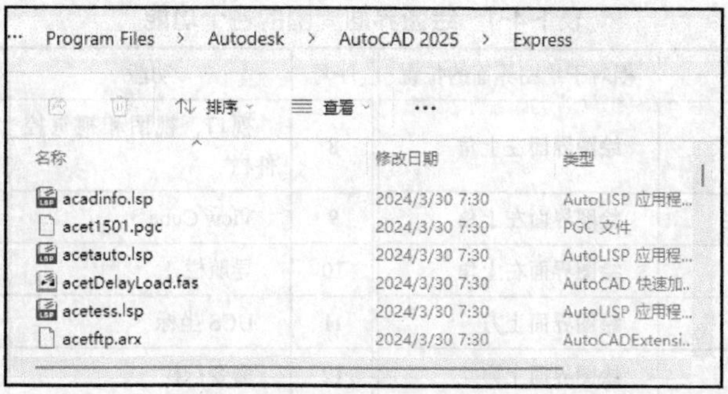

图 1-3-1　Express 文件夹

显了其在促进创新和提升团队协同工作效率方面的巨大潜力。

在接下来的章节中，我们将深入探讨 AutoLISP 的基础知识，以及如何将其应用于自动化设计与共享的实际场景。通过本书的研究，希望大家能够更好地理解为什么选择 AutoLISP，并掌握如何有效地利用它来改善自己的设计和工程工作。

1.4　AutoCAD 操作界面的构成

在日语里面有一个四字谚语“意思疏通”。它的含义就是双方需要通过各种各样的工具和途径来理解对方的想法。为方便本书解说的内容能与大家的意思疏通，本节将 AutoCAD 各个界面的构成名称统一。比方说当本书的解说中出现了状态栏，大家马上就可以知道是指绘图界面右下角的功能区。

任意新建一张图纸，首先展现在眼前的空白图纸就是 AutoCAD 的绘图区域（图 1-4-1）。这个区域是进行绘图设计和操作的核心界面，尤其是中央部分的绘图界面（drawing area），它是创作和编辑图纸（模型空间）以及印刷排版设计（布局空间）的核心。AutoCAD 环绕着这一绘图区域，精心布置了众多与操作相关的功能和工具。

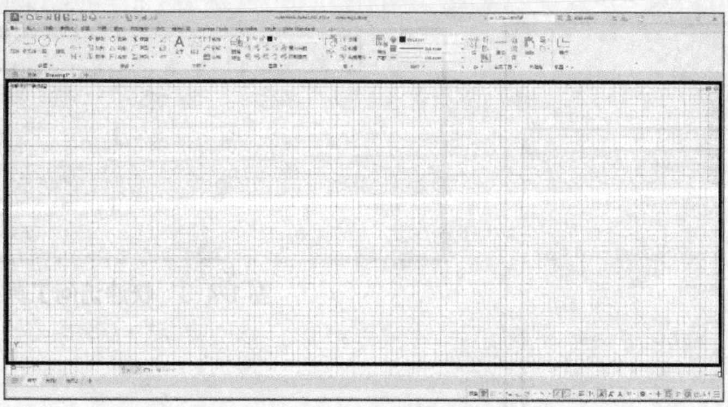

图 1-4-1　AutoCAD 操作界面

为了便于大家理解，本书将绘图界面的这些功能按照从上至下、从左至右的顺序分成 14 个部分（表 1-4-1），并逐一详细解析这些功能的构造和功用。

（1）“A”图标

首先，了解一下绘图界面左上角的“A”图标，这是 AutoCAD 的一个快速访问工具集合（图 1-4-2）。点击这个“A”图标会弹出一个下拉菜单，提供一系列快捷操作。在这个菜单中可以执行多种文件管理任务，如新建绘图文件、打开已有文件、保存当前工作，以及将

表 1-4-1　绘图界面周围的各个功能

序号	功能	相对于绘图界面的位置	序号	功能	相对于绘图界面的位置
1	“A”图标	绘图界面左上角	8	视口、视图和视觉控件栏	绘图界面左上方
2	快速访问工具栏	绘图界面左上角	9	View Cube	绘图界面右上方
3	检索栏	绘图界面右上角	10	导航栏	绘图界面右侧
4	菜单栏	绘图界面上方	11	UCS 坐标	绘图界面左下角
5	选项卡栏	绘图界面上方	12	命令行栏	绘图界面下方
6	操作面板栏	绘图界面上方	13	布局选项卡栏	绘图界面左下方
7	文件选项卡栏	绘图界面左上方	14	状态栏	绘图界面右下方

文件另存为其他格式。这个菜单极大地方便了我们对文件进行基本操作，使得工作流程更加高效顺畅。

除此之外，这个“A”图标下拉菜单还提供了一些其他的功能，例如打印或发布绘图，甚至可以进入 AutoCAD 的设置选项界面。这些功能让我们能够轻松调整 AutoCAD 的工作环境，以适应不同的项目需求。

（2）快速访问工具栏

“A”图标的右边是快速访问工具栏（图 1-4-3），这是 AutoCAD 中一个极为实用的功能。它提供了一种方便快捷的方式访问最常用的命令，例如保存（QSAVE）、撤销（UNDO）和打印（PLOPT）等。这些功能的图标被排列在工具栏上，可以快速找到并使用它们。

此外，这个快速访问工具栏是可定制的，大家可以根据自己的需要添加或移除特定的命令（图 1-4-4）。这种可定制性意味着每个用户都可以根据自己的工作习惯和需求，调整工具栏，从而建立一个更加个性化和高效的工作环境。

在繁忙的工作流程中，当需要频繁地保存更改或撤销某些操作时，大家无须深入繁杂的菜单系统，可以直接从快速访问工具栏中选择所需的命令，极大地提高了工作效率。

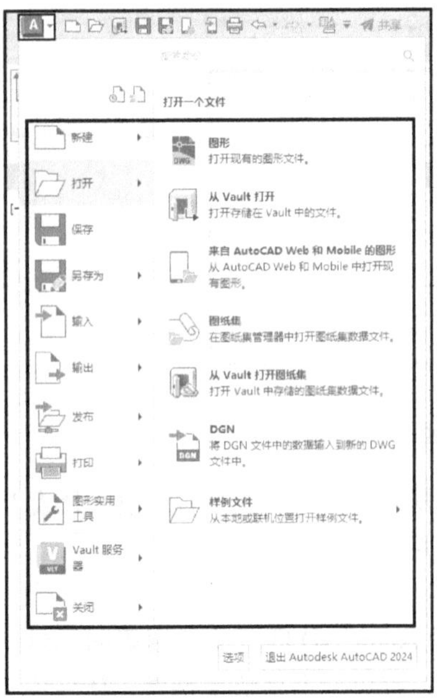

图 1-4-2　“A”图标

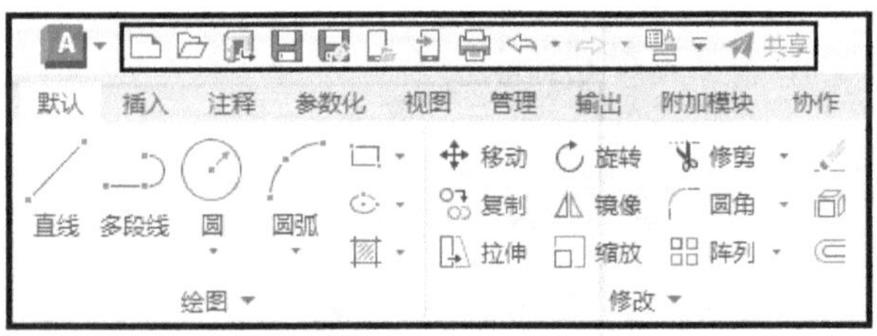

图 1-4-3　快速访问工具栏

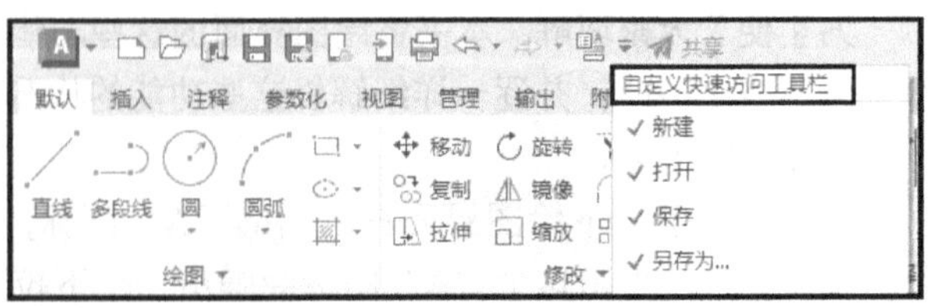

图 1-4-4　自定义快速访问工具栏

（3）检索栏

在 AutoCAD 操作界面的右上角可以找到检索栏（图 1-4-5），这是一个功能强大的搜索工具。它使我们能够通过输入关键字来快速搜索命令、文件名，甚至是软件内的帮助文档。这在我们忘记某个特定命令的确切位置或名称时尤其有用。

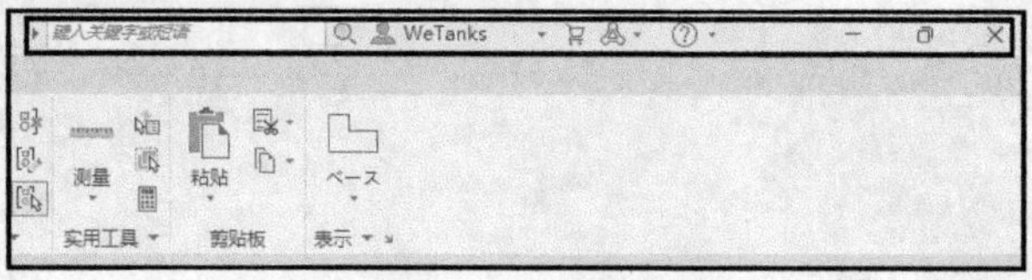

图 1-4-5　检索栏

除了基本的搜索功能，检索栏还提供了一些其他的便利服务。例如，用户可以通过它来检索自己的账户详细信息（图 1-4-6），这对于管理个人设置和订阅非常有帮助。同时，它还提供了直接链接到 AutoCAD 主页的快捷方式（图 1-4-7），方便用户访问最新的产品信息、更新和支持资源。此外，对于需要使用不同语言的用户，检索栏还提供了语言包的下载选项（图 1-4-8），使得 AutoCAD 能够满足不同地区用户的需求。下载并安装完语言包之后，电脑桌面上将会自动生成所对应的语言的 AutoCAD 图标。图 1-4-9 是英文版、中文版和日文版 AutoCAD 的图标，它们可以共存在一台电脑里面，甚至可以同时工作，互不干涉。

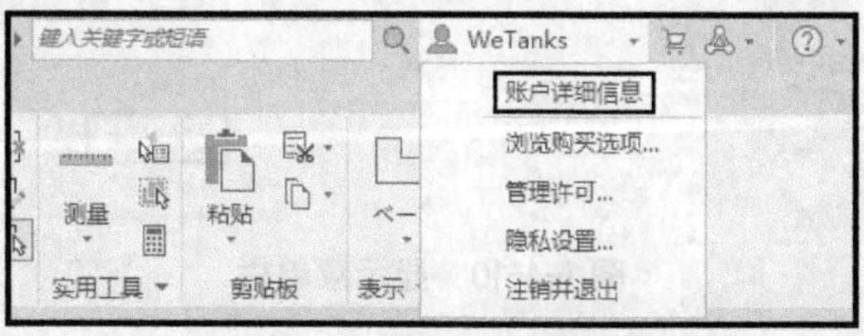

图 1-4-6　账户详细信息

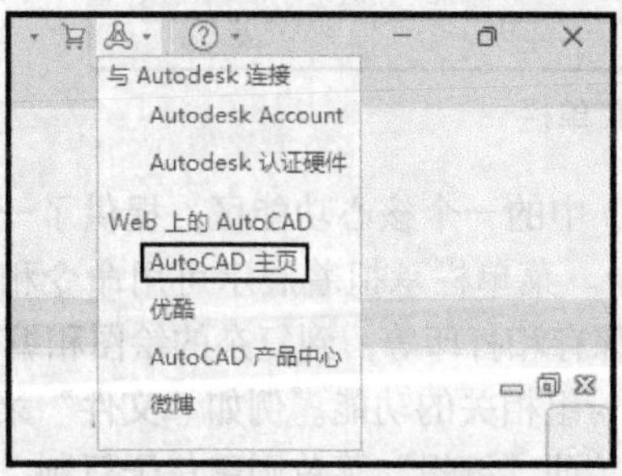

图 1-4-7　AutoCAD 主页

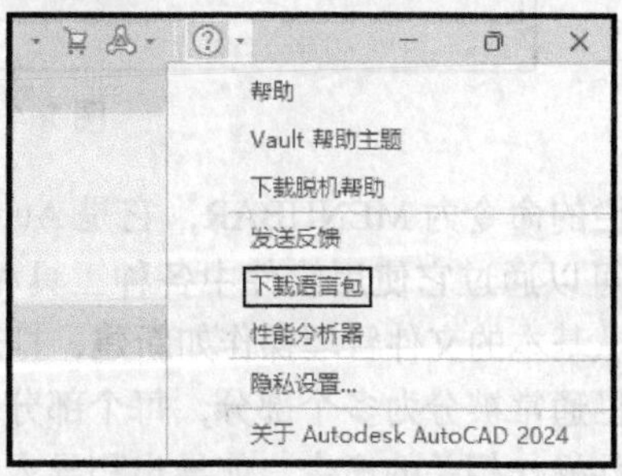

图 1-4-8　下载语言包

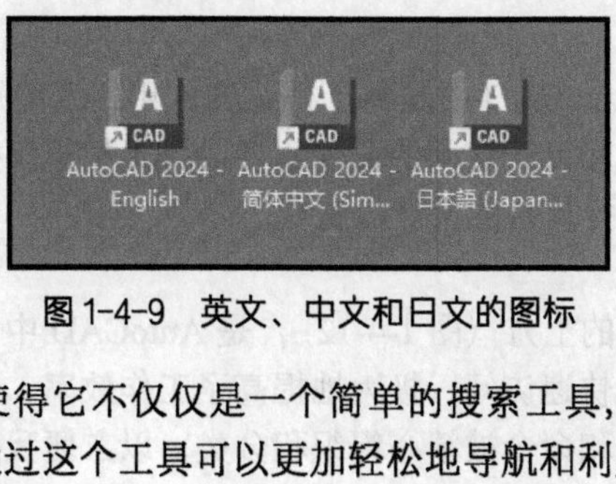

图 1-4-9　英文、中文和日文的图标

检索栏的这些功能，使得它不仅仅是一个简单的搜索工具，而是一个多功能的信息中心，提供了极大的便利。通过这个工具可以更加轻松地导航和利用软件的众多功能，从而提高自己的工作效率和体验感。

（4）菜单栏

默认的 AutoCAD 设定中，菜单栏是非显示的（图 1-4-10）。点击快速访问工具栏右边的小三角图标，就可以看到“显示菜单栏”，点击它，菜单栏就会显示到快速访问工具栏的下方（图 1-4-11）。

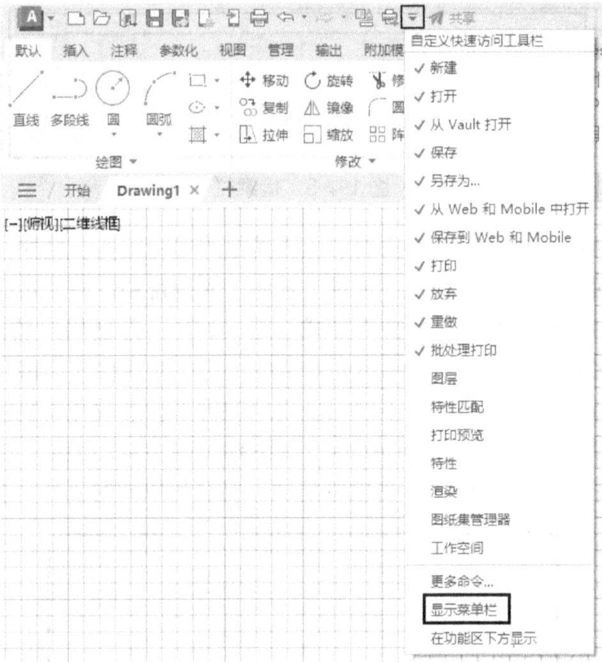

图 1-4-10　显示菜单栏

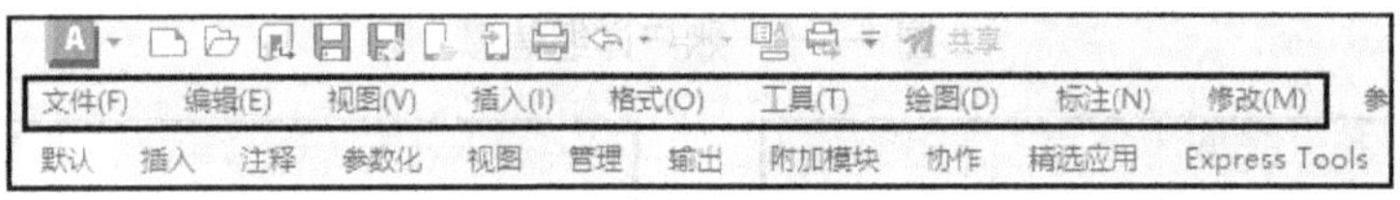

图 1-4-11　菜单栏

菜单栏的命令为 MENUBAR，它是 AutoCAD 中的一个核心功能区，提供了一个结构化的界面，可以通过它使用软件中各种工具和命令。菜单栏承担着展示可用命令和功能的作用，涵盖从基本的文件管理操作如新建、打开、保存和打印等，到复杂的绘图和编辑工具。

菜单栏通常被分为多个部分，每个部分代表一组相关的功能。例如“文件”菜单包含了所有与文件操作相关的命令，如导出和导入数据，而“编辑”菜单则聚焦于复制、粘贴、删除等编辑操作。此外，还有“视图”菜单，它允许大家切换不同的视图和进行视图设置，以适应不同的设计需求和偏好。

总的来说，菜单栏在 AutoCAD 中起到了桥梁的作用，它缩短了我们与软件强大功能之间的距离。通过直观的布局和易于访问的命令集合，菜单栏不仅提高了大家的操作效率，还帮助大家更容易地管理和执行复杂的设计任务。

（5）选项卡栏

选项卡栏位于绘图界面的上方（图 1-4-12），是 AutoCAD 中一个非常重要的工具。它提供了对不同功能和工具集的快速访问，极大地提高了工作效率。每个选项卡都包含了一组相关的工具和命令，这些工具和命令被精心组织和分类，以方便我们可以根据当前的工作需求快速找到所需工具。

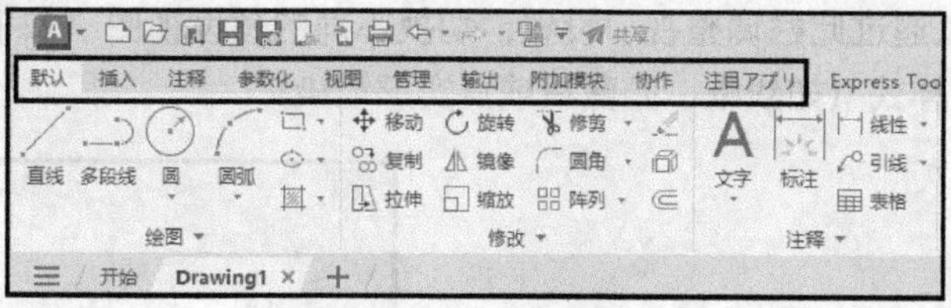

图 1-4-12　选项卡栏

例如："默认"选项卡包含了各种绘图工具和命令，适用于创建和编辑图形；"插入"选项卡则提供了插入块、参照等功能；而"注释"选项卡则集中了添加文本、尺寸标注和其他注释元素的工具。此外，还有专门的选项卡如"参数化"和"视图"，它们分别提供了创建参数化图形和管理不同视图的工具。

这种模块化和分组的方式不仅使界面更加整洁，也使我们能够更加直观地找到和使用各种工具。大家可以根据自己的工作流程和习惯，快速在不同的选项卡之间切换，从而有效地进行各种绘图和编辑操作。此外，选项卡栏的这种布局也便于新手学习和掌握 AutoCAD 的各种功能，提高了软件的易用性。

（6）操作面板栏

紧接着选项卡栏的是操作面板栏（图 1-4-13），它是 AutoCAD 中一个非常实用的操作界面。它提供了一系列特定的绘图和编辑工具，这些工具被细分为不同的面板，每个面板都针对特定的绘图或编辑任务。例如，有专门的面板提供绘制线条、形状的工具，而另一个面板则集中了测量和标注工具。

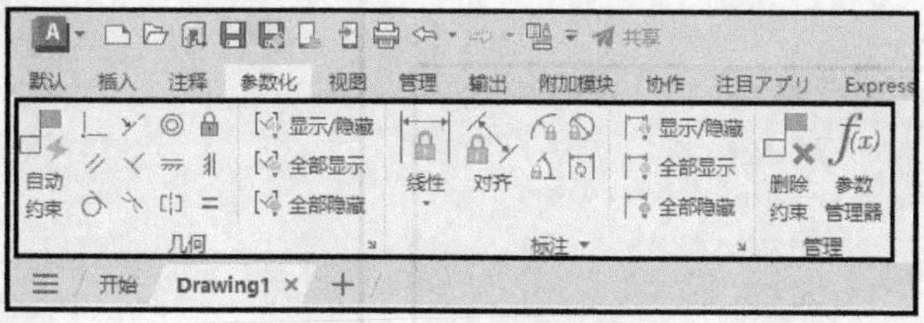

图 1-4-13　操作面板栏

在进行绘图工作时，可以直接从操作面板栏中选择合适的工具，这大大提高了工作效率。这些面板的设计考虑到了用户的操作习惯和绘图逻辑流程，使得从一个任务切换到另一个任务变得非常顺畅。例如你正在绘制一个复杂的图形，可能需要频繁地切换使用不同的绘图和修改工具，操作面板栏使这一过程变得更加简单快捷。

此外，操作面板栏的布局也是可定制的。可以根据自己的需要添加或移除特定的面板，甚至可以调整面板中工具的排列顺序。这种可定制性不仅提高了绘图的灵活性，还允许根据自己的工作习惯和偏好来优化操作界面，从而进一步提升工作效率和舒适度。

（7）文件选项卡栏

文件选项卡栏是一个专门汇总文件的区域，用于管理和访问所有打开的绘图文件（图 1-4-14）。可以在此轻松切换不同的文件，新建文件，甚至可以执行"全部保存"（SAVEALL）和"全部关闭"（CLOSEALL）命令（图 1-4-15）。

文件选项卡栏的命令为 FILETAB，如果 AutoCAD 因为某种原因文件选项卡栏没有显示出来的话，只需在命令行输入 FILETAB 命令后按回车键，即可轻松调出文件选项卡栏的界面。

（8）视口、视图和视觉控件栏

视口、视图和视觉控件栏在文件选项卡栏的正下方（图 1-4-16），这里提供了对绘图视图的全部控制。可以通过此栏调整视口设置，切换不同的预设视图（如平面视图、等轴测视图），以及调整视觉样式（如线框、隐藏线或真实感渲染）。

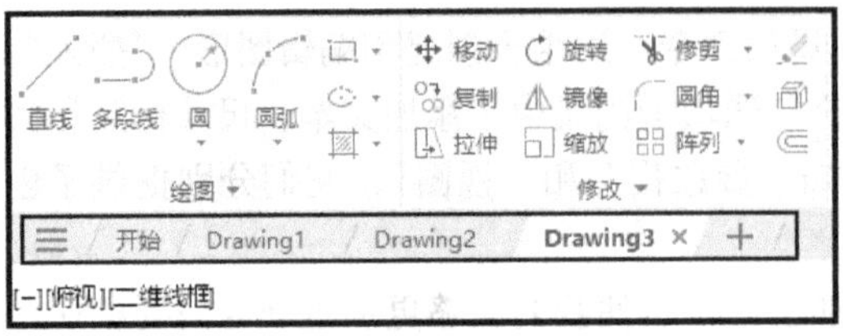

图 1-4-14　文件选项卡栏

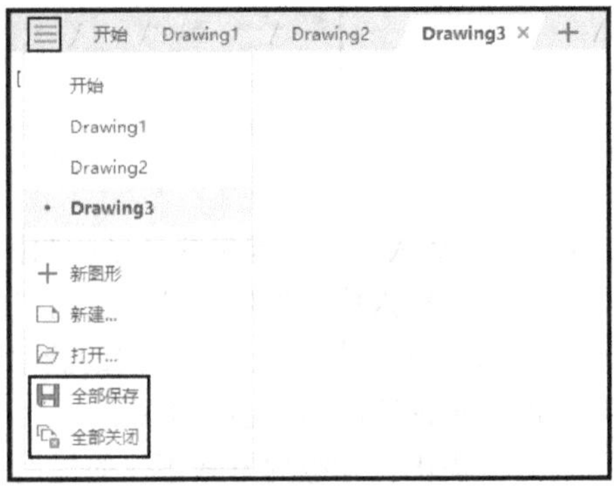

图 1-4-15　“全部保存”和“全部关闭”选项

视口的命令为 VPORTS，它没有快捷键。AutoCAD 新建文件默认的状态是单一视口，通过点击视口的图标来切换显示的视口配置（图 1-4-17）。

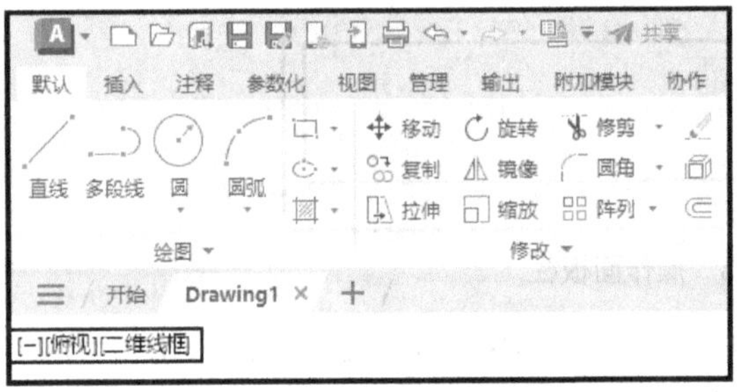

图 1-4-16　视口、视图和视觉控件栏

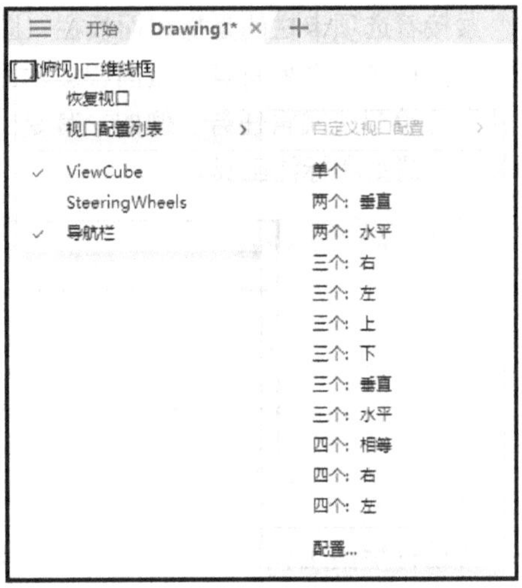

图 1-4-17　切换视口配置

视图的命令为 VIEW，AutoCAD 默认的视图状态为俯视（Top），总共有 10 种视图状态可以供切换（表 1-4-2）。

表 1-4-2　视图名称

视图状态	命令	视图状态	命令
俯视	Top	后视	Back
仰视	Bottom	西南等轴测	Swiso
左视	Left	东南等轴测	Seiso
右视	Right	东北等轴测	Neiso
前视	Front	西北等轴测	Nwiso

视觉样式的命令为 VSCURRENT，AutoCAD 默认的视觉样式有 10 种（表 1-4-3）。

表 1-4-3　视觉样式

视觉样式	命令	视觉样式	命令
二维线框	2D Wireframe	带边缘着色	Shaded with Edges
概念	Conceptual	灰度	Shades of Gray
隐藏	Hidden	勾画	Sketchy
真实	Realistic	线框	Wireframe
着色	Shaded	X 射线	X-ray

通过 AutoLISP，结合视图和视觉样式的英文命令可以方便快捷地进行操作，在本书的技巧篇将会有详细的介绍。

（9）View Cube

View Cube 是一个交互式的三维导航工具，它处于绘图界面右上角（图 1-4-18）。View Cube 显示当前视图的方向，并允许用户快速切换到不同的视图。在进行三维建模时，可以使用 View Cube 快速定位到所需的视图，例如从俯视图切换到前视图，只需点击 View Cube 的“前”这个面即可。

由于二维线框的视觉风格主要适用于二维平面，因此在二维线框模式下展示 View Cube 意义不大。要调整这一设置，用户可以进入“选项”面板（OPTIONS），在“三维建模”选项卡中找到“在视口中显示工具”设置（图 1-4-19）。在这里，可以选择让 View Cube 在二维线框视图中不显示。

（10）导航栏

导航栏位于绘图界面的右侧，在 View Cube 的下方（图 1-4-20）。它提供了各种导航工具，如缩放、平移和旋转视图等工具。这些工具对于在复杂的绘图中快速导航至特定区域非常有用。

图 1-4-18　View Cube

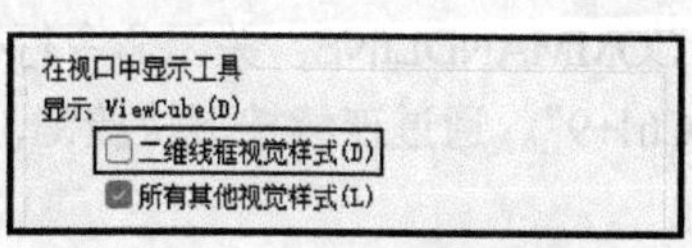

图 1-4-19　二维线框视觉样式

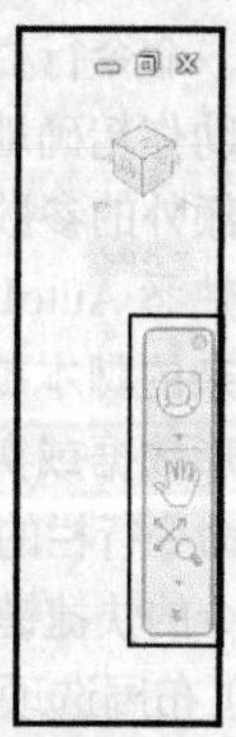

图 1-4-20　导航栏

通过 NAVBAR 命令，在命令行处输入 ON 或者 OFF（不区分大小写）来打开或者关闭导航栏（图 1-4-21）。

（11）UCS 坐标

AutoCAD 中的用户坐标系统（UCS）是一个非常强大的工具，尤其是在进行复杂的三维设计和建模的时候，更能体现出它的价值。UCS 坐标通常位于绘图界面的左下方（图 1-4-22），以显示当前的 UCS 坐标状态。通过 UCS 坐标能够确认当前坐标的状态，并可以通过它来定义和操作自己的工作平面和方向，这在三维空间中尤为重要。另外，使用 UCS 坐标可以轻松地旋转、平移和倾斜工作平面，以适应设计的需求。

图 1-4-21　NAVBAR

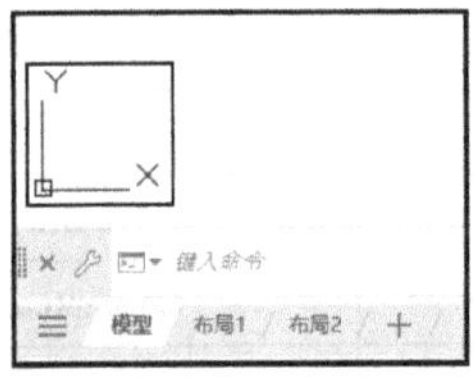

图 1-4-22　UCS 坐标

UCS 坐标的灵活性使得在不同的视图和平面中工作变得更加容易。例如，可以将 UCS 坐标设置为特定的面或者边，以便更准确地放置和对齐对象。此外，还可以通过保存和恢复 UCS 坐标配置，处理复杂项目或在多个不同配置之间切换。

AutoCAD 还提供了一系列的命令和工具来管理 UCS 坐标，包括快速旋转 UCS 坐标到特定的平面或轴，或者根据选定对象自动调整 UCS 坐标。这些工具大大提高了工作效率，尤其是在进行三维建模和复杂构造时。通过有效地使用 UCS 坐标，设计师可以更灵活地控制自己的设计空间，从而实现更精确和高效的设计过程。

（12）命令行栏

命令行栏在 AutoCAD 刚安装好时，默认的状态是悬浮在绘图界面中，但是对于大多数人来说，将它固定到绘图界面的下方更加方便使用（图 1-4-23）。

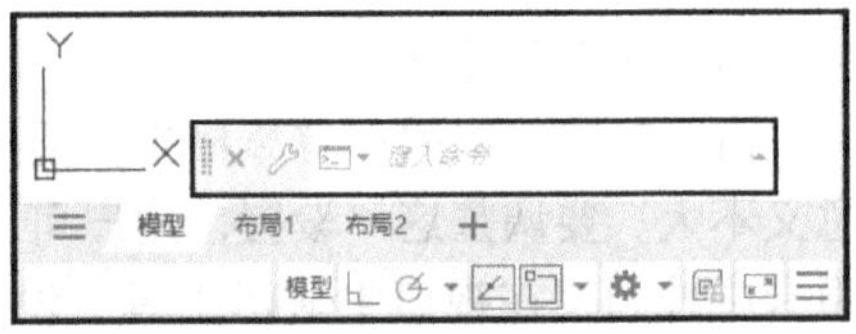

图 1-4-23　命令行栏

AutoCAD 中的命令行栏是一个极其强大的工具，它不仅仅是命令输入的地方，还是与程序进行交互的主要界面。虽然 AutoCAD 提供了丰富的图形界面和工具栏，但许多用户还是依赖于命令行栏来快速执行操作和实现访问功能。例如可以直接在命令行栏里面输入直线的命令 LINE 或圆的命令 CIRCLE 来快速创建或修改图形。这种方法对于希望高效率绘图的用户来说是非常有效的，因为它减少了我们鼠标点击和界面导航的次数。

此外，命令行栏也提供了丰富的信息和反馈。当你输入命令时，它会显示相关的选项和提示，帮助你精确地控制命令所实现的行为。例如，当你输入一个绘图命令时，它可能会要求你输入额外的参数，如尺寸、角度或其他特定属性。

对于熟悉 AutoLISP 编程的用户来说，命令行栏更是一个强大的资源。通过它，用户可以输入复杂的脚本或命令序列，实现自动化和高度定制的操作。这对于自动化重复任务、批量处理图形数据或实现特定的绘图需求至关重要。

显示命令行栏的命令是 COMMANDLINE，关闭命令行栏的命令是 COMMANDLINEHIDE。这两个命令的快捷键均为“Ctrl+9”。通过连续按下快捷键，可以快速地打开或关闭命令行栏。

（13）布局选项卡栏

布局选项卡栏位于绘图界面的左下方（图 1-4-24）。布局选项卡栏允许我们高效地管理和切换不同的布局视图，每个布局都可以包含特定的视口配置和打印设置。这意味着可以为同一个项目创建多个布局，每个布局都有其独特的视图和比例，非常适合准备多种打印格式或展示材料。

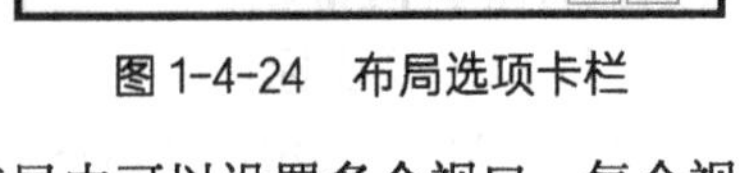

图 1-4-24　布局选项卡栏

布局选项卡的灵活性体现在其对视口的管理上。每个布局中可以设置多个视口，每个视口都可以展示模型的不同部分或不同视角。这对于展示复杂项目的不同方面非常有用，比如建筑设计中的不同楼层或房间。此外，每个视口都可以有独立的比例和绘图设置，能够在同一张图纸上展示不同比例的视图，非常适合细节和总体设计的并置展示。

在布局选项卡栏中还可以设置打印和出版相关的参数，如纸张大小、打印比例、图纸边界等。这大大简化了从设计到打印的过程，确保输出的质量符合专业标准，可以轻松地为客户演示设计，或将工作以高质量的格式输出。

命令 LAYOUTTAB 用于控制布局选项卡栏的显示或者隐藏。用户可以根据需要快速访问或隐藏布局选项卡栏，这对于想要最大化绘图区域的用户特别有用。这种可定制性保证了 AutoCAD 可以适用于不同用户的工作流程和偏好。

（14）状态栏

状态栏位于绘图界面的底部右下方（图 1-4-25）。它不仅提供了关于当前绘图状态的重要信息，还允许我们快速访问和切换多种常用设置，极大地提高了工作效率和操作的便捷性。

图 1-4-25　状态栏

状态栏里面的显示，可以通过最右边的三个横线图标（图 1-4-26）来控制，单击它之后，即可选择自己需要的功能。

图 1-4-26　状态栏功能的显示

状态栏显示了许多关键的绘图和编辑功能的状态，如网格状态、正交模式、对象捕捉（object snap, OSNAP）设置等。例如，用户可以一眼看到是否启用了网格，这对于精确绘图非常有帮助，正交模式使得绘制垂直和水平线变得简单，而对象捕捉功能则是精确定位对象关键点（如端点、中点、圆心等）的强大工具。

状态栏的命令为 STATUSBAR，通过它可以设置是否显示状态栏。

以上是关于操作界面构成的全部介绍，希望通过以上详细的介绍，大家能更好地理解 AutoCAD 的操作界面，并且能够迅速找到所需的功能，从而提高工作效率。在实际使用中，熟悉这些工具和功能的布局，将大大简化绘图过程，并帮助大家高效地完成各种设计任务。

第 2 章

AutoLISP 基础

打开 AutoCAD，新建一个文件，然后切换到“管理”选项卡，在“应用程序”面板（图 2-0-1），可以看到 AutoCAD 准备了很多外挂功能。

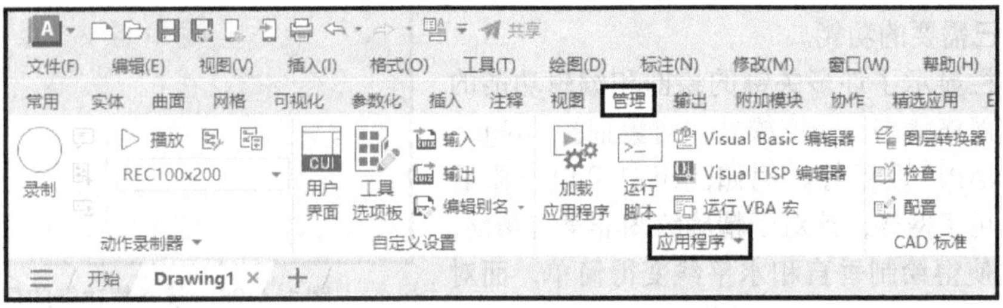

图 2-0-1　应用程序

当涉及 AutoCAD 的自动化时，AutoLISP 绝对是一个简单且高效的选择。它是一种强大的编程语言，专门设计用于自动化和定制 AutoCAD 的功能。AutoLISP 允许编写自定义命令和程序，以简化重复性任务和提高工作效率。

1986 年 AutoCAD 首次引入了 AutoLISP 这一编程语言，为用户提供了一个高级的自动化和定制功能。AutoLISP 实际上是 LISP 编程语言的一种，它继承了 LISP 语言的许多强大特性。除了 AutoLISP 之外，LISP 还有其他不同的版本，例如 Common LISP，它也是一种被广泛使用的 LISP 语言。这些不同版本的 LISP 语言虽有各自的应用和特点，但都维持了 LISP 语言的灵活性和表达能力。

通过 AutoLISP，我们可以轻松地创建自定义命令，为特定的工作流程定制工具，或者执行复杂的几何计算。AutoLISP 具有直观的语法，易于学习和使用，因此即使没有深厚的编程背景，也可以迅速入门。同时，AutoLISP 还提供了丰富的内置函数和库，可帮助我们更轻松地访问和使用 AutoCAD 的各种功能。

总的来说，AutoLISP 是将 AutoCAD 工作流程提升到新水平的理想选择，它不仅简化了任务，还提高了生产效率，使我们能够更专注于设计和创造。无论是 AutoCAD 的新手还是经验丰富的用户，AutoLISP 都是一个有力的工具，可以简化工作流程，实现更高的效率。

本章所创建的 AutoLISP 程序，均可通过扫描前言中的二维码下载使用。

2.1　AutoCAD 与 API

时间就是效益！在当今的经济环境中，运营执行得越高效，竞争力就越强。这就是为什么我们需要利用程序来简化或自动化工作流程，通过这种方式可以显著提高工作效率和生产力。

AutoCAD 提供了诸多的应用程序接口（API），这些 API 扩展了 AutoCAD 的功能并提高了灵活性，允许我们根据具体需求进行功能开发和定制。这种定制不仅可以调整现有的操作，甚至还可以添加全新的功能无论是建筑设计、工程施工还是制造业，AutoCAD 的解决方案都可以帮助企业提高效率，降低成本。

AutoCAD 主要有四种 API（图 2-1-1）：.NET、AutoLISP、ActiveX 和 ObjectARX（C++）。

图 2-1-1　AutoCAD 的扩展接口

• .NET：适用于使用 C# 或 VB.NET 等 .NET 语言的开发者，它提供了强大的编程环境和丰富的库支持。

• AutoLISP：一种易于学习和使用的脚本语言，非常适合编程初学者。AutoLISP 代码具备高度可读性，是快速开发和定制 AutoCAD 功能的理想选择。

• ActiveX：允许开发者通过 COM 接口与 AutoCAD 进行交互，适用于需要与其他 Windows 应用程序进行集成的场景。

• ObjectARX (C++)：提供了高级的功能和性能，但需要较高的编程技能，适合有经验的 C++ 开发者。

本书将重点给大家介绍 AutoLISP，因为它提供了非常强大的编程环境，适合编程初学者，易于学习和使用，并且其代码非常具备可读性，是编程新手的理想选择。通过学习，用户可以快速上手 AutoLISP，并且能够充分利用 AutoCAD 提供的功能。与其他 API 比较起来，AutoLISP 具有以下几个优势。

• 简单易学：AutoLISP 的语法简单，非常适合没有编程经验的用户。

• 可快速开发：利用 AutoLISP，可以快速编写和测试脚本，缩短开发周期。

• 功能强大：尽管简单易学，AutoLISP 仍然提供了强大的功能，能够满足大多数用户的定制需求。

大家通过编写 AutoLISP 脚本，能实现自动实施重复性的任务，提高工作效率。例如，可以编写脚本实现自动生成图纸、批量修改图层属性，或者根据参数自动绘制复杂的几何图形。

编程是一个非常有价值的技能。掌握编程，不但能够大幅提升工作效率，还能为职业发展开辟新的可能性。编程不仅能够帮助大家解决当前的工作问题，还能够培养大家的逻辑思维能力和问题解决能力，为未来的职业发展奠定坚实的基础。

2.2 AutoLISP 的创建及运行方法

启动 AutoCAD，新建一个 DWG 文件，会看到整个界面的最下面会有命令行窗口出现（图 2-2-1）。命令行窗口是和 AutoCAD 进行对话的重要工具，对 AutoLISP 的使用非常重要。

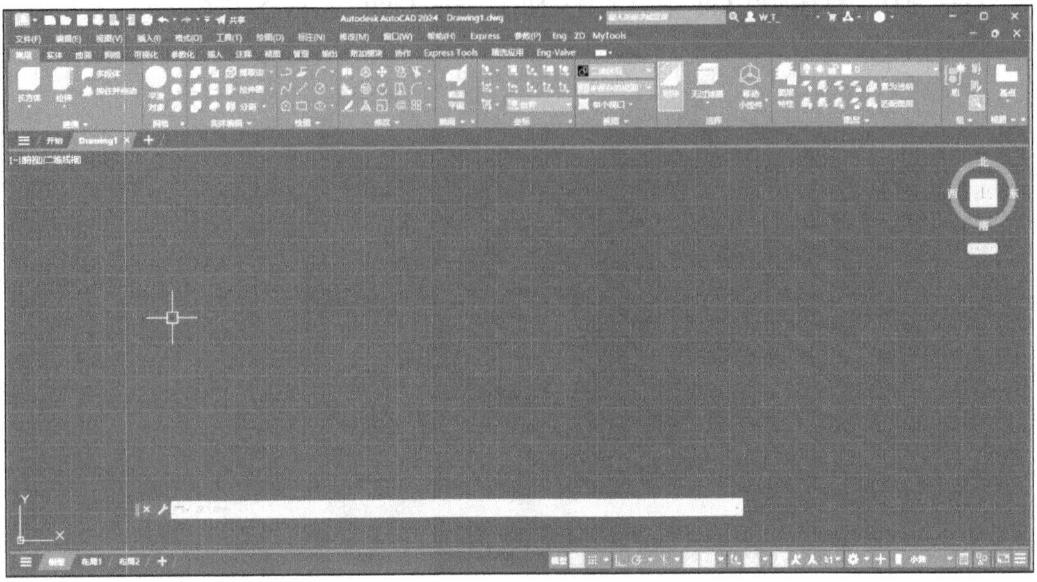

图 2-2-1　命令行

如果你的界面上没有显示命令行窗口，直接按键盘的“Ctrl” + “9”，或者到最上方的菜单栏选择“工具”选项板，就可以看到“命令行”的按钮（图 2-2-2），点击它即可。这个是循环操作的，如果再点击一次，就可以关闭命令行。

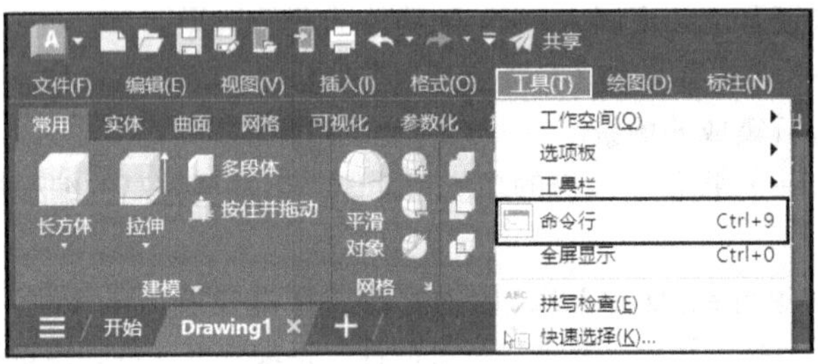

图 2-2-2　命令行开关

AutoCAD 刚安装好第一次使用时，菜单栏是不显示的。点击 AutoCAD 界面最上方的一个小三角（图 2-2-3），再选择显示的窗口里面的“显示菜单栏”即可（图 2-2-4）。

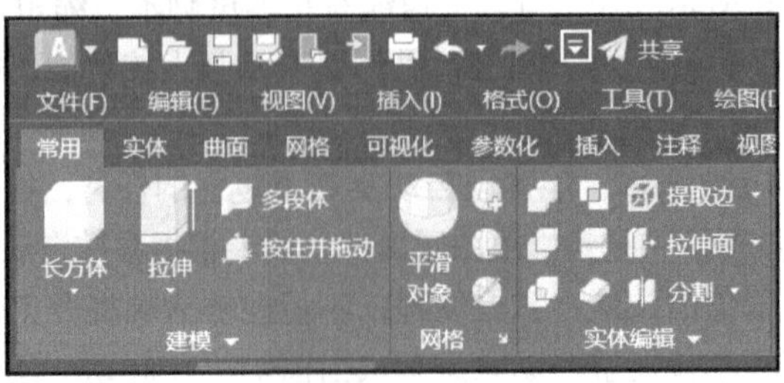

图 2-2-3　小三角

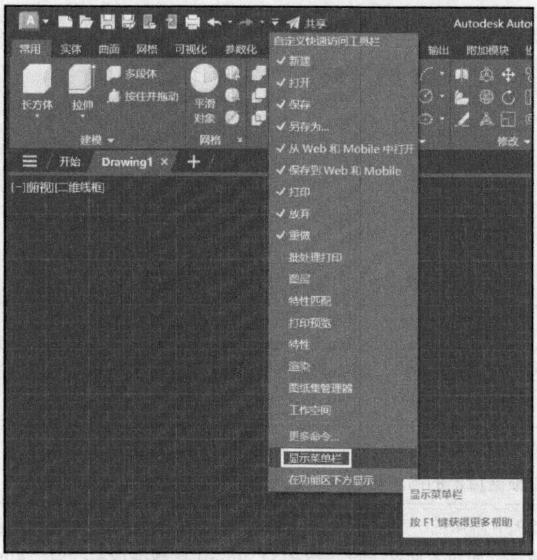

图 2-2-4 显示菜单栏

命令行窗口为用户提供了一个可以与 AutoCAD 程序交互的接口。可以在此处输入命令，查看命令的反馈，以及获取当前操作的相关信息，甚至可以直接运行和测试脚本。可以说，命令行窗口对使用 AutoLISP 是不可或缺的。

了解完命令行窗口，现在就可以利用它来演示一下 AutoLISP 的使用。打开任意一个 DWG 文件，在命令行里直接输入以下表达式：

```
(+ 1 2)
```

在输入时，请确保关闭电脑的中文输入模式，以半角格式输入。另外，请在“+”与“1”，以及“1”与“2”之间分别保留一个空格（图 2-2-5）。

按回车键之后，你就会发现命令行里面显示“3”（图 2-2-6）。

图 2-2-5 命令行中输入的表达式

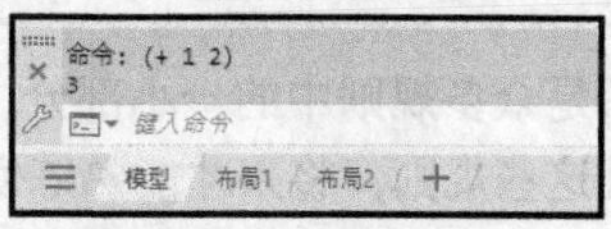

图 2-2-6 命令行反馈

恭喜你，当你看到了数字“3”，就说明你已成功编写并运行了第一个 AutoLISP 程序。

尽管上述的表达式仅仅是简单的加法计算，与我们在小学一年级所学的 1+2 类似，但在 AutoLISP 中，它的表示形式却是（+ 1 2）。你可能会好奇：为何要这样表达？

实际上，不必深究为何要这样书写。正如学习英语时，我们不使用汉字，使用 A、B、C 来表达一样，每种编程语言都有其独特的书写规则。我们只有遵循这些既定的规则，才能使 AutoCAD 准确解读我们的指令，从而确保与它之间的“对话”能够顺畅进行。

2.3 AutoLISP 的基本规则

从上一节中的表达式可以看出 AutoLISP 的一个重要的基本规则，那就是程序里面的表达式需要被圆括号所包围。也就是说，所有的程序都将以圆括号为开始，以圆括号为结束。

再举一个例子，比如，在（0, 0）点坐标处绘制一个半径为 100mm 的圆，如果使用 AutoLISP 来表达的话，程序如下：

```
1 (defun c:ZD-C100-v1 ()
2   (command "CIRCLE" '(0 0) 100)
3   (princ)
4 )
```

上面程序各行的含义如表 2-3-1 所示。

表 2-3-1 ZD-C100-v1 的含义

行号	含义
1	自定义函数名为“ZD-C100-v1”，可以根据自己需求更改。在 AutoCAD 命令行中输入 ZD-C100-v1 后，这个 AutoLISP 就会被调用
2	这行代码主要是执行 AutoCAD 中的 CIRCLE 命令，用它绘制一个圆。(0 0) 是圆的中心点坐标值，100 是指圆的半径。可以根据自己的需求更改
3	princ 是 AutoLISP 中常用的一个函数，在 AutoLISP 程序的最后经常能看到它。它通常用于清除 AutoCAD 命令行中的残余信息。如果不加这一行，当 ZD-C100-v1 函数完成执行后，AutoCAD 的命令行可能会显示一些不必要的信息。添加 princ 函数，可以确保命令行保持干净整洁
4	与第 1 行相呼应，结束 defun 函数

通过上面的例子不难看出 AutoLISP 的 5 个基本规则（表 2-3-2）。

表 2-3-2 AutoLISP 的 5 个基本规则

序号	规则
1	AutoLISP 程序中的所有表达式，都是以（）来包围
2	定义一个新的函数的时候，使用 defun。例如第 1 行的 (defun c:ZD-C100-v1 ()
3	使用 c: 来进行新函数的命名。例如第 1 行，通过使用 c: 来新定义了一个名为“ZD-C100-v1”的函数
4	可以在代码中调用 AutoCAD 的命令并使用。例如第 2 行，调用了圆的命令
5	使用 COMMAND 函数来执行 AutoCAD 的命令例如第 2 行

当然，这只是众多规则中的一小部分，但是对初学者来说，需要从掌握这 5 个基本规则入手，学会遵循这些规则，将来才能熟练使用 AutoLISP。

2.4 AutoLISP 的基本形状

通过上一节的例子，我们可以得到如下一个非常基础，但也非常有用的 AutoLISP 基本形状模板：

```
(defun c:... ()
  (command ...)
  (princ)
)
```

模板中的“...”部分，可以根据具体需要替换相应的命令和参数。对于编程初学者，利用这种模板的方法进行学习是非常有效的。这不仅能帮助我们快速掌握基本的编程技能，还能让我们对 AutoLISP 有更深入的理解。特别是在还不太熟悉 AutoLISP 的语法和结构时，这种方法尤为重要。通过套用和修改模板，我们能在实践中学习和进步，逐渐掌握更复杂的编程知识。

例如，如果想在坐标（0,0）处绘制一个边长为100mm的正方形，只需要将“…”替换为POLYGON命令和相关参数，就能轻松完成：

```
(defun c:ZD-P100-v1 ()
    ; 创建自定义函数名称为 "ZD-P100-v1"
  (command "CIRCLE" '(0 0) 100)
    ; 以原点 (0,0) 为圆心，绘制一个半径为 100 的圆
  (command "polygon" "4" '(0 0) "I" 100 "")
    ;在以原点 (0,0) 为中心、半径为 100 的圆内绘制一个内切四边形
  (princ)
    ; 函数运行结束，确保函数不留下任何多余的命令行输出
)
  ; 自定义函数运行结束
```

为方便区别，在这里将上面的AutoLISP程序命名为“ZD-P100-v1.lsp”。

套用模板来学习能帮助我们避免一些常见的错误，更快地找到编程中遇到的问题的解决方案。我们可以逐步在模板的基础上添加更多的功能和元素，不断提高自己的编程能力。在掌握了基本技能后，就可以继续学习如何自己创建和优化模板，使之更符合我们的特定需求，从而进一步提升编程效率和水平。

2.5 加载应用程序

我们已经编写好了两个AutoLISP文件，一个是绘制圆的ZD-C100-v1.lsp，一个是绘制正方形的ZD-P100-v1.lsp。并且这两个AutoLISP各自有一个新的函数名称。利用这个名称，就可以简单地调用并执行AutoLISP。

在这里以ZD-C100-v1.lsp为例，简单介绍一下使用方法。首先将AutoLISP文件保存到自己电脑中，这里在D盘里面创建了一个存放AutoLISP文件的文件夹，名称为“009_ZD”（图2-5-1），将ZD-C100-v1.lsp保存进去。

图2-5-1 文件夹009_ZD

启动AutoCAD，新创建一个DWG文件，在“管理”选项板的“应用程序”面板，可以看到“加载应用程序”图标（图2-5-2）。

图2-5-2 “加载应用程序”图标

点击“加载应用程序”后，“加载 / 卸载应用程序”对话框弹出，选择刚才保存的 009_ZD 文件夹里面的 ZD-C100-v1.lsp 文件，点击“加载”（图 2-5-3）。

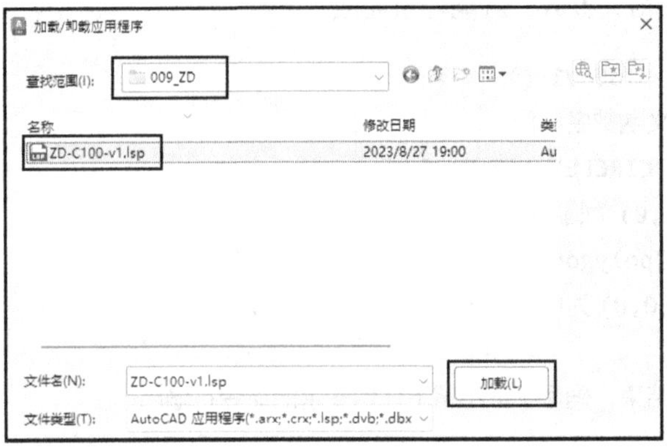

图 2-5-3 “加载 / 卸载应用程序”对话框

这个时候，弹出的“安全性 - 未签名的可执行文件”对话框警告显示：“无法验证该可执行文件的发布者，且该文件不在受信任文件夹内。您希望执行什么操作？”（图 2-5-4）。

这是 AutoCAD 针对未经签名或位于不受信任位置的可执行文件发出的安全警告，其目的主要是防止恶意软件或不受信任的应用程序在未得到用户明确授权的情况下执行。

由于这个 AutoLISP 是自行开发的，因此可以选择忽视这一警告，直接点击“始终加载”或“加载一次”。然而，如果使用的是从网络上下载的 AutoLISP 文件，并对其存在一定疑虑，那么在执行前最好先确认程序的内容。

加载成功后，在命令行栏里面就可以看到加载成功的信息（图 2-5-5）。

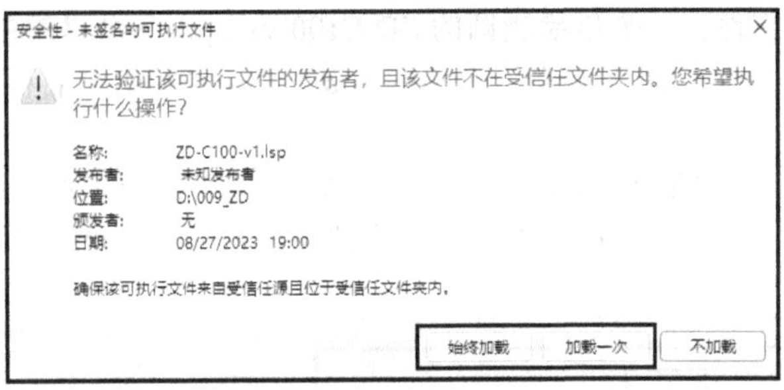

图 2-5-4 “安全性 - 未签名的可执行文件”对话框

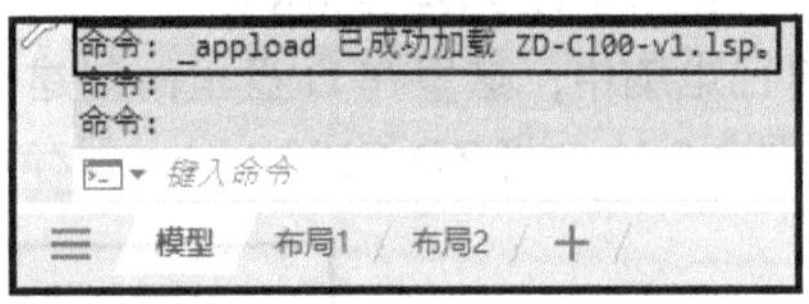

图 2-5-5 加载成功示意

同理，ZD-P100-v1.lsp 文件的调用过程相同。

本章主要探索了 AutoLISP 的基础概念、规则、模板和程序加载方法。希望这些内容能帮助大家打下坚实的基础，并激发进一步探索和实践的热情。每一位编程大师都是从基础开始，一步一步积累经验。AutoLISP 不仅是一门功能强大的编程语言，也是一个无穷无尽的学习领域，充满了无限可能。

不断地学习和探索，挑战自我，逐渐增加项目的复杂性，从而加深对 AutoLISP 的理解和技能的掌握，不断地实践和挑战，相信你将会成为这一领域的专家。

第3章

AutoLISP 的自动加载和应用

第 2 章介绍了 AutoLISP 的基本规则和应用。本章将专门介绍如何加载 AutoLISP 应用程序，以及解释为什么这项功能对于 AutoCAD 用户来说至关重要。另外将探讨加载应用程序的应用，以及如何确保它们正确运行。无论是 AutoCAD 的新手还是经验丰富的用户，这一章都将给大家提供有关 AutoLISP 应用程序加载的一些有用信息，帮助大家在设计和绘图领域更上一层楼。让我们一起深入 AutoLISP 的世界，探索其应用技巧，为您的项目提升创造力和效率。

本章所提供的所有资源，均可通过扫描前言中的二维码进行下载。

3.1 放置 AutoLISP 文件的专用文件夹

使用 AutoLISP 时，可以为 AutoLISP 文件在电脑中设立一个专用文件夹，这不仅是一个良好习惯，更是提升工作效率和保障文件安全的重要步骤。以下是这一做法的几个具体优势。

① 整洁和管理方便。专用文件夹确保 AutoLISP 文件的有序存放，使得检索、管理及使用变得方便快捷。子文件夹的运用能实现各项目或功能的分类，进一步提升管理效率。

② 安全和备份便利。AutoLISP 文件的安全得以保障，减小由误操作或软件冲突导致的损失或风险。整体文件夹备份也更为便利，大大降低了数据丢失的可能性。

③ 便于版本控制。固定位置存放便于文件版本的追踪和管理，使得每次修改和更新都能被准确记录，便于回溯和比较不同版本的文件。

④ 可实现团队协作。文件夹共享让团队协作变得轻松，每个成员都能轻松获取和使用文件，提升团队的协作效率和项目进度。

⑤ 简化访问路径和优化文件加载。通过统一存放路径，避免了因路径错误导致的文件加载问题。这一做法不仅简化了文件访问路径，也优化了工作流程。

⑥ 可自动加载与可个性配置。AutoCAD 或其他 CAD 软件在启动时可自动加载专用文件夹中的 LISP 程序。该文件夹还可存放其他自定义设置和文件，满足个性化需求。

在第 2.5 节中创建了名为“009_ZD”的文件夹（图 3-1-1），这里将其设为 AutoLISP 文件的存放地。为实现该文件夹与 AutoCAD 的无缝整合，需要将其设定为“支持文件搜索路径”和“受信任的位置”。

设定的方法如下，打开 AutoCAD，任意新建一个 DWG 文件，点击左上角“A”图标旁边的小三角（图 3-1-2）。

接着，单击界面底部的“选项”（图 3-1-3），即可快速打开“选项”对话框。此对话框包含多种设置选项，是我们经常需要访问的功能区域。虽然通过界面操作可以轻松打开“选项”对话框，但熟记 OPTIONS 命令并通过命令行输入会使操作更为便捷高效。

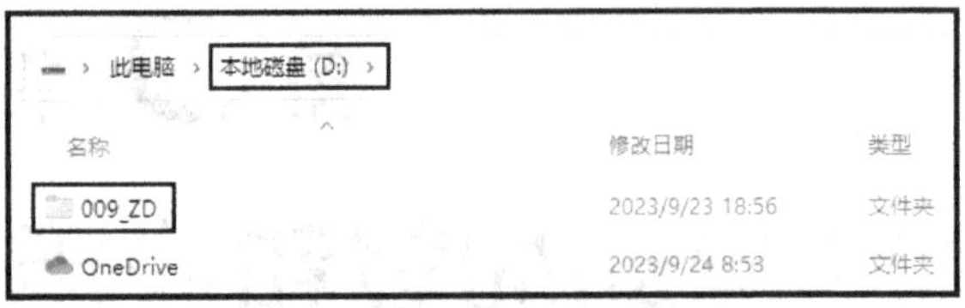

图 3-1-1　AutoLISP 专用文件夹

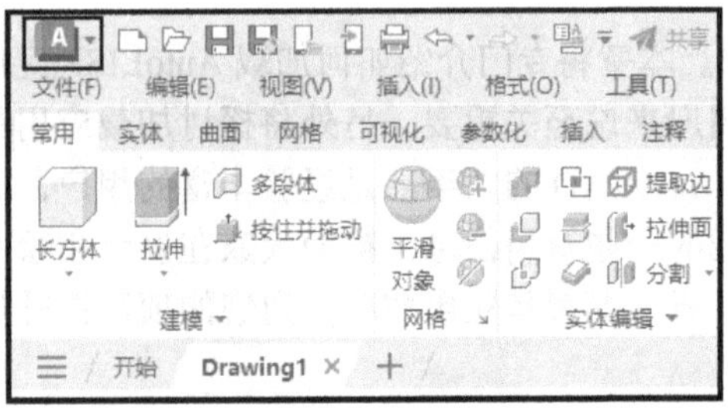

图 3-1-2　小三角

图 3-1-3　选项

打开“选项”对话框后，在“文件”选项板的地方，可以看到“支持文件搜索路径”（图 3-1-4），点击右边的“添加”按钮，然后选择“009_ZD”就可以将该文件夹添加进来。设定为“支持文件搜索路径”意味着 AutoCAD 会自动在该文件夹中搜索需要的 AutoLISP 文件和其他支持文件。这一设置简化了文件搜索和加载过程，提高了工作效率。

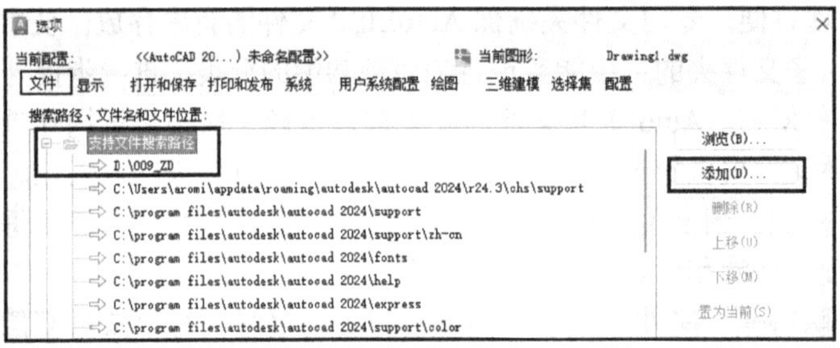

图 3-1-4　支持文件搜索路径

同样，点击“受信任的位置”这个地方，将“009_ZD”文件夹添加进来（图 3-1-5）。将文件夹设为“受信任的位置”则能确保里面的 AutoLISP 文件在加载和运行时不会被 AutoCAD 的安全机制阻止或限制，从而确保自定义的 AutoLISP 程序可以顺利、安全地执行。

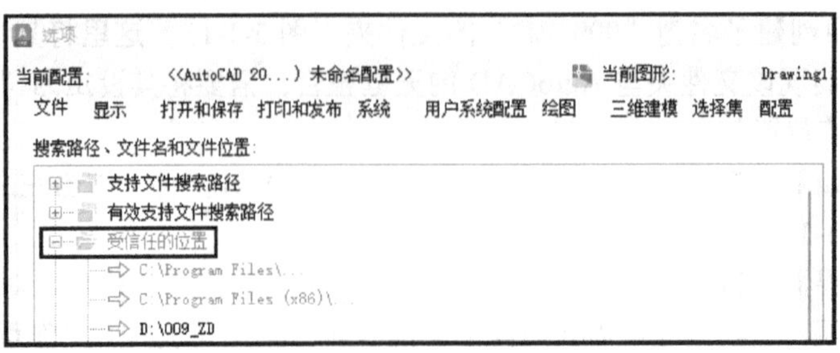

图 3-1-5　受信任的位置

总的来说，将常用的文件夹（图 3-1-6）添加到“支持文件搜索路径”和“受信任的位置”，可以帮助我们更高效、安全地使用 AutoCAD，特别是在有大量自定义设置和多人协作的情况下，这也有助于提高工作效率，减少错误，并确保系统的安全和稳定。

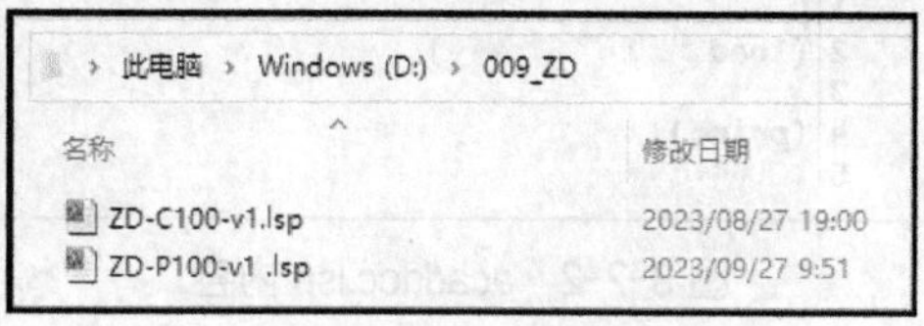

图 3-1-6　AutoLISP 文件夹

3.2　制作启动文件 acaddoc.lsp

在 AutoCAD 软件环境中，acaddoc.lsp 文件具有不可或缺的重要性。这个文件，作为一个特有的 AutoLISP 脚本，会在 AutoCAD 启动时自动被载入，并执行其中包含的 AutoLISP 函数与代码。这种独特的自动加载特性使得 acaddoc.lsp 文件成为管理和实施自定义命令的一个理想工具。通过有效利用这个文件，我们可以简化重复任务，提高工作效率。熟练掌握并养成使用 acaddoc.lsp 的习惯，能够极大地增强 AutoCAD 的功能性，为我们在进行复杂设计工作时提供极大的便利和灵活性。

安装完 AutoCAD 后，可以在电脑 C 盘的 AutoCAD 的 Support 文件夹里找到 acaddoc.lsp 这个文件，地址如下：

```
C:\Program Files\Autodesk\AutoCAD 2024\Support\zh-CN
```

文件的名称会根据软件版本的不同，在acad和doc之间显示不同的版本年代数字。图3-2-1是 AutoCAD 2024 版本的安装文件夹，所以显示的文件名称为“acad2024doc.lsp”。

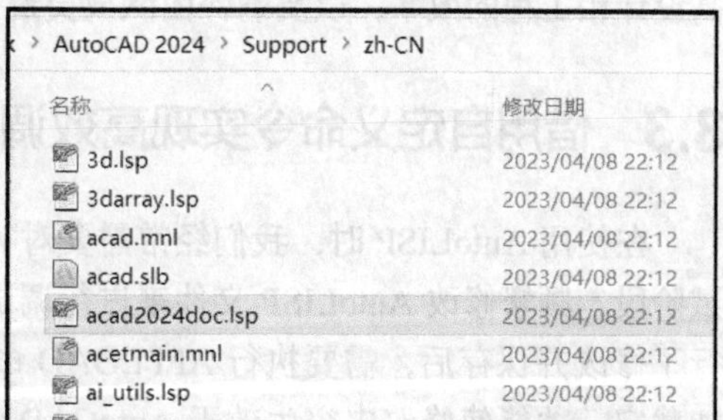

图 3-2-1　acad2024doc.lsp

但是在这里，建议大家不要直接修改 AutoCAD 自带的 acadXXXXdoc.lsp 文件。因为这个文件是 AutoCAD 的系统文件，可能会在软件的升级或更新过程中被覆盖或修改，从而导致自定义内容丢失或不再适用。为了更好地管理和保护自定义代码，建议创建一个新的 acaddoc.lsp 文件，并在其中进行修改和添加自定义代码。

对于新创建的 acaddoc.lsp 文件，通常无须额外的自动启动设置。AutoCAD 会在启动时自动搜索特定文件夹，以查找并执行 acaddoc.lsp 文件。为确保 AutoCAD 可以找到您的自定义 acaddoc.lsp 文件，您需将其保存到系统支持的文件搜索路径中。

在 009_ZD 文件夹里面创建一个 acaddoc.lsp 文件。以 ZD-C100-v1.lsp 为例，acaddoc.lsp 的程序可以这样书写：

方法 1：

```
(load "ZD-C100-v1")
(princ)
```

利用文本编辑器进行编辑，将如图 3-2-2所示。

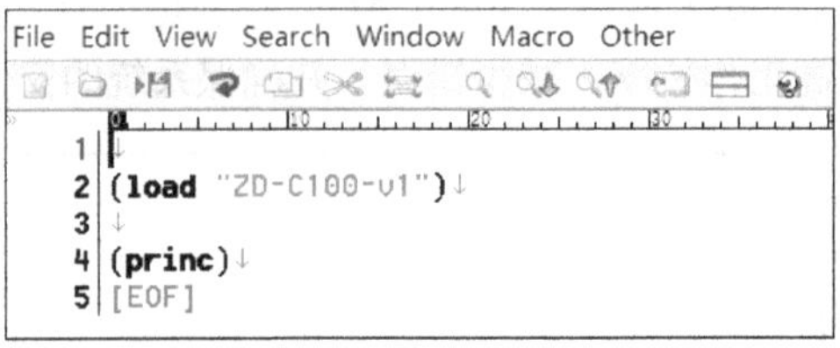

图 3-2-2　acaddoc.lsp 内容

该程序第 1 行的意思是将 ZD-C100-v1.lsp 里面所有定义的函数全部加载进来，如果只想运行 AutoLISP 里面的指定函数的话，可以这样编写：

方法 2：

```
1 (autoload "ZD-C100-v1" '("ZD-C100-v1"))
2 (princ)
```

该程序第 1 行的意思是运行 ZD-C100-v1.lsp 程序里面的 ZD-C100-v1 函数命令。与方法 1 比起来更有针对性。

在编程 acaddoc.lsp 时，这两种方法都是可行的，选择哪一种取决于个人的喜好。两种方法混合着使用也是可以的。应用这些方法，用户可以方便地将自制的 AutoLISP 文件统一管理，实现高效的操作流程。最后，应将该文件放置在 009_ZD 文件夹中。

acaddoc.lsp 的作用不仅仅局限于自动加载命令，它还可以在启动时设置各种环境变量、定义快捷键、加载自定义菜单等。因此，它为我们提供了一个强大的自定义 AutoCAD 环境的途径。通过精心编写和管理 acaddoc.lsp 文件，能够高效地组织和共享自己的工作流程，提高设计和工程的效率，以及确保团队成员遵循一致的标准。

3.3　借用自定义命令实现高效调试的简化

在使用 AutoLISP 时，我们经常需要对 AutoLISP 文件的内容进行调整。尤其是在初始调试阶段，频繁修改 AutoLISP 文件来进行调试是常有的事情。通常当我们对 AutoLISP 文件进行了修改并保存后，需要执行 APPLOAD 命令，找到刚才修改的 AutoLISP 文件，然后重新加载它，才能使修改内容生效于 AutoCAD 命令中。这是因为虽然已更改了 AutoLISP 文件，但计算机注册表仍然存储着修改之前的 AutoLISP 文件内容，因此需要执行 APPLOAD 命令来刷新计算机注册表。

试想一下，在调试时，每次修改 AutoLISP 文件后都需要执行一次 APPLOAD 命令，找到并加载刚刚修改的 AutoLISP 文件，这不仅效率低下，还容易让人感到疲惫。

这里为大家提供了一个简单而有效的解决方案。在修改了 AutoLISP 文件后，无须再次加载已修改的 AutoLISP 文件，只需再加载一次 acaddoc.lsp 文件即可。这意味着，无论修改了哪个 AutoLISP 文件，都无须寻找它，只需更新一下 acaddoc.lsp 文件就可以确认修改了的 AutoLISP 程序。

为了实现这一方案，先定义一个用于加载 acaddoc.lsp 文件的自定义 AutoLISP 文件，将它命名为“ZD-AppLoad.lsp”，然后将该命令添加到自定义的菜单中。每次修改 AutoLISP 文件后，只需单击菜单上的“ZD-AppLoad”按钮即可。程序如下：

```
1  (defun c:ZD-AppLoad ()          ; 定义一个名为 "ZDAppLoad" 的 AutoCAD 命令
2  (if (findfile "acaddoc.lsp") ; 检查是否存在文件 acaddoc.lsp
3     (progn                         ; 按顺序执行下面的表达式
4        (load "acaddoc.lsp")        ; 加载文件 acaddoc.lsp
5        (prompt "\nYour acaddoc.lsp has been reloaded!")
                                     ; 显示成功消息，已重新加载您的 acaddoc.lsp 文件
6     )                              ; 结束 progn 语句，与第 3 行相呼应
7     (princ "\nError: acaddoc.lsp file not found!")
                                     ; 如果文件不存在，则显示错误消息，未找到 acaddoc.
                                       lsp 文件!
8   )                                ; 结束 if 语句，与第 2 行相呼应
9   (princ)                          ; 返回一个空字符串以结束函数
10 )                                 ; 结束函数定义，与第 1 行相呼应
```

将上面的程序命名为"ZD-AppLoad.lsp"，保存到 009_ZD 文件夹中，然后将这个 AutoLISP 文件名称追加到 acaddoc.lsp 后就可以使用了（图 3-3-1）。

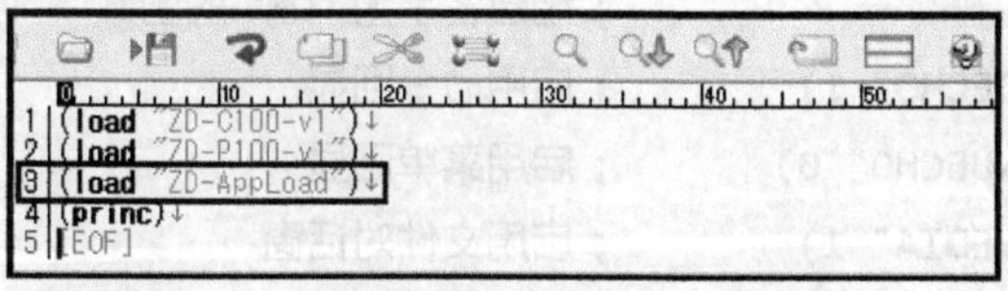

图 3-3-1　追加到 acaddoc.lsp 文件中

将传统的方法和本节的方法相比较（表 3-3-1），可以清楚地看到，本节的方法大大节省了操作步骤，对提高工作效率有很大的帮助。

表 3-3-1　加载方法比较

步骤	传统的方法	本书的方法
第一步	执行 APPLOAD 命令	执行 ZD-AppLoad.lsp
第二步	寻找要执行的 AutoLISP 文件	
第三步	加载要执行的 AutoLISP 文件	
第四步	关闭 APPLOAD 对话框	
第五步	执行 AutoLISP 文件	执行 AutoLISP 文件

此方法是我最常用的 AutoLISP 调试技巧，它能有效提升工作效率，减少不必要的重复操作。这样，可以更加轻松地专注 AutoLISP 的编程和调试，从而提高整体的工作效率。

3.4　创建自己的 Library 库文件

使用 AutoLISP 编辑程序，不仅可以积累一些常用的代码片段，还可以创建自定义库。自定义库给我们带来了一些便利，当修改库文件的内容时，所有使用它的自定义函数都会自动更新。这意味着只需要修改库文件，就可以实现对多个程序的一键更新，大大提高了工作效率和程序可维护性。这一节还是以举例说明的方式来给大家详细介绍一下库的创建方法。

首先，需要创建一个专用的AutoLISP库文件，名字随意，为方便识别通常命名为“Library.lsp”。在这个文件中，可以定义各种常用的函数，以便在需要时调用。举例来说，创建两个函数，一个是OFF函数，另一个是ON函数。OFF函数的内容如下所示：

```
(defun OFF ()                   ; 创建名字为 "OFF" 的函数
  (setvar "CMDECHO" 0)          ; 禁用命令回显
  (setvar "MENUECHO" 1)         ; 启用菜单回显
  (setvar "FILEDIA" 0)          ; 禁用文件对话框
  (prin1)                       ; 清除输出
)                               ; 结束 OFF 函数
```

在AutoLISP编程的时候，为了满足特定的工作需求或者自动化任务的要求，有时候需要对一些系统变量进行控制，这个OFF函数可以将常操作的几个命令，如CMDECHO、MENUECHO和FILEDIA，归纳起来，在使用它的时候只需直接调用OFF函数即可。

创建了OFF函数，待程序运行完成后需要让系统恢复初始状态，这里就可以再建立一个ON函数。ON函数的内容如下所示：

```
(defun ON ()                    ; 创建名字为 "ON" 的函数
  (setvar "CMDECHO" 1)          ; 启用命令回显
  (setvar "MENUECHO" 0)         ; 启用菜单回显
  (setvar "FILEDIA" 1)          ; 启用文件对话窗
  (prin1)                       ; 清除输出
)                               ; 结束 ON 函数
```

如图3-4-1所示，将上面自定义的OFF函数和ON函数通过文本工具保存，名称为“Library.lsp”，然后再将这个文件保存到009_ZD文件夹里面后就可以使用了。这样就可以在任何AutoLISP编辑环境中访问它。Library.lsp文件也就成为了我们的自定义函数库。

最后不要忘记将Library.lsp这个文件添加到acaddoc.lsp当中（图3-4-2），以方便AutoCAD每次启动的时候就可以自动加载它。

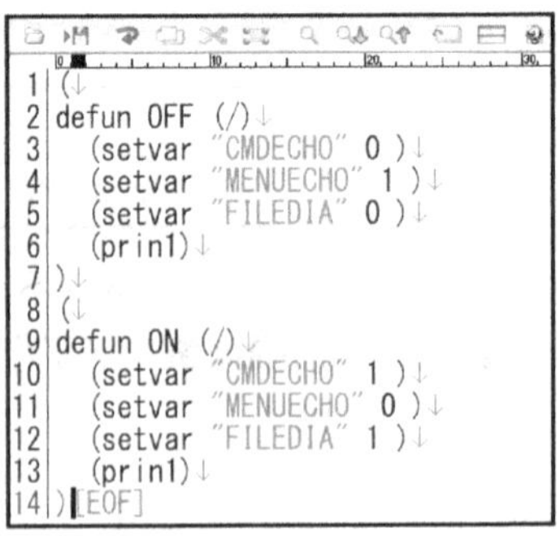

图3-4-1　保存名称为“Library.lsp”

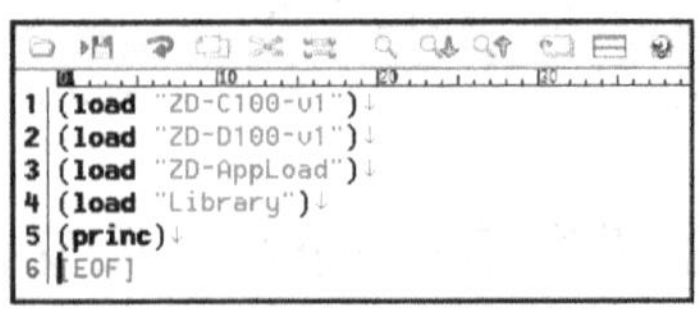

图3-4-2　添加到acaddoc.lsp当中

到这里，我们的Library.lsp文件就如同仓库一样，可以存放自己经常使用的自定义函数了，可以在AutoLISP代码中调用它们。例如，编写一个创建图层的程序ZD-240-v1.lsp，图层的名称为“240”，其颜色编号也为240，如果需要调用Library.lsp里面的自定义函数ON和OFF，只需像下面这样来编写代码：

```
1  (defun c:ZD-240-v1 ()                ; 创建 ZD-240-v1 函数
2    (ON)                               ; 调用 ON 函数
3    (command-s ".-LAYER" "_N" "240" "_C" "240" "240" "")
                                        ; 创建图层，名称为 240，颜色编号也为 240
4    (OFF)                              ; 调用 OFF 函数
5    (princ)                            ; 清除输出
6  )                                    ; 结束函数创建
```

COMMAND-s 与 COMMAND 函数基本可以互用，都是用于直接调用 AutoCAD 的命令。COMMAND-s 的主要区别在于不会显示命令提示符，因此更适用于后台自动化和脚本执行，而 COMMAND 会显示命令提示符并等待用户输入，适用于交互式操作。

可以看到，在程序 ZD-240-v1.lsp 的第 2 行只需书写“(ON)”这样的文字，就可以实现对自定义的 ON 函数的调用。通过这个方法可以逐渐积累自己的自定义库文件，其中包含各种常用的函数，从而大大提高编写程序的效率。随着时间的推移，我们可以不断添加新的函数，以满足不同项目的需求，使库文件变得更加强大和有用。

另外，也可以利用 Library.lsp 文件，将自己编写的一些固定的表达式作为一个自定义的函数放入 Library.lsp 文件中，当需要修改这些表达式的时候，只需打开 Library.lsp 文件，进行修改并保存即可。一旦保存，所有使用这些函数的程序都会自动更新，无须逐个修改每个程序。这将大大简化维护工作，提高工作效率。

例如我们希望在所有的 AutoLISP 程序运行结束之后有一个信息反馈，当前暂定义这个信息为“You have succeeded！”，就可以活用 Library.lsp 文件，自定义一个函数名称为“ZD-Success”的函数，将其添加到 Library.lsp 当中，该函数程序如下：

```
1  (defun OFF ()                        ; 创建名字为 "OFF" 的函数
2    (setvar "CMDECHO" 0)               ; 禁用命令回显
3    (setvar "MENUECHO" 1)              ; 启用菜单回显
4    (setvar "FILEDIA" 0)               ; 禁用文件对话框
5    (prin1)                            ; 清除输出
6  )                                    ; 结束 OFF 函数
7  (defun ON ()                         ; 创建名字为 "ON" 的函数
8    (setvar "CMDECHO" 1)               ; 启用命令回显
9    (setvar "MENUECHO" 0)              ; 启用菜单回显
10   (setvar "FILEDIA" 1)               ; 启用文件对话窗
11   (prin1)                            ; 清除输出
12 )                                    ; 结束 ON 函数
13 (defun ZD-Success (/)                ; 创建名字为 "ZD-Success" 的函数
14   (princ "\n You have succeeded！")
                                        ; 程序结束之后希望回显的信息的内容
15   (prin1)                            ; 清除输出
16 )                                    ; 结束 ZD-Success 函数
```

第 13 行到第 16 行就是我们新添加的 ZD-Success 函数。到此就可以使用这个函数了。例如对 ZD-240-v1.lsp 进行修改，在第 4 行后追加 ZD-Success 函数的调用，就可以让其完

成最后的程序运行之后在命令行中显示“You have succeeded !”这样的信息。修改后的程序如下:

```
1  (defun c:ZD-240-v2 ()              ; 创建 ZD-240-v2 函数
2    (ON)                             ; 调用 ON 函数
3    (command-s ".-LAYER" "_N" "240" "_C" "240" "240" "")
                                      ; 创建图层，名称为 "240"，颜色编号也为 240
4    (OFF)                            ; 调用 OFF 函数
5    (ZD-Success)                     ; 调用 ZD-Success 函数
6    (princ)                          ; 清除输出
7  )                                  ; 结束函数创建
```

在所有的 AutoLISP 文件的最后都添加如上面第 5 行这样的代码，就可以实现程序运行结束后“You have succeeded !”这样一句话的信息反馈。如果想修改这句话，只需在 Library.lsp 文件中修改，就可以更新到所有的 AutoLISP 程序当中，这样可以大大提高工作效率。

这种自定义 AutoLISP 库的创建方式不仅有助于高效地编辑程序，还有助于良好地维护程序，因为一次修改就可以更新多个程序。希望这些补充内容能够帮助大家更好地理解和使用自定义 AutoLISP 库。

随着我们深入探讨了 AutoLISP 的自动加载和应用的各个方面，包括设置专用文件夹、制作启动文件 acaddoc.lsp、实现高效调试的简化方法，以及创建个人的 Library 库文件等，相信大家一定提升了对 AutoLISP 的理解，并能有效地掌握如何管理和优化我们的编程工作流程。

通过这些技巧，我们能够更加高效地利用 AutoLISP，不仅节省时间，还提高了设计的精度和质量。最终，我们的目标是确保 AutoLISP 作为一个强大的工具，能够在日常工作中发挥最大的效能，帮助我们达到前所未有的设计高度。第 4 章，让我们继续探索 AutoLISP 的深层次应用，不断地提升我们的技能，以适应不断变化的设计需求。

实战篇

北宋诗人苏轼在他的《定风波》中写道，“竹杖芒鞋轻胜马，谁怕？一蓑烟雨任平生。”意思是说，拄着竹杖，穿着草鞋，比骑马还轻快，我从有什么可怕的呢？即使身披蓑衣，冒着烟雨，我依然坦然自在地过着一生。这表达了苏轼在逆境中超然洒脱、豁达乐观的生活态度。大家可以将苏轼这种从容的态度放在学习和实践 AutoLISP 的过程中。无论面对多么复杂的绘图任务，只要掌握了 AutoLISP 这个工具并做好准备，相信一定能从容应对，实现高效率的绘图操作。

AutoLISP 在实际应用中有着广泛的功能，特别是在图层管理、块操作、尺寸标注和云线处理等方面。本书的实战篇将详细介绍这些具体应用，帮助大家将 AutoLISP 理论知识转化为实际操作，提高使用 AutoCAD 的熟练度。

第 4 章深入介绍 AutoLISP 的常用函数及其实际应用，通过具体实例学习 COMMAND、SETQ、GETREAL、IF、REPEAT、WHILE、GETVAR、LIST 和 ERROR 等函数的使用方法。这些内容能帮助大家掌握如何创建高效的 AutoLISP 脚本，实现复杂的自动化绘图和定制功能，从而显著提升设计效率。

第 5 章重点介绍 AutoLISP 与图层的管理。首先，了解 COMMAND 函数和 ENTMAKE 函数的区别，学习如何使用 COMMAND 函数创建和管理图层，包括简化图层名的输入、优化命令行显示和设置图层命令的快捷键。此外，还会探讨如何通过 ENTMAKE 函数利用 DXF 组码高效创建图层，并介绍添加线型的方法和处理已存线型的对策。

第 6 章讨论 AutoLISP 与块的结合使用。我们将学习如何调用和操作块，包括利用工具选项板和共享网盘批量导出和插入块。特别是，我们将介绍从简单直线到复杂多段线的块插入方法，以及批量修改块属性和快速打开块文件夹的技巧。

通过对本书实战篇的学习，大家将快速掌握 AutoLISP 在 AutoCAD 中的高级应用技能。这些技能不仅能显著提高我们的绘图效率，还能让我们的设计工作更加精准并实现自动化。

第 4 章 AutoLISP 函数与实例

在本书附录 2AutoLISP 常用函数一览表可以看到，截至 AutoCAD 2024 版本，AutoLISP 功能函数已经有 200 多个。但是身为 AutoCAD 用户，我们并不需要完全掌握这些函数，只需要在必要时能看懂基本的函数，会查找、学习和应用这些函数即可。然而，为了便于我们创建简单的 AutoLISP 脚本以及解读大部分现有的程序，还是需要熟悉一些最基础和常用的函数。

本书的基础篇已经概述了 AutoLISP 的一些基础语法和规则。本章将通过详细、具体的实例来系统性地介绍 AutoLISP 中的几个关键函数，并且每个函数都会通过实用案例进行解释和展示。

本章具体涉及的函数和其对应的 AutoLISP 文件如表 4-0-1 所示。

表 4-0-1　本章涉及的函数

使用的函数名称	AutoLISP 文件名称	实现的功能
COMMAND	ZD-C100-v1.lsp	在原点处绘制一个半径 100 的圆
SETQ	ZD-C100-v2.lsp	在任意点创建一个半径 100 的圆
GETPOINT	ZD-C100-v2.lsp	指定用户选择点
GETREAL	ZD-C100-v3.lsp	在任意点，创建任意半径的圆
IF	ZD-C100-v4.lsp	添加一个默认的输入值
REPEAT	ZD-C100-v5.lsp	创建 10 个同心圆
WHILE	ZD-C100-v6.lsp	创建 10 个同心圆的另一个方法
GETVAR	ZD-C100-v7.lsp	增加了变量的开和关
SERVAR	ZD-C100-v7.lsp	修改系统变量的值
LIST	ZD-C100-v8.lsp	将所有圆的半径最后显示出来
ERROR	ZD-C100-v9.lsp	增加了错误函数

本章所涵盖的各个程序示例，虽然是以版本序列从 v1 到 v9 进行逐层展示和完善，但需要注意的是，这些版本都是可完全独立和可直接执行的。本章的解说逻辑是从最基础的 v1 版本起步，循序渐进引入更多的功能。对于每一版本，本书都将提供详细的函数解释和实用指南，以便读者能够更为全面、深入地掌握 AutoLISP 编程的精髓。

另外本章所编辑的所有 AutoLISP 文件，均可通过扫描前言中的二维码进行下载使用。

4.1 COMMAND 函数

对于初次涉足 AutoLISP 领域的朋友而言，COMMAND 函数无疑是所需牢记的第一个重要函数（表 4-1-1）。COMMAND 函数赋予了我们可以直接调用并执行 AutoCAD 内嵌的所有命令的能力，效果等同于直接在命令行中输入命令。所以它常常被用于在 AutoLISP 中自动执行一系列的操作和功能。

表 4-1-1 COMMAND 函数

函数名称	COMMAND
函数用法	(command 命令参数……)
函数说明	执行 AutoCAD 的命令

2.3 节详细解说了一个实例程序 ZD-C100-v1.lsp。其中第 2 行展示了如何使用 COMMAND 函数来调用并执行“CIRCLE”(圆）这一命令。将第 2 行直接复制粘贴到命令行里面（图 4-1-1），然后按回车键，就可以看到圆命令通过 COMMAND 函数被直接执行，很快在坐标原点处绘制了一个半径为 100mm 的圆（图 4-1-2）。

图 4-1-1 在命令行输入 COMMAND 函数

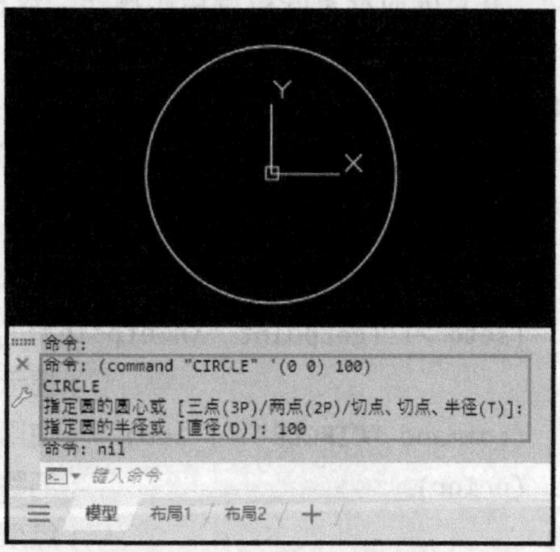

图 4-1-2 绘制半径为 100 的圆

我们可以将 COMMAND 函数视为一个桥梁，利用它来连接 AutoLISP 与 AutoCAD 的命令，实现程序与命令之间的无缝对接。通过 COMMAND 函数，我们能轻松调用 AutoCAD 中的任意有效命令，并通过传递对应参数，完美实现命令蕴含的各种功能和操作。

4.2 SETQ 函数和 GETPOINT 函数

第 2 章介绍了 ZD-C100-v1.lsp 这个程序，它可以让我们在原点（0，0）处快速创建一个半径为 100mm 的圆。

如果不想在原点处创建，希望能在指定位置创建，应该怎么办呢？这个时候就需要借助其他函数的力量了。

在上一节中，我们深入探讨了 COMMAND 函数的作用和价值。这个函数就像一个桥梁，连接着 AutoLISP 和 AutoCAD 的世界，确保信息和指令能够自由、准确地在两者之间传递。接下来我们一起了解另一个同样关键的函数 SETQ（表 4-2-1）。

SETQ 函数不仅是一个赋值命令，更是数据管理的基石。虽然它在形式上是一个赋值函数，但其影响力和价值远远超出这一基础角色。每当我们使用鼠标点击、拖拽或选择图形元素时，SETQ 函数都可以帮助我们捕获、存储并管理这些操作所生成的数据。

例如，通过 GETPOINT 函数（表 4-2-2），我们可以直接获得用户指定的点的坐标。然而，如果没有 SETQ 函数，这些有价值的数据将无法被妥善存储和使用。SETQ 函数将这些动态生成的数据保存到变量中，为后续的操作和引用奠定基础。

因此，SETQ 函数可以被视为 AutoLISP 中的一个关键组成部分。它充当了一个精准、可

表 4-2-1 SETQ 函数

函数名称	SETQ
函数用法	(setq 变量 数值)
函数说明	将数值赋予给指定的变量

表 4-2-2 GETPOINT 函数

函数名称	GETPOINT
函数用法	(getpoint 基点 提示信息)
函数说明	将用户的屏幕点击位置转换为一个坐标值

靠的数据管理员，确保我们通过鼠标、键盘或其他输入方式获得的数据能被有效存储、管理和调用。这不仅使得我们的设计过程更加直观和灵活，也使 AutoLISP 的编程变得更加强大、高效。

在 AutoLISP 和 AutoCAD 的交互中，SETQ 函数确保每一次的用户输入都被精确捕获、安全存储，并且随时准备好被调用和操作。这样的机制使得我们能够更加自由和创造性地进行设计和编程，激发我们的创造力。

下面这个 AutoLISP 程序就是在 ZD-C100-v1.lsp 程序的基础上，添加了 SETQ 函数和 GETPOINT 函数，从而实现了在指定地方创建半径为 100mm 的圆。在这里将它命名为“ZD-C100-v2.lsp”。

```
(defun c:ZD-C100-v2 (/PT)        ;定义名为 "ZD-C100-v2" 的函数，其中 PT 为局部变量
  (setq PT (getpoint "\nGetpoint:"))
                                 ; 提示用户选择一个点并将该点坐标存储在变量 PT 中
  (command "CIRCLE" PT 100)      ; 使用用户选择的点作为中心，绘制一个半径为 100 的圆
  (princ)                        ; 清除 AutoCAD 命令行提示
)                                ; 结束 defun 函数
```

随意新建一个 DWG 文件，将上面的 AutoLISP 加载并运行 ZD-C100-v2 这个自定义的命令后，使用鼠标在操作界面的任意一个地方点击一下，就可以看到半径为 100mm 的圆以鼠标点击处为圆心创建出来。

通过对 SETQ 函数和 GETPOINT 函数的探讨及其在 ZD-C100-v2.lsp 程序中的实际应用，大家一定可以看到它在 AutoLISP 编程以及 AutoCAD 操作中的巨大潜力。SETQ 函数不仅增强了用户与 AutoLISP 程序之间的互动性，也极大地提升了设计的灵活性和效率。我们可以方便地在任意位置创建半径为 100 的圆，突破了 ZD-C100-v1.lsp 程序中对原点的限制，实现了对 AutoCAD 图形界面更自由、更直观的控制。这不仅体现了 SETQ 函数的重要性，也彰显了 AutoLISP 作为一种强大的编程语言在 AutoCAD 设计中无可替代的价值。在下面的几节中，我们将继续探索更多这样的函数和技巧，不断拓宽我们的设计视野，提升操作技能，以达到更高的设计效率和质量。

4.3 GETREAL 函数

上一节提到了 GETPOINT 函数，它实现了鼠标和 AutoLISP 之间的交互，为我们带来了很大的便利。但是它无法将键盘输入的数值传递给 AutoLISP。这就需要使用另外一个函数 GETREAL（表 4-3-1）。

表 4-3-1 GETREAL 函数

函数名称	GETREAL
函数用法	(getreal 输入数值)
函数说明	获取一个实数值

在输入数值之后，GETREAL 函数会立即将这些数据传递给 AutoLISP 程序，从而实现数据的快速交互和处理。通过这一功能，用户能够方便地对图形和模型进行

修改，实现对图形设计的精确控制和高效管理。

GETREAL 函数的另一个重要特点是其具有较好的兼容性和灵活性。它不仅能够接收整数和浮点数，还能够根据用户的需求自动调整数值的范围和精度。这意味着工程师和设计师可以根据具体的设计要求和准则，灵活运用 GETREAL 函数，实现对各种数值的精确输入和控制。

以 ZD-C100-v2.lsp 这个程序为例，假设需要调整圆形的大小。在这种情况下，GETREAL 函数就会非常便捷。只需要运行相应的 AutoLISP 程序，当程序执行到需要输入圆的半径的部分时，GETREAL 函数会自动暂停程序，等待输入新的半径数值。输入完成后，程序会自动继续运行，根据输入的半径数值来创建圆，程序如下：

```
(defun c:ZD-C100-v3 (/ PT R) ;定义名为"ZD-C100-v3"的函数，其中PT，R为局部变量
  (setq PT (getpoint "\nGetpoint:"))          ;点击圆心点
  (setq R (getreal "\nEnter Radius:"))          ;输入圆的半径
  (command "CIRCLE" PT R)       ;绘制半径为100的圆
  (princ)                       ;清除AutoCAD命令行提示
)                               ;结束defun函数
```

在这个例子中，我们将程序命名为“ZD-C100-v3”。可以看到，通过 SETQ 函数和 GETREAL 函数，我们简单快速地实现了键盘和 AutoLISP 之间的准确沟通。

GETREAL 函数的自动暂停和等待用户输入的特质融合了设计的灵活性与精准性。它赋予了设计人员在遵循实际需求的前提下，以更流畅、更精确的方式修改和优化 AutoCAD 设计的能力。这一特质把 GETREAL 函数塑造成了用户和 AutoLISP 程序沟通的重要纽带，使得数值输入和图形元素的修改流程更加直观、高效。

在实际应用场景中，GETREAL 函数的影响力不局限于单一操作。它常与其他 AutoLISP 函数和命令，例如 SETQ 函数，协同工作，共同构建更复杂、更丰富的设计解决方案。例如在绘制复杂的机械部件和建筑结构时，设计师能便捷地利用 GETREAL 函数快速输入和调整各类参数，以确保细节与整体设计的精准匹配。这样不仅大幅提升了设计效率，也为最终产品的质量和性能奠定了坚实基础。

然而，虽说 GETREAL 函数为我们带来了诸多便利，但在使用它的过程中依然需要时刻保持细心，关注输入数值的准确性和合理性。我们要避免因输入错误或数据不精确导致的设计缺陷和问题。因此，在运用 GETREAL 函数时，需要深入探索和理解其功能和限制，结合具体的设计任务和标准，灵活地运用和优化输入数据，以达成高质量的 AutoCAD 设计。

综合考虑，GETREAL 函数在 AutoLISP 编程世界中是不可或缺的角色，有着卓越性能。

4.4 IF 函数

表 4-4-1 IF 函数

函数名称	IF
函数用法	(if 条件 then- 表达式 (else- 表达式))
函数说明	根据条件来判断执行哪个表达式

当涉及在 AutoLISP 中进行条件性操作时，IF 函数是一个不可或缺的工具（表 4-4-1）。IF 函数允许我们根据不同的条件来决定执行哪些代码，从而为程序带来了灵活性和智能性。无论是在创建自定义 AutoCAD 命令，还是在编写与 AutoCAD 交互的自动化脚本时，

IF 函数都是实现逻辑控制的关键工具。本节将通过举例说明来探讨 IF 函数的用法，向大家展示如何将其应用于实际情况中。

这里说明一点，在实际的运用中，表 4-4-1 中的“else”这一行是可以省略的。

以 ZD-C100-v3.lsp 程序为例，使用 IF 函数为该程序添加一个新的功能，实现两种半径输入的选择。

选择 1，如果用户输入了半径值，就按照用户输入的数值作为半径来绘制圆，这个过程和 ZD-C100-v3.lsp 的绘图过程是一样的。

选择 2，如果用户放弃了半径值的输入，则程序将按照设定的半径值 100 来创建圆。

程序如下：

```
(defun c:ZD-C100-v4 (/ PT R)    ; 定义一个名为 "ZD-C100-v4" 的函数，PT 和 R 是局部变量
  (setq PT (getpoint "\nGetpoint:"))
                                ; 提示用户输入一个点作为圆心，该点存储在变量 PT 中
  (setq R (getreal "\nEnter Radius:"))
                                ; 提示用户输入圆的半径，存储在变量 R 中
(if (null R)                    ; 如果 R 为 nil，表示用户直接按了 "Enter" 键
    (setq R 100)                ; 如果 R 为 nil，将 R 的值设置为默认半径 100
  )                             ;if 函数结束
  (command "CIRCLE" PT R)       ; 使用 AutoCAD 的 CIRCLE 命令绘制圆，圆心为 PT，
                                  半径为 R
  (princ)                       ; 清除 AutoCAD 命令行提示
)                               ; 结束 defun 函数
```

ZD-C100-v4 命令提示我们用鼠标指定圆心（GETPOINT 函数）和用键盘输入半径值（GETREAL 函数），然后使用这些输入参数绘制一个圆（COMMAND 函数）。如果没有输入半径的话，程序将使用默认值 100 来绘制圆（IF 函数）。从而实现两种圆的半径输入方式。

IF 函数是 AutoLISP 编程中的基本构建块，它能够根据不同的条件执行不同的代码，从而实现更灵活和更智能的程序控制流。

通过了解如何使用 IF 函数，您将能够编写更加智能和具有更强适应性的 AutoLISP 程序，以满足各种需求。无论是初学者还是有经验的 AutoLISP 开发者，有效使用 IF 函数是一个非常好的习惯，它将会使我们的 AutoLISP 编程技术更上一层楼。

4.5 REPEAT 函数

在实际的绘图设计中，重复性的操作是非常普遍的。使用 AutoLISP 的函数来处理这些重复性任务不仅方便，而且有助于防止人为错误的发生。在处理重复性任务时，AutoLISP 提供了多个函数供我们使用。本节将重点介绍一下 REPEAT 函数（表 4-5-1）。

REPEAT 函数在 AutoLISP 编程中是一个非常实用的工具，特别是对于需要重复执行特定操作或命令的场景。这个函数允许用户定义一个操作，并规定这个操作重复执行的

表 4-5-1　REPEAT 函数

函数名称	REPEAT
函数用法	(repeat 数值 n 　(表达式))
函数说明	重复执行表达式 *n* 次

次数，从而简化代码，提升编程效率。

以连续绘制多个同心圆为例，通过 REPEAT 函数，只需要编写一个绘制圆形的代码段，然后指定重复执行的次数，即可在不增加代码复杂性的前提下实现绘制多个圆形的目标。这不仅缩短了代码的长度，还提高了代码的可读性和可维护性。以 ZD-C100-v4.lsp 这个程序为例，如果在此函数的基础上想实现自动绘制 10 个同心圆的话，就可以利用 REPEAT 函数这样修改：

```
(defun c:ZD-C100-v5 (/ PT R)
; 定义一个名为 "ZD-C100-v5" 的函数，PT 和 R 是局部变量
  (setq PT (getpoint "\nGetpoint:"))
; 提示用户输入一个点作为圆心，该点存储在变量 PT 中
  (setq R (getreal "\nEnter Radius:"))
                                 ; 提示用户输入圆的半径，存储在变量 R 中
(if (null R)                     ; 如果 R 为 nil，表示用户直接按了 "Enter" 键
   (setq R 100)                  ; 如果 R 为 nil，将 R 的值设置为默认半径 100
  )                              ; if 函数结束
  (command "CIRCLE" PT R)
; 使用 AutoCAD 的 CIRCLE 命令绘制圆，圆心为 PT，半径为 R
(repeat 9                        ; 启动一个重复循环，将在下面的代码块中重复执行 9 次
   (setq R (+ R 50))
; 每次循环中，R 的值都会增加 50，表示每个新圆的半径都比前一个大 50
   (command "CIRCLE" PT R)       ; 使用更新的半径 R 绘制一个新的圆，圆心仍然是 PT
  )                              ; repeat 循环结束
  (princ)                        ; 清除 AutoCAD 命令行提示
)                                ; 结束 defun 函数
```

在上面的示例中，REPEAT 函数被用来重复绘制圆 9 次。每次重复，圆的半径都会增加，因为我们通过 (1+ *i*) 函数将迭代的次数加 1，并叠加 50mm 来计算每个圆的半径。因此，我们得到了 10 个半径逐渐增大的同心圆，中心点都在 (0, 0)。

在实际应用中，REPEAT 函数可以广泛应用于各种需要批量、重复操作的场景，帮助用户节省时间，减少错误，实现高效、准确的编程输出。利用这个函数，用户可以避免手动重复编写相同或相似的代码，从而更加专注于设计和创造性的工作。

4.6 WHILE 函数

上一节我们了解了 REPEAT 函数，这一节介绍一下另外一个重要的重复性函数 WHILE（表 4-6-1）。

表 4-6-1 WHILE 函数

函数名称	WHILE
函数用法	(while 条件 (表达式))
函数说明	重复执行表达式直至条件不满足

WHILE 函数是一种在编程和数据处理中非常常见的重复执行工具。它允许在满足特定条件的情况下重复执行一段代码块，直到条件不再满足为止。与 REPEAT 函数不同，WHILE 函数的执行次数不是预先设定的，而

是由条件的真假决定的。

通过 WHILE 函数，我们可以更灵活地处理各种复杂的任务，因为它可以在循环的每一次迭代中检查条件并自动终止循环。这使得它在需要不断迭代以满足特定条件的情况下非常有用，例如数据过滤、排序、搜索等。

ZD-C100-v5.lsp 这个程序通过 REPEAT 函数实现了重复绘制同心圆，使用 WHILE 函数也可以获得同样的效果，如下所示:

```
(defun c:ZD-C100-v6 (/ PT R i)
;定义一个名为"ZD-C100-v6"的函数，括号里面是局部变量
  (setq PT (getpoint "\nGetpoint:"))
                              ;提示用户输入一个点作为圆心，该点存储在变量PT中
  (setq R (getreal "\nEnter Radius:"))
                              ;提示用户输入圆的半径，存储在变量R中
(if (null R)                  ;如果R为nil，表示用户直接按了"Enter"键
    (setq R 100)              ;如果R为nil，将R的值设置为默认半径100
  )                           ;if函数结束
  (command "CIRCLE" PT R)     ;使用更新的半径R绘制一个新的圆，圆心仍然是PT
  (setq i 0)                  ;初始化一个计数器变量i
(while (< i 9)                ;进入一个循环，循环9次
    (setq R (+ R 50))         ;增加半径R的值，每次增加50
    (command "CIRCLE" PT R)   ;使用新的半径R绘制一个新的圆
 (setq i (+ i 1))             ;增加计数器变量i的值
  )                           ;while函数循环结束
  (princ)                     ;清除AutoCAD命令行提示
)                             ; defun函数定义结束
```

执行 ZD-C100-v6.lsp 后，就可以看到它和 ZD-C100-v5.lsp 的效果一模一样，在 AutoCAD 中先绘制一个圆，然后在该圆的基础上绘制 9 个不同半径的附加圆，以生成一系列半径递增的圆。

当使用 WHILE 函数时，有几个重要的注意事项需要记住。首先，条件部分必须是一个能够返回真值或假值的表达式。其次，要确保在循环内部适当地更新条件，否则会导致无限循环。最后，了解何时终止循环非常关键，以避免不必要的计算或资源浪费。

另外，除了圆的绘制，WHILE 函数还可以用于其他各种任务，例如在数据处理中筛选出特定条件的记录，或者在算法中执行迭代求解。因此，学会正确使用 WHILE 函数将为您的编程能力增色。

4.7 GETVAR 函数和 SETVAR 函数

在探讨 GETVAR 函数的时候，SETVAR 函数自然成为我们无法避免的话题。它们是 AutoCAD 编程与脚本编写中不可或缺的组合，相辅相成。

GETVAR 函数能够精准地获取 AutoCAD 系统中定义的变量值，无论这些变量是在程序中预设、由用户定义的，还是来自其他外部资源，它的存在都让我们能够便捷地读取和处理

这些变量，从而满足不同的编程需求（表 4-7-1）。

表 4-7-1 GETVAR 函数

函数名称	GETVAR
函数用法	(getvar 系统变量名称)
函数说明	用于设置或者修改 AutoCAD 系统变量的值

与之相关的是 SETVAR 函数（表 4-7-2），它用于设置变量的值。通过 SETVAR 函数，可以将特定的值分配给一个变量，以便在后续的代码中使用。这两个函数的结合使用，使我们能够在程序中管理和操作变量，从而实现更复杂的逻辑和功能。

表 4-7-2 SETVAR 函数

函数名称	SETVAR
函数用法	(setvar 系统变量名称 数值)
函数说明	用于设置或者修改 AutoCAD 系统变量的值

以 ZD-C100-v6.lsp 程序为例，如果想将对象捕捉模式在程序运行期间禁用，在程序运行之后恢复到原来的状态，就可以这样改一下：

```
1  (defun c:ZD-C100-v7 (/ PT R i OS)
                                   ;定义一个名为"ZD-C100-v7"的函数，( ) 里面是局部变量
2    (setq OS (getvar "OSMODE")) ; 将当前的对象捕捉模式保存在变量 OS 中
3    (setvar "OSMODE" 0)         ; 将 OSMODE 设置为 0，以确保对象捕捉被禁用
4    (setq PT (getpoint "\nGetpoint:"))
                                 ; 提示用户输入一个点作为圆心，该点存储在变量 PT 中
5    (setq R (getreal "\nEnter Radius:"))
                                 ; 提示用户输入圆的半径，存储在变量 R 中
6  (if (null R)                  ; 如果 R 为 nil，表示用户直接按了 "Enter" 键
7      (setq R 100)              ; 如果 R 为 nil，将 R 的值设置为默认半径 100
8    )                           ;if 函数结束
9    (command "CIRCLE" PT R)     ; 使用更新的半径 R 绘制一个新的圆，圆心仍然是 PT
10   (setq i 0)                  ; 初始化一个计数器变量 i
11 (while (< i 9)                ; 进入一个循环，循环 9 次
12     (setq R (+ R 50))         ; 增加半径 R 的值，每次增加 50
13     (command "CIRCLE" PT R)   ; 使用新的半径 R 绘制一个新的圆
14     (setq i (+ i 1))          ; 增加计数器变量 i 的值
15   )                           ; while 函数循环结束
16   (setvar "OSMODE" OS)        ; 恢复先前保存的 OSMODE 设置
17   (princ)                     ; 清除 AutoCAD 命令行提示
18 )                             ; defun 函数定义结束
```

在上述 ZD-C100-v7 这个程序中，我们首先备份当前的对象捕捉模式（第 2 行），然后再临时关闭对象捕捉模式（第 3 行），在绘制完所有的圆之后，将对象捕捉模式恢复到原始状态（第 16 行）。这种方式广泛应用于 AutoLISP 编程中，可以确保自己的 AutoCAD 工作环境

不会被永久改变。

综上所述，GETVAR 函数是编程和脚本语言中一个强大的工具，它与 SETVAR 函数共同为我们提供了更灵活、更精确的控制手段，让 AutoLISP 编程变得更加人性化，更加高效和直观。

4.8 LIST 函数

在实际工作中，处理表格数据是一项常见的操作。AutoLISP 提供了一系列关于列表的功能，可以帮助我们有效地进行数据管理和操作。在这些功能中，LIST 函数尤为重要，是 AutoLISP 编程中经常用到的一个工具（表 4-8-1）。

表 4-8-1　LIST 函数

函数名称	LIST
函数用法	(list 条目 1 条目 2 条目 3)
函数说明	用于创建列表

LIST 函数允许我们创建和管理列表，可以说是我们自动化处理和组织数据的利器。通过 LIST 函数，可以轻松地将各种数据元素组合成一个整体的列表，从而便于进行进一步的操作和处理。无论是数字、字符串，还是其他数据类型，都可以被有效地组织在一起，实现数据的快速获取和操作。

前面 ZD-C100-v7 程序自动绘制了很多同心圆。如果想将所有圆的直径都以列表的形式显示出来的话，使用 LIST 函数将会非常地简单，编程如下：

```
(defun c:ZD-C100-v8 (/ PT R i OS radii)
;定义一个名为“ZD-C100-v8”的函数，( ) 里面是局部变量
  (setq OS (getvar "OSMODE")) ; 将当前的对象捕捉模式保存在变量 OS 中
  (setvar "OSMODE" 0)         ; 将 OSMODE 设置为 0，以确保对象捕捉被禁用
  (setq PT (getpoint "\nGetpoint: "))
                              ; 提示用户输入一个点作为圆心，该点存储在变量 PT 中
  (setq R (getreal "\nEnter Radius:"))
                              ; 提示用户输入圆的半径，存储在变量 R 中
(if (null R)                  ; 如果 R 为 nil，表示用户直接按了 "Enter"
    (setq R 100)              ; 如果 R 为 nil，将 R 的值设置为默认半径 100
  )                           ; if 函数结束
  (setq radii(list R))        ; 创建一个列表 radii，并把第一个半径 R 存入列表
  (command "CIRCLE" PT R)     ; 使用更新的半径 R 绘制一个新的圆，圆心仍然是 PT
  (setq i 0)                  ; 初始化一个计数器变量 i
(while (< i 9)                ; 进入一个循环，循环 9 次
    (setq R (+ R 50))         ; 增加半径 R 的值，每次增加 50
    (command "CIRCLE" PT R)   ; 使用新的半径 R 绘制一个新的圆
    (setq radii (append radii (list R)))     ; 将新的半径加入到 radii 列表
    (setq i (+ i 1))          ; 增加计数器变量 i 的值
  )                           ; while 函数循环结束
```

```
18  (setvar "OSMODE" OS)                ; 恢复先前保存的 OSMODE 设置
19  (print radii)                       ; 显示所有圆的半径
20  (princ)                             ; 清除 AutoCAD 命令行提示
21 )                                    ; defun 函数定义结束
```

在 ZD-C100-v8.lsp 程序的代码中可以看到，在第 15 行通过 LIST 函数将所有的半径以列表的形式存储在一个变量中，然后在第 19 行将它们显示在了命令行栏中，因此运行这个自定义函数就可以看到所有圆的半径数值。

总结一下，通过使用 LIST 函数，可以轻松地组织和管理需要在脚本中处理的数据。还可以将 LIST 函数与其他 AutoLISP 函数和控制结构（如循环和条件语句）结合使用，以创建复杂的数据处理和生成流程。在这里鼓励大家积极学习和应用这一功能。

总的来说，LIST 函数在 AutoLISP 编程中扮演了不可或缺的角色，它使得 AutoCAD 中的数据管理变得更加简单和高效。

4.9 ERROR 函数

在 AutoLISP 运行过程中，有时会由于种种原因出现错误。当错误发生时，我们通常想知道错误出现在哪里，以便更容易地找到问题出现的根本原因并进行修复。

此外，有时需要手动中断正在运行的程序。通常，我们可以通过按键盘左上角的“Esc”键来实现这一目的。然而在某些情况，比如在执行上一节名为“ZD-C100-v8.lsp”的程序时，如果在程序执行过程中按下“Esc”键来中断，那么你会看到后续的第 17 行中的对象捕捉模式恢复操作将没有被完成。DWG 文件右下角的对象捕捉模式将一直保持第 3 行中指定的模式。这种情况的中断，会明显干扰绘图工作。

为了解决上述问题，可以使用 ERROR 函数（表 4-9-1）。这个函数可以帮助我们处理错误情况，并提供详细的错误信息，以便轻松地定位和解决问题。这样，无论是为了排除错误还是为了更好地管理程序执行的流程，ERROR 函数都可以提供帮助。

表 4-9-1　ERROR 函数

函数名称	ERROR
函数用法	(error 条目)
函数说明	用于生成一个包含特定错误信息或代码的错误对象

例如 ZD-C100-v8.lsp 程序，我们在程序执行的过程中使用“Esc”键来中断操作的时候，也能确保对象捕捉模式恢复为程序运行前的状态。我们可以在程序的起始部分插入以下代码：

```
(defun *error* (msg)                ; 定义错误函数内容
    (princ "\nError: ")             ; 打印 "Error:" 这几个字母显示在命令行栏
    (princ msg)                     ; 输出具体的错误信息
    (setvar "OSMODE" OS)            ; 设置 OSMODE 为原始值
    (princ)                         ; 清理并退出
)                                   ; 结束错误函数
```

通过上述的 ERROR 函数，不仅设定了错误信息的具体显示格式，还确保了在出现错误情况下对象捕捉模式能够及时恢复，以便我们能够继续 AutoCAD其他的操作不受程序错误的影响。把这段错误处理代码插入程序中，命名为“ZD-C100-v9.lsp”：

```
1  (defun c:ZD-C100-v9 (/ PT R i OS radii)
   ;定义一个名为 "ZD-C100-v9" 的函数，( ) 里面是局部变量
2    (setq OS (getvar "OSMODE")) ;将当前的对象捕捉模式保存在变量 OS 中
3  (defun *error* (msg)          ;定义错误函数内容
4      (princ "\nError: ")       ;打印 "Error: " 这几个字母显示在命令行栏
5      (princ msg)               ;输出具体的错误信息
6      (setvar "OSMODE" OS)      ;设置 OSMODE 为原始值
7      (princ)                   ;清理并退出
8    )                           ;结束错误函数
9    (setvar "OSMODE" 0)         ;将 OSMODE 设置为 0，以确保对象捕捉被禁用
10   (setq PT (getpoint "\nGetpoint:"))
                                 ;提示用户输入一个点作为圆心，该点存储在变量 PT 中
11   (if( = PT nil)(exit))       ;如果用户按下回车或 ESC，则退出程序
12   (setq R (getreal "\nEnter Radius:"))
                                 ;提示用户输入圆的半径，存储在变量 R 中
13 (if (null R)                  ;如果 R 为 nil，表示用户直接按了 "Enter" 键
14     (setq R 100)              ;如果 R 为 nil，将 R 的值设置为默认半径 100
15   )                           ;if 函数结束
16   (setq radii(list R))        ;创建一个列表 radii，并把第一个半径 R 存入列表
17   (command "CIRCLE" PT R)     ;使用更新的半径 R 绘制一个新的圆，圆心仍然是 PT
18   (setq i 0)                  ;初始化一个计数器变量 i
19 (while (< i 9)                ;进入一个循环，循环 9 次
20     (setq R (+ R 50))         ;增加半径 R 的值，每次增加 50
21     (command "CIRCLE" PT R)   ;使用新的半径 R 绘制一个新的圆
22     (setq radii (append radii (list R)))     ;将新的半径加入 radii 列表
23     (setq i (+ i 1))          ;增加计数器变量 i 的值
24   )                           ; while 函数循环结束
25   (setvar "OSMODE" OS)        ;恢复先前保存的 OSMODE 设置
26   (print radii)               ;显示所有圆的半径
27   (princ)                     ;清除 AutoCAD 命令行提示
28 )                             ; defun 函数定义结束
```

这样，当我们在运行程序的过程中，如果按了“Esc”键，程序就会自动跳到第 3 行去执行错误函数，将对象捕捉的模式恢复为运行前的状态后才结束程序的运行。

通过上面 ERROR 函数的例子，可以发现这一设计不仅有助于提升程序的稳定性和用户体验，也有助于程序调试和维护。在该函数中，当由于操作或其他未预见的因素触发错误时，程序能够通过 ERROR 函数，清晰、直观地向用户传达具体的错误信息。这种反馈机制能够帮助用户更准确地识别问题所在，从而采取相应的措施。

此外，该 ERROR 函数也起到了一个保护作用。当错误发生时，它能够避免程序崩溃而导致的 AutoCAD 不稳定。将 OSMODE 设置恢复到原始状态，保障了用户可以在错误发生后，仍能顺利进行其他操作，从而提升了 AutoCAD 的使用体验和操作效率。

另外，在处理错误时，我们也需要注意错误信息的明确性和准确性。一个好的错误信息不仅能够指明错误的类型，还能给出建议的解决方案或者引导用户避免类似错误。因此，在实际编写 ERROR 函数时，需要考虑错误信息的具体内容，使其既简洁又富有信息量。

总之，为了能创建一个更为人性化和通畅的程序，我们需要养成在程序里面添加错误函数的习惯。这样不仅能够帮助合作者更好地使用和理解我们的程序，也将为程序的持续优化和改进提供有力支持。

第 5 章 AutoLISP 与图层

我在进行绘图管理的时候，常想起意大利文艺复兴时期的著名艺术家达·芬奇的一句名言："简单是终极的复杂。"图层（LAYER）本身在 AutoCAD 绘图工作中是一个非常简单的功能，但是它却扮演着至关重要的角色。它在 AutoCAD 的世界里如同空气一样无处不在，虽然操作简单，但是它是整个绘图过程的基石。随着绘图复杂度的提升，高效管理图层变得尤为关键，直接影响到工作效率。AutoLISP 为我们提供了很多与图层相关的解决方案，使我们能够通过编程手段来优化日常图层操作。鉴于与图层相关的系统变量和命令众多，本章将着重探讨如何利用 AutoLISP 来控制图层，从而提升绘图效率。

本章将详细介绍各种创建图层的方法和技巧。通过实际的案例分析来帮助大家更容易地学习和理解这些技术。此外，本章介绍的所有与创建图层相关的 AutoLISP 文件都是独立可用的，这些内容不仅能为你的 AutoCAD 绘图技能增添光彩，还将大大提高你的工作效率。

本章所使用的 AutoLISP 文件，可通过扫描前言中的二维码进行下载。

5.1 COMMAND 函数和 ENTMAKE 函数的区别

利用 AutoLISP 创建的图层主要有两种大的分类，一种是使用 COMMAND 函数来创建，一种是使用 ENTMAKE 函数来创建。这两个函数创建图层，各有其优缺点。

（1）COMMAND 函数

优点：使用 COMMAND 函数可以像在命令行中输入命令一样直观和简单，易于理解和编写。它不要求深入了解 AutoCAD 对象模型，适合于快速操作和基本功能的实现。

缺点：由于是模拟用户输入命令，性能可能较差，尤其是在处理复杂操作或大量命令时。它的灵活性也较低，难以实现某些高级自定义需求，而且调试时定位问题可能较为困难。

（2）ENTMAKE 函数

优点：ENTMAKE 函数直接操作 AutoCAD 对象模型，通常性能更好，特别是在处理大量对象或复杂操作时效率较高。它能够更精细地控制图层属性和行为，适合处理复杂的需求和高级自定义功能。

缺点：使用 ENTMAKE 函数需要更多的 AutoCAD 对象模型知识，对开发人员的要求更高。在出现问题时，问题定位和解决有时较为困难，因此 ENTMAKE 也具有难以调试的特性。

COMMAND 函数需要接收一个或多个参数，第一个参数是要执行的 AutoCAD 命令名称，后续参数则是该命令所需的具体参数。这些参数将按顺序传递给命令（表 5-1-1）。使用 COMMAND 函数可以自动化常见任务，简化重复操作，提高工作效率。它特别适用于执行不需要复杂交互的命令，例如创建简单的图形对象、设置视图、修改系统变量等。

表 5-1-1　COMMAND 函数

函数名称	COMMAND
函数用法	COMMAND“命令名”[参数 1] [参数 2] ……)
函数说明	用于执行各种命令的基础函数。它允许用户通过 AutoLISP 脚本直接调用几乎所有的 AutoCAD 命令，就如同在命令行中输入命令一样

使用 ENTMAKE 函数可以创建几乎所有类型的 AutoCAD 实体，如线段、圆、弧、多边形等等。该函数的每一项通常是由两个元素组成的子列表，第一个元素是一个组码，指示了特定的实体属性，如线型、颜色等，第二个元素则是该属性的值（表 5-1-2）。

表 5-1-2　ENTMAKE 函数

函数名称	ENTMAKE
函数用法	(ENTMAKE 列表表达式)
函数说明	用于创建图形实体的高级函数。这个函数接收一个列表作为参数，该列表描述了要创建的实体的特性和属性

ENTMAKE 函数比 COMMAND 函数具有更高的灵活性和控制力。它允许用户以编程方式精确定义实体的每一个细节，是创建复杂实体和进行批量操作的理想选择。然而，由于需要深入了解实体的数据结构和组码，ENTMAKE 函数的使用难度相对较高，适合有一定 AutoLISP 编程基础的用户。通过 ENTMAKE 函数，高级用户可以实现更复杂和定制化的图形创建功能。

如果需要迅速创建简单的图层，COMMAND 函数是一个理想的选择。它简单易用，适合快速操作。对于刚入门的用户，建议先从 COMMAND 函数开始学习，因为它的入门门槛较低，更容易上手。

无论最终选择哪种方法，它们都能有效提升我们在创建图层方面的工作效率。因此，建议大家根据自身的具体需求和熟练程度来选择最合适的方法。

总的来说，COMMAND 函数适合简单地操作和快速开发，而 ENTMAKE 函数则适合处理复杂的操作和对性能有较高要求的场景，但需要更深入的技术和调试能力。

5.2 利用 COMMAND 函数来创建图层

前面第 4 章已经详细介绍了 COMMAND 函数。利用 COMMAND 函数来创建图层，对初学者来说更直观、易于理解，因为这种方法与手动执行创建图层的步骤非常相似。

举个例子，假设需要创建一个名为“MyLayer”的图层，只需在命令行中输入以下代码即可完成：

```
(command "-LAYER" "M" "MyLayer" "" "")
```

将该代码输入到命令行（图 5-2-1），按回车键之后即完成图层的创建。打开“图层特性管理器”就可以看到创建好的“MyLayer”图层（图 5-2-2）。

图 5-2-1　代码输入到命令行

图 5-2-2　图层特性管理器

该代码中各个符号和函数的详细说明如表 5-2-1 所示。

表 5-2-1　创建图层函数的详细含义

代码	含义
(	函数调用开始
command	启动 COMMAND 函数来模拟手动执行命令
"-LAYER"	启动图层命令 LAYER。前面添加 - 之后，将不会弹出任何的对话框界面，可以让我们直接在命令行里面使用 LAYER 命令
"M"	就是 Make 的意思，在这里告诉 AutoCAD 执行 LAYER 里的 M 快捷键，创建新的图层
"MyLayer"	准备创建的新的图层的名称
" "	这个空格表示图层的颜色使用默认即可，就是 ByLayer，也就是相当于我们手动操作的回车键
" "	结束 LAYER 命令，退出 LAYER 的子命令，相当于我们手动操作回车键
)	与第一行的括号相呼应，结束函数的调用

通过这种方法，初学者可以轻松地创建图层，无须手动执行复杂的操作，从而提高 AutoCAD 的使用效率。对于那些希望通过编程方式来操作 AutoCAD 图层的朋友，掌握 COMMAND 函数的使用将是一项非常有价值的技能。通过编写简洁、高效的代码，不仅仅可以加速日常的绘图任务，还能在更复杂的项目中保持准确和一致。

5.2.1　用 AutoLISP批量创建图层

前面详细介绍了使用 COMMAND 函数创建图层的编程代码的详细含义。接下来就可以利用这个方法批量化地创建图层。首先，假设现在需要根据表 5-2-2 中的信息设置每个图层的名称、颜色、线宽和线型。

表 5-2-2　三个图层信息

图层名称	图层颜色	图层线宽	图层线型
01_STR	红色	默认	默认
02_MAC	黄色	默认	默认
03_TTL	绿色	默认	默认

在有的版本中，线宽的默认显示为“Default”，线型的默认显示为“Continuous”。

第一个图层的名称为“01_STR”，颜色设为红色，线宽和线型为默认，可以使用 COMMAND 函数来定义这些属性。同理，对于第二个“02_MAC”和第三个图层“03_TTL”，按照相同的方法进行，只是改变相应的属性值以符合表中的要求。使用 COMMAND 函数来编写的 AutoLISP 程序如下：

```
(defun c:ZD-Layer-v1 ()          ;定义命令 ZD-Layer-v1
(command "-LAYER" "_N" "01_STR" "_C" "1" "01_ STR " "")
                                 ;创建图层 "01_STR"，颜色编号设定为 1
```

```
3  (command "-LAYER" "_N" "02_MAC" "_C" "2" "02_MAC" "")
                                         ; 创建图层 "02_MAC", 颜色编号设定为 2
4  (command "-LAYER" "_N" "03_TTL" "_C" "3" "03_TTL" "")
                                         ; 创建图层 "03_TTL", 颜色编号设定为 3
5  (princ)                               ; 清除命令行提示
6  )                                     ; 结束 defun 函数, 与第 1 行相呼应
```

上面的程序中，第 2 行、第 3 行和第 4 行是核心的内容，我们可以看到 COMMAND 函数在每一行都定义了一个图层的名称，并使用图层的颜色属性“_C”，对所有图层的颜色进行了编号的定义（关于图层属性的说明，请参阅 5.2.4 节的介绍）。例如，01_STR 图层的颜色编号设为 1，这表示 01_STR 图层将使用 AutoCAD 颜色编号为 1 的颜色。数值 1 在 ACI 颜色编号中代表的颜色为红色。

同理，数值 2 代表的为黄色，数值 3 代表的为绿色。也就是说，AutoCAD 中预定义了一个颜色集合，其中每个颜色有一个特定的编号。这种方式使得用户能够快速引用常用颜色，无须记住具体的颜色编号。关于图层颜色设定与设定数值的详细说明，可以参阅 5.7 节的介绍。

对于线宽和线型的设置，由于表 5-2-2 设定的为使用 AutoCAD 的默认值，所以在程序里面就没有这方面的代码。从这一点可以看出来 AutoLISP 程序设计旨在简化图层创建过程，而不是进行复杂的图层属性定制。

将该程序通过文本工具保存，名称为“ZD-Layer-v1.lsp”，参阅前面第 2 章和第 3 章的说明，使用 APPLOAD 命令加载至当前的 DWG 文件。之后，创建任意一个 DWG 文件，在命令行窗口里输入“ZD-Layer-v1”，按回车键后，就可以在“图层特性管理器”里面找到 01_STR、02_MAC 和 03_TTL 这三个图层（图 5-2-3）。

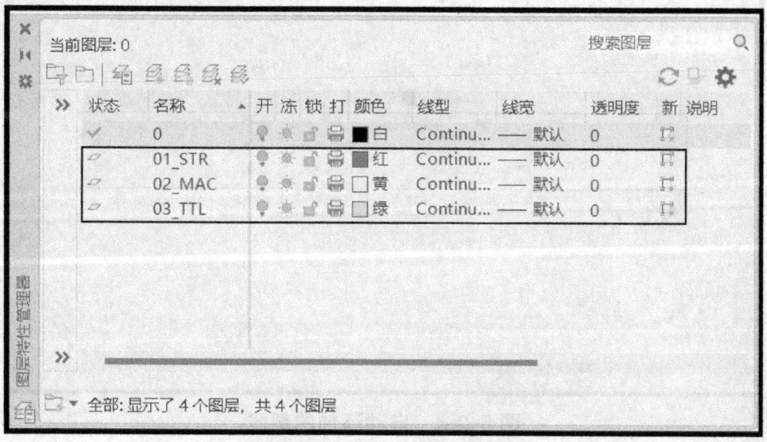

图 5-2-3　图层特性管理器

从 ZD-Layer-v1.lsp 这个例子我们可以看出，图层的名称、颜色都可以根据需要进行自定义和批量添加，这就是使用 AutoLISP 创建图层的优势所在，它能够将图层的创建过程进行数字化和可视化转换，从而使我们能够高效且反复地使用它们。

ZD-Layer-v1.lsp 程序只对图层的名称和颜色进行了指定，如果希望为每一个图层再添加上线宽（表 5-2-3），则可以对该程序进行进一步修改。

修改后的程序如下：

表 5-2-3　图层线宽

图层名称	图层颜色	图层线宽 /mm	图层线型
01_STR	红色	0.3	默认
02_MAC	黄色	0.4	默认
03_TTL	绿色	0.5	默认

```
1  (defun c:ZD-Layer-v2 ()          ;定义命令 ZD-Layer-v2
2  (command "-LAYER" "_N" "01_STR" "_C" "1" "01_STR" "_LW" "0.3" "01_STR" "")
                                    ;创建图层 01_STR，颜色编号设定为 1，线宽为 0.3mm
3  (command "-LAYER" "_N" "02_MAC" "_C" "2" "02_MAC" "_LW" "0.4" "02_MAC" "")
                                    ;创建图层 02_MAC，颜色编号设定为 2，线宽为 0.4mm
4  (command "-LAYER" "_N" "03_TTL" "_C" "3" "03_TTL" "_LW" "0.5" "03_TTL" "")
                                    ;创建图层 03_TTL，颜色编号设定为 3，线宽为 0.5mm
5  (princ)                          ;清除命令行提示
6  )                                ;结束 defun 函数，与第 1 行相呼应
```

从上面的程序我们可以看出，在第 2 行、第 3 行和第 4 行的 COMMAND 函数里面，我们不但定义了图层的颜色，还使用图层的线宽属性“_LW”，对所有新建图层的线宽进行了定义和设置。

将该程序使用文本工具保存为“ZD-Layer-v2.lsp”，加载后在任意 DWG 文件的命令行窗口输入“ZD-Layer-v2”后，启动 LAYER 命令，通过“图层特性浏览器”可以看到三个图层被自动创建到 DWG 文件中（图 5-2-4），并且按照程序的设定，线宽也被添加了进来。

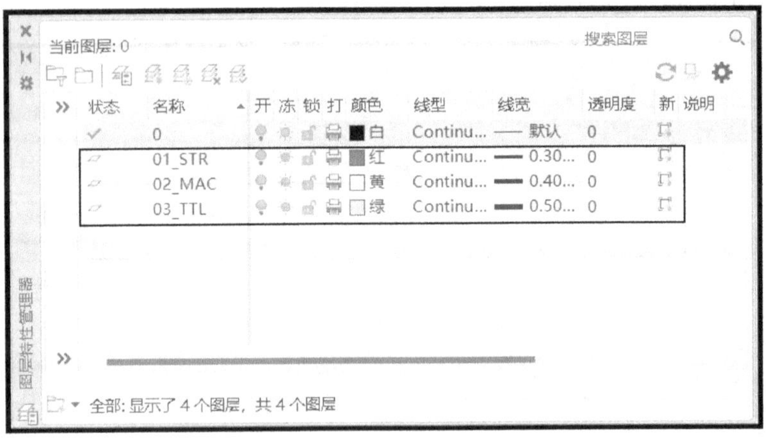

图 5-2-4　自动添加的图层

通过前面两个 AutoLISP 的示例程序 ZD-Layer-v1.lsp 和 ZD-Layer-v2.lsp，相信大家对如何从简单的颜色和名称设置扩展到线宽等更复杂的属性设置来进行图层的创建有了一定的理解。这种方法不仅提高了图层创建的效率，而且还开辟了定制化的渠道，使得我们可以根据自己的需求来进行图层管理。AutoLISP 的数字化和可视化图层创建功能，对需要高效管理图层的用户来说非常重要，掌握 COMMAND 函数的使用将是一项非常有价值的技能。

AutoLISP 中的 COMMAND 函数直观、易于理解的编程流程，给初学者提供了极大的便利。它简洁而高效的代码结构，不仅能加速日常绘图任务，还能在复杂的项目中保持准确性

和一致性。建议大家扫描前言二维码，下载 ZD-Layer-v1.lsp 和 ZD-Layer-v2.lsp 这两个程序，亲自动手进行实际操作和调试，尝试修改 AutoLISP 程序中的图层名称、颜色或线宽值，这样可以更深入地理解 AutoLISP 编程的精髓，从而能够灵活应用，创造更多个性化的编程。

动手进行实际操作和调试，不仅能够掌握基本技能，还可以逐渐提高解决复杂问题的能力。特别是编程工作中，这种自我指导的学习方式，有助于深化对 AutoLISP 编程的理解，并且激励我们发挥创造力，探索更多的可能性。

5.2.2 图层名的输入简化

从 ZD-Layer-v2.lsp 程序我们可以看出，使用 COMMAND 函数进行图层创建的时候，同一个图层名称有时候需要输入很多次。也就是说如果需要在程序中修改图层名称，将要修改多个地方。在这种情况下，如果临时设定一个图层名称用的局部变量，结合 SETQ 函数就可以简化这方面的编程操作。

以 ZD-Layer-v2.lsp 这个程序为例，改造后的结果如下：

```
1 (defun c:ZD-Layer-v3 (/ LayerName1 LayerName2 LayerName3)
  ;定义一个名为"ZD-Layer-v3"的新函数。局部变量为 LayerName1、LayerName2 和 LayerName3
2 (setq LayerName1 "01_STR")    ;将变量 LayerName1 设置为字符串 01_STR
3 (setq LayerName2 "02_MAC")    ;将变量 LayerName2 设置为字符串 02_MAC
4 (setq LayerName3 "03_TTL")    ;将变量 LayerName3 设置为字符串 03_TTL
5 (command "-LAYER" "_N" LayerName1 "_C" "1" LayerName1 "_LW" "0.3" LayerName1 "")
  ;执行 AutoCAD 的 LAYER 命令，用 LayerName1 中存储的名称创建新图层，设置其颜色编号
   为 1，线宽为 0.3mm
6 (command "-LAYER" "_N" LayerName2 "_C" "2" LayerName2 "_LW" "0.4" LayerName2 "")
  ;执行 AutoCAD 的 LAYER 命令，用 LayerName2 中存储的名称创建新图层，设置其颜色编号
   为 2，线宽为 0.4mm
7 (command "-LAYER" "_N" LayerName3 "_C" "3" LayerName3 "_LW" "0.5" LayerName3 "")
  ;执行 AutoCAD 的 LAYER 命令，用 LayerName3 中存储的名称创建新图层，设置其颜色编号
   为 3，线宽为 0.5mm
8 (princ)                       ;抑制最后一个命令的输出，并从函数中干净地返回
9 )                             ;结束 defun 函数，与第 1 行相呼应
```

利用文本工具将上面的程序保存，命名为“ZD-Layer-v3.lsp”，保存后即可使用。以图层命名为例，假设在编程过程中需要将 ZD-Layer-v3.lsp 中的名为“01_STR”的图层改名为“99_STR”，我们只需对代码中的第 2 行进行简单修改，即将“01_STR”更改为“99_STR”。这个操作的好处在于，不需要对代码中的 COMMAND 函数进行任何调整，因为该函数会自动引用新的图层名称。这种方法不仅节省了时间，也减少了出错的可能性，因为无须在整个程序中搜索并替换图层名称。简而言之，这是一种高效且可靠的重命名方法，特别适合于需要频繁更新或修改图层名称的情况。

5.2.3 优化命令行的显示

在运行 ZD-Layer-v3.lsp 的时候，会发现命令行会显示大量的信息，很冗长（图 5-2-5），这不仅会让屏幕变得杂乱无章，还会影响脚本的执行效率。特别是在处理复杂的脚本或批量

任务时，冗长的命令行输出可能会导致性能下降，并增加找到重要信息的难度。

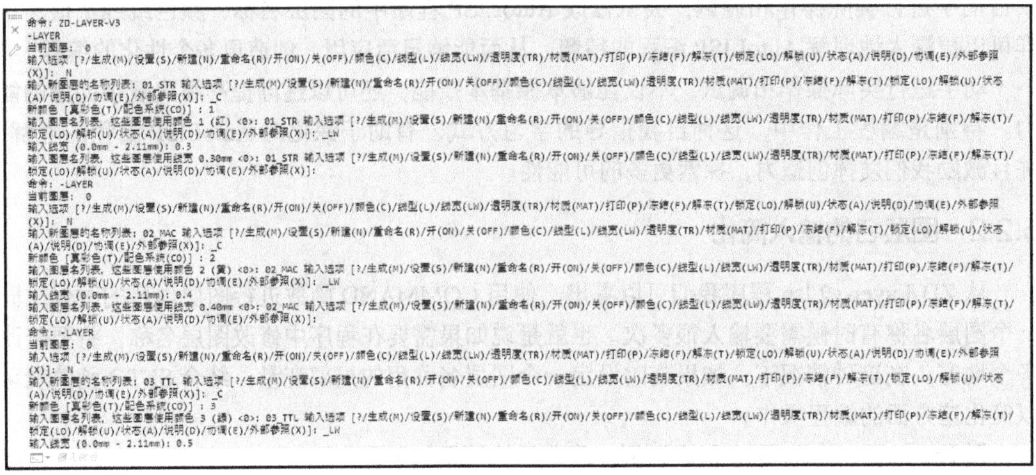

图 5-2-5　冗长的命令行显示

因此，如何有效地管理命令行输出，特别是如何在需要时简化或抑制这些输出，对于所有使用 AutoLISP 脚本的 AutoCAD 用户来说都是一个宝贵的技能。这里给大家提供一个解决的方法，就是隐藏命令行中的输出。也就是说，通过设置 cmdecho 变量为 0，就可以成功地关闭命令行回显功能，这对提高 AutoLISP 脚本的运行速度是非常有益的。

在 ZD-Layer-v3.lsp 这个 AutoLISP 的基础上，添加 cmdecho 变量后的程序如下：

```
(defun c:ZD-Layer-v4 (/ Echo LayerName1 LayerName2 LayerName3)
  ;定义一个名为"ZD-Layer-v4"的新函数。局部变量为 LayerName1、LayerName2
   和 LayerName3
(setq Echo (getvar "cmdecho"))
  ;使用 setq 函数设置变量 Echo 为当前 cmdecho 系统变量的值
(setvar "cmdecho" 0)              ;将 cmdecho 命令值设定为 0，以关闭命令行回显
(setq LayerName1 "01_STR")        ;将变量 LayerName1 设置为字符串 01_STR
(setq LayerName2 "02_MAC")        ;将变量 LayerName2 设置为字符串 02_MAC
(setq LayerName3 "03_TTL")        ;将变量 LayerName3 设置为字符串 03_TTL
(command "-LAYER" "_N" LayerName1 "_C" "1" LayerName1 "_LW" "0.3" LayerName1"")
  ;执行 AutoCAD 的 LAYER 命令，用 LayerName1 中存储的名称创建新图层，设置其颜色编号
   为 1，线宽为 0.3mm
(command "-LAYER" "_N" LayerName2 "_C" "2" LayerName2 "_LW" "0.4" LayerName2"")
  ;执行 AutoCAD 的 LAYER 命令，用 LayerName2 中存储的名称创建新图层，设置其颜色编号
   为 2，线宽为 0.4mm
(command "-LAYER" "_N" LayerName3 "_C" "3" LayerName3 "_LW" "0.5" LayerName3"")
  ;执行 AutoCAD 的 LAYER 命令，用 LayerName3 中存储的名称创建新图层，设置其颜色编号
   为 3，线宽为 0.5mm
(setvar "cmdecho" Echo)
  ;将 cmdecho 系统变量重置为原始值（保存在变量 Echo 中）
(princ "\nSuccess!")              ;打印消息"Success!"，表示操作成功
```

```
12 (princ)                    ；抑制最后一个命令的输出，并从函数中干净地返回
13 )                          ；结束 defun 函数，与第 1 行相呼应
```

将上面的程序通过文本文件保存后，命名为“ZD-Layer-v4.lsp”。

在 ZD-Layer-v4.lsp 程序的第 2 行将 cmdecho 变量的值储存起来，第 3 行将值设定为 0 之后，程序才开始执行图层的创建，在所有的图层创建完毕后，第 10 行将保存的 cmdecho 变量的值又恢复后才结束程序的运转。这里为方便我们知道程序已经运行完毕，第 11 行添加了一行“Success！”以表示运行成功。

以上通过实际的程序操作给大家展示了如何减少命令行的输出，来提高 AutoLISP 脚本的运行效率。这是一个对 AutoCAD 用户和 AutoLISP 编程人员都很有用的技巧。特别是当你利用 AutoLISP 程序来大批量创建图层的时候，这个技巧的作用就会体现出来，这种优化命令行的操作，不仅能提高脚本的运行效率，还能使得脚本的操作更加清晰，从而更容易监控和调试程序，带来高质量的输出效果。

关于简化命令行显示的技巧，在后面的 15.2 节里面也有介绍。

5.2.4 图层命令的快捷键

可能大家已经发现，在使用 COMMAND 函数进行编程的时候，使用了一些依存于图层命令的快捷键，例如设定颜色编号的时候，使用了快捷键“C”，设定线宽的时候使用了快捷键“LW”，等等，这些快捷键都可以从 -LAYER（图层）命令里面确认（图 5-2-6）。

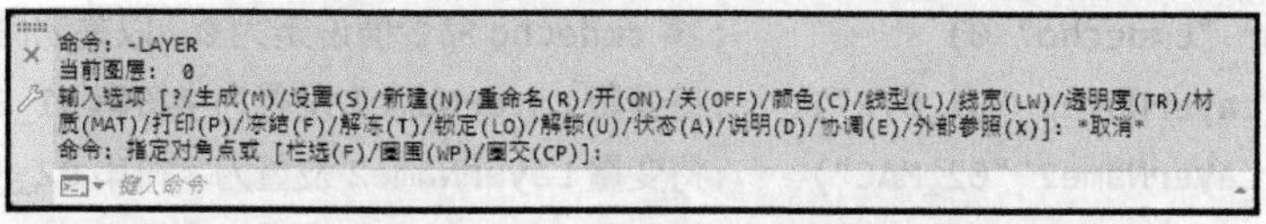

图 5-2-6　-LAYER 命令的快捷键

这些快捷键是依存于图层命令中的快捷键，与全局通用那种快捷键不一样。熟悉这些快捷键，对使用 COMMAND 函数来编辑 AutoLISP 程序创建图层将会非常有意义。图层命令中常用的快捷键如表 5-2-4 所示。

表 5-2-4　图层命令中常用的快捷键

快捷键	英文全称	汉语名称	说明
M	Make	生成	新建图层，并置为当前图层
S	Set	设置	将非表示的图层改为表示，并置为当前图层
N	New	新建	新建图层
R	Rename	重命名	图层名称变更
ON	On	开	让图层处于表示状态
OFF	Off	关	让图层处于非表示状态
C	Color	颜色	图层颜色设定
L	Ltype	线型	图层线型设定
LW	Lweight	线宽	图层线粗设定
TR	Transparency	透明度	图层的透过性设定
MAT	Material	材质	图层材质设定

续表

快捷键	英文全称	汉语名称	说明
P	Plot	打印	是否打印图层设定
F	Freeze	冻结	冻结图层
T	Thaw	解冻	解冻图层
LO	Lock	锁定	锁定图层
U	Unlock	解锁	解锁图层
D	Description	说明	设定现有图层的说明特性值
X	Xref	外部参照	将当前图形中的外部参照图层特性替代重置为外部参照中的图层设置

利用上面这些图层的快捷键，就可以通过COMMAND函数来自由自在地编辑AutoLISP的程序了。前面ZD-Layer-v4.lsp中我们已经使用快捷键“C”和“LW”来为图层指定了颜色和线宽，例如我们需要新建一个图层，图层的名称为“04_”，颜色为红色，就可以这样书写程序：

```
1  (defun c:ZD-Layer-v5 (/ Echo LayerName1 LayerName2 LayerName3 LayerName4)
   ;定义一个名为"ZD-Layer-v5"的新函数，局部变量为LayerName1、LayerName2、
    LayerName3和LayerName4
2  (setq Echo (getvar "cmdecho"))
   ;使用setq函数设置变量Echo为当前cmdecho系统变量的值
3  (setvar "cmdecho" 0)                  ;将cmdecho命令值设定为0，以关闭命令行回显
4  (setq LayerName1 "01_STR")            ;将变量LayerName1设置为字符串01_STR
5  (setq LayerName2 "02_MAC")            ;将变量LayerName2设置为字符串02_MAC
6  (setq LayerName3 "03_TTL")            ;将变量LayerName3设置为字符串03_TTL
7  (setq LayerName4 "04_FRE")            ;将变量LayerName4设置为字符串04_FRE
8  (command "-LAYER" "_N" LayerName1 "_C" "1" LayerName1 "_LW" "0.3" LayerName1"")
   ;执行AutoCAD的LAYER命令，用LayerName1中存储的名称创建新图层，设置其颜色编号
    为1，线宽为0.3mm
9  (command "-LAYER" "_N" LayerName2 "_C" "2" LayerName2 "_LW" "0.4" LayerName2"")
   ;执行AutoCAD的LAYER命令，用LayerName2中存储的名称创建新图层，设置其颜色编号
    为2，线宽为0.4mm
10 (command "-LAYER" "_N" LayerName3 "_C" "3" LayerName3 "_LW" "0.5" LayerName3"")
   ;执行AutoCAD的LAYER命令，用LayerName3中存储的名称创建新图层，设置其颜色编号
    为3，线宽为0.5mm
11 (command "-LAYER" "_N" LayerName4 "_C" "4" LayerName4 "_LW" "0.6" LayerName4
   "_F" LayerName4"")
   ;执行AutoCAD的LAYER命令，用LayerName3中存储的名称创建新图层，设置其颜色编号为
    3，线宽为0.5mm，并冻结图层
12 (setvar "cmdecho" Echo)               ;将cmdecho系统变量重置为原始值（保存在变量Echo中）
13 (princ "\nSuccess!")                  ;打印消息"Success!"，表示操作成功
14 (princ)                               ;抑制最后一个命令的输出，并从函数中返回到AutoCAD
15 )                                     ;结束defun函数，与第1行相呼应
```

使用文本文件将上面的程序保存为“ZD-Layer-v5.lsp”。然后在任意一个 DWG 文件中加载运行后，就可以在“图层特性管理器”中看到，冻结的图层“04_FRE”被创建了出来（图 5-2-7）。

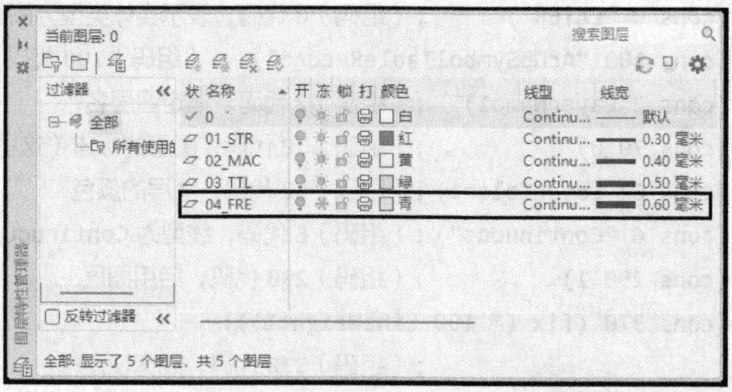

图 5-2-7　添加冻结图层“04_FRE”

这一节详细介绍了如何通过使用图层特定的快捷键与 COMMAND 函数相结合来高效地操作和管理 AutoCAD 中的图层。这些快捷键，例如“M”用于创建新图层，或“C”用于设置图层颜色，都是在图层命令中定义的，与全局通用快捷键不同。通过熟练掌握这些快捷键，可以显著提升我们使用 AutoCAD 编写 AutoLISP 程序的效率。

5.3　利用 ENTMAKE 函数来创建图层

当我们讨论利用 ENTMAKE 函数来创建图层时，将不得不提到组码（group code）这个概念。ENTMAKE 函数是一个强大的工具，允许我们在 AutoCAD 中直接创建新的图形实体。但是在使用 ENTMAKE 函数创建图层时，需要特别注意组码的使用，因为它们定义了图层的属性和行为。组码为我们指定了各种参数，如颜色、线型、透明度等，这些都是构成 AutoCAD 图层不可或缺的元素。通过精确地设置这些组码，ENTMAKE 函数能够有效地创建符合特定需求的图层，从而为复杂的设计工作提供了极大的灵活性和控制力。

组码（group code）是一种特定的数字标识，用于指定和控制图形对象的属性。每个组码都对应着不同的属性，例如，组码 10 代表点的位置，组码 40 代表线的宽度。我们要想创建一个特定颜色和线型的图层，就需要指定与颜色和线型相关的组码，并赋予它们适当的值等等。也就是说，在使用 ENTMAKE 函数时，正确地使用这些组码对于创建我们期望的图层至关重要。

5.3.1　使用 DXF 组码创建图层

先看一个例子，例如我们想创建一个新的图层，名称为“06_CPU”，图层的颜色编号为 6，图层的线宽为 0.6mm。如果使用 ENTMAKE 函数结合 DXF 组码来创建图层的话，可以这样编写：

```
(defun c:ZD-Layer-v6 (/ LayerName1 LayerColor1 LineWeight1)
                                  ;开始定义一个新的 AutoLISP 命令，名为 "ZD-Layer-v6"
(setq LayerName1 "06_CPU")        ; 定义局部变量 LayerName1 并赋值为 06_CPU
(setq LayerColor1 6)              ; 定义局部变量 LayerColor1 并赋值为 6
```

```
4  (setq LineWeight1 0.6)            ;定义局部变量 LineWeight1 并赋值为 0.6
5    (entmake                        ;使用 entmake 函数创建一个新的 AutoCAD 图层
6      (list                         ;使用列表表示要创建的图层实体
7          (cons 0 "LAYER")          ;（组码）0 代码，表示实体类型为图层
8          (cons 100 "AcDbSymbolTableRecord")  ;（组码）100 代码，指定记录类型
9          (cons 2 LayerName1)       ;（组码）2 代码，指定图层名
10         (cons 70 0)               ;（组码）70 代码，图层的标志（这里是 0）
11         (cons 62 LayerColor1)     ;（组码）62 代码，图层的颜色
12         (cons 6 "Continuous")     ;（组码）6 代码，线型为 Continuous
13         (cons 290 1)              ;（组码）290 代码，启用图层
14         (cons 370 (fix (* 100 LineWeight1)))
                                     ;（组码）370 代码，线宽设定
15     )                             ;list 函数结束
16   )                               ;entmake 函数结束
17 (princ)                           ;打印一个空白行
18 )                                 ;结束
```

利用文本文件将上面的程序保存为“ZD-Layer-v6.lsp”，之后就可以加载使用了。在 ZD-Layer-v6.lsp 程序中，大家可以看到使用了很多组码（从第 7 行到第 14 行），通过这些组码的定义，可以对图层进行精准的设定。下面对每一组码的具体含义进行说明（表 5-3-1）。

表 5-3-1　组码及其具体含义

组码	含义
2	图层名。该组码用于指定图层的名称，使得用户可以为不同的图层分配有意义的名称，以便更好地组织和管理图形元素
62	图层颜色。通过这个组码，用户可以为图层指定特定的颜色，使得不同的图层在绘图中具有不同的视觉标识，增强了图形的可读性
6	图层线型。该组码定义了图层的线型，可以让用户选择不同的线型样式，从而改变绘图中线条的外观
290	图层是否打印。这个组码允许用户设置图层是否会在打印输出中显示，0 表示不打印，这在不需要输出某些图层时非常有用
370	图层线宽。通过该组码，用户可以定义图层的线宽，从而控制绘图中线条的粗细
0	对象类型。用于定义绘图对象的类型和特定标记，确保在创建和编辑对象时能够正确识别其类型和属性
100	子类标记。用于定义绘图对象的类型和特定标记，确保在创建和编辑对象时能够正确识别其类型和属性
70	标准标记。标准标记用于指定图层的额外属性，如是否锁定、是否冻结等，以便进一步控制图层的行为

我们打开任意的一个 DWG 文件，运行 ZD-Layer-v6.lsp 之后，就可以得到一个新的图层（表 5-3-2）。

表 5-3-2　新建“06_CPU”图层

图层名称	图层颜色	图层线宽	图层线型
06_CPU	红色	0.6mm	默认

以此类推，可以重复使用 ENTMAKE 函数和 DXF 组码来批量创建图层。例如需要同时创建三个新的图层，第一个就是刚才的“06_CPU”这个图层；第二个的图层名称是“07_

HHD”，图层的颜色编号为 7，线宽为 0.7mm；第三个的图层名称是“08_SSD”，图层的颜色编号为“8”，线宽为 0.8mm。我们可以在 ZD-Layer-v6.lsp 的基础上进行以下这样的修改：

```
(defun c:ZD-Layer-v7 (/ LayerName1 LayerColor1 LineWeight1 LayerName2
LayerColor2 LineWeight2 LayerName3 LayerColor3 LineWeight3)
                                    ;开始定义一个新的 AutoLISP 命令，名为 "ZD-Layer-v7"
(setq LayerName1 "06_CPU")          ; 设置第一个图层的名称为 "06_CPU"
(setq LayerColor1 6)                ; 设置第一个图层的颜色编号为 6
(setq LineWeight1 0.6)              ; 设置第一个图层的线宽为 0.6mm
(setq LayerName2 "07_HHD")          ; 设置第二个图层的名称为 "07_HHD"
(setq LayerColor2 7)                ; 设置第二个图层的颜色编号为 7
(setq LineWeight2 0.7)              ; 设置第二个图层的线宽为 0.7mm
(setq LayerName3 "08_SSD")          ; 设置第三个图层的名称为 "08_SSD"
(setq LayerColor3 8)                ; 设置第三个图层的颜色编号为 8
(setq LineWeight3 0.8)              ; 设置第三个图层的线宽为 0.8mm
  (entmake                          ; 使用 entmake 函数开始创建第一个图层
    (list                           ; list 函数开始
      (cons 0 "LAYER")              ; 指定实体类型为图层
      (cons 100 "AcDbSymbolTableRecord")  ; 指定记录类型为符号表记录
      (cons 2 LayerName1)           ; 指定图层名称
      (cons 70 0)                   ; 指定图层属性
      (cons 62 LayerColor1)         ; 指定图层颜色
      (cons 6 "Continuous")         ; 指定线型为连续
      (cons 290 1)                  ; 其他图层属性
      (cons 370 (fix (* 100 LineWeight1)))          ; 指定线宽
    )                               ; list 函数结束
  )                                 ; entmake 函数结束
  (entmake                          ; 使用 entmake 函数开始创建第二个图层
    (list                           ; list 函数开始
      (cons 0 "LAYER")              ; 指定实体类型为图层
      (cons 100 "AcDbSymbolTableRecord")  ; 指定记录类型为符号表记录
      (cons 100 "AcDbLayerTableRecord")   ; 指定记录类型为图层表记录
      (cons 2 LayerName2)           ; 指定图层名称
      (cons 70 0)                   ; 设置图层属性
      (cons 62 LayerColor2)         ; 指定图层颜色
      (cons 6 "Continuous")         ; 指定线型为连续
      (cons 290 1)                  ; 其他图层属性
      (cons 370 (fix (* 100 LineWeight2)))          ; 指定线宽
    )                               ; list 函数结束
  )                                 ; entmake 函数结束
  (entmake                          ; 使用 entmake 函数开始创建第三个图层
    (list                           ; list 函数开始
```

```
        (cons 0 "LAYER")      ; 指定实体类型为图层
        (cons 100 "AcDbSymbolTableRecord")  ; 指定记录类型为符号表记录
        (cons 100 "AcDbLayerTableRecord")   ; 指定记录类型为图层表记录
        (cons 2 LayerName3)   ; 指定图层名称
        (cons 70 0)           ; 设置图层属性
        (cons 62 LayerColor3) ; 指定图层颜色
        (cons 6 "Continuous") ; 指定线型为连续
        (cons 290 1)          ; 其他图层属性
        (cons 370 (fix (* 100 LineWeight3)))  ; 指定线宽
     )                        ; list 函数结束
   )                          ; entmake 函数结束
(princ)                       ; 输出函数返回值
)                             ; 命令结束
```

将上面的程序保存为“ZD-Layer-v7.lsp”，打开任意一个 DWG 文件加载运行后，就可以得到三个新的图层（表 5-3-3）。道理其实很简单，就是不断反复地使用 ENTMAKE 函数和 DXF 组码来批量创建图层。

表 5-3-3　三个新图层

图层名称	图层颜色	图层线宽 /mm	图层线型
06_CPU	6	0.6	默认
07_HHD	7	0.7	默认
08_SSD	8	0.8	默认

5.3.2 批量创建图层

ZD-Layer-v7.lsp 这个程序使用了 ENTMAKE 函数来批量创建了三个新的图层。但是大家也可以看到，反复使用 ENTMAKE 函数将会让 AutoLISP 的程序显得很冗长，且看起来笨拙。在这里参阅前面 4.5 节的介绍，可以借助 REPEAT 函数来循环 ENTMAKE 函数，不但同样能实现批量创建图层，整个程序也将会变得简短整洁。具体的操作方法如下：

```
(defun c:ZD-Layer-v8 (/ LayerNames LayerColors LineWeights i)
;定义一个名为 "ZD-Layer-v8" 的新函数，带有局部变量 LayerNames、LayerColors、
  LineWeights 和 i
(setq LayerNames '("06_CPU" "07_HDD" "08_SSD"))
;设置 LayerNames 变量为包含图层名称 (06_CPU、07_HDD、08_SSD) 的列表
(setq LayerColors '(6 7 8))
;设置 LayerColors 变量为包含图层颜色编号（6、7、8）的列表
(setq LineWeights '(0.6 0.7 0.8))
; 设置 LineWeights 变量为包含线宽 (0.6、0.7、0.8) 的列表
    (setq i (length LayerNames))       ; 将变量 i 设置为 LayerNames 列表的长度
    (repeat (length LayerNames)        ; 对于 LayerNames 中的每个元素重复以下操作
```

```
      (setq i (1- i))         ; 将变量 i 减 1
      (entmake                ; 使用 entmake 函数开始创建图层
        (list                 ; list 函数开始
          (cons 0 "LAYER")    ; 创建一个图层对象
          (cons 100 "AcDbSymbolTableRecord")
                              ; 指定记录类型为符号表记录
          (cons 100 "AcDbLayerTableRecord")
                              ; 指定记录类型为图层表记录
          (cons 2 (nth i LayerNames))      ; 设置图层名称
          (cons 70 0)
  ; 设置图层属性（例如是否冻结、隐藏等，这里设置为 0 表示无特殊状态）
          (cons 62 (nth i LayerColors))    ; 设置图层颜色
          (cons 6 "Continuous")     ; 设置线型为连续
          (cons 290 1)        ; 设置其他图层属性，这里为真值 "1" 表示启用
          (cons 370 (fix (* 100 (nth i LineWeights))))
                              ; 设置线宽，单位为百分之一毫米
        )                     ; list 函数结束
      )                       ; entmake 函数结束
  )                           ; repeat 函数结束
(princ)                       ; 函数结束，返回 nil（由 princ 函数实现）
)                             ; 命令结束
```

将上面的程序起名为“ZD-Layer-v8.lsp”，保存后就可以使用了。

ZD-Layer-v8.lsp 这个 AutoLISP，通过使用 REPEAT 函数来循环批量创建图层，根据预定义的图层名称、颜色和线宽信息，每次迭代都创建一个新的图层对象，并设置其属性，为我们提供了一个自动化图层创建的新方法和思路。

当运行 ZD-Layer-v8.lsp 这个程序时，会看到它自动按照预定义的图层名称、颜色和线宽信息，批量创建所需的图层，帮助我们省去了手动创建的烦琐步骤。也就是说，在每次循环迭代中，程序会根据给出的图层名称、颜色和线宽设置，使用 ENTMAKE 函数生成一个新的图层对象。这确保了生成的图层对象符合项目的要求，同时也提高了工作效率。

总的来说，这个程序使得在 AutoCAD 中创建图层变得更加简便和高效，特别适用于需要大量图层的项目，同时还保证了图层的一致性和准确性。这种自动化的方法可以节省大量的时间和精力，让你能够更专注于项目的其他方面。

此外，ENTMAKE 函数的灵活性使其成为 AutoCAD 中自动化和定制图形对象的理想选择。它不仅可以用于创建标准图层，还可以用于生成更复杂的对象，如自定义形状或图案。通过脚本编程，ENTMAKE 可以被集成到更广泛的自动化工作流程中，极大地提高了设计和绘图的效率。

总之，ENTMAKE 函数和组码的结合形成了一个强大的工具，可以用于在 AutoCAD 中创建和管理图形对象。无论是简单的图层创建还是复杂的自定义对象设计，正确理解和运用这些工具，是实现高效和精确绘图的关键。

5.4 添加线型的方法

前文已经详细介绍了如何使用 COMMAND 函数和 ENTMAKE 函数来创建图层，包括其方法和具体步骤。这些函数不仅可以用于批量创建新的图层，还可以用于设置图层的名称、颜色和线宽。然而，当涉及线型的设置时，情况将略有不同。为了添加新的线型，需要使用 LOAD 命令将所需的线型加载到当前的 DWG 文件中。这一过程与创建图层的操作有所区别，需要我们特别注意线型文件的选择和加载方式。

5.4.1 基本思路

AutoCAD 线型是存储在 .lin 文件中的定义，这些文件通常位于 acad.lin 和 acadiso.lin 两个默认提供的文件中。这些文件包含了各种线型，可供 AutoCAD 用户在绘图中使用。不同的线型适用于不同的绘图需求。

不同于特定单位，线型文件中的定义并不依赖于单位。线型可以根据绘图的比例尺和单位进行自动缩放，因此无论是以英寸还是毫米为单位的绘图都可以使用这些线型。如果希望添加自定义线型，通常的做法是创建一个新的 .lin 文件，然后将所需线型的定义信息添加到该文件中。可以使用文本编辑器编辑 .lin 文件，并在其中定义需要的线型。完成后，将新 .lin 文件加载到 AutoCAD 中，这样就可以在绘图中使用自定义的线型了。

大家基本上都是以毫米为单位来绘图，选择使用 acadiso.lin 这个文件来添加线型的居多。以上一节介绍的 ZD-Layer-v8.lsp 这个程序为例，如果想在新建的三个图层上自动添加线型，线型的名称分别为 CENTER、HIDDEN 和 PHANTOM，就需要对程序做以下的修改：

```
(defun c:ZD-Layer-v9 (/ LayerNames LayerColors LineWeights LineTypes i)
;定义一个名为 "ZD-Layer-v9" 的新函数，带有局部变量 LayerNames、LayerColors、
  LineWeights、LineTypes 和 i
(setq LayerNames '("06_CPU" "07_HDD" "08_SSD"))
;设置 LayerNames 变量为包含图层名称 (06_CPU、07_HDD、08_SSD) 的列表
(setq LayerColors '(6 7 8))
;设置 LayerColors 变量为包含图层颜色编号 (6、7、8) 的列表
(setq LineWeights '(0.6 0.7 0.8))
;设置 LineWeights 变量为包含线宽 (0.6、0.7、0.8) 的列表
(setq LineTypes '("CENTER" "HIDDEN" "PHANTOM"))
; 设置 LineTypes 变量为包含线型（CENTER、HIDDEN、PHANTOM）的列表
(command "_.linetype" "_load" "CENTER,HIDDEN,PHANTOM" "acadiso.lin" nil)
; 将所需要的线型加载到当前文件中
    (setq i (length LayerNames))        ; 将变量 i 设置为 LayerNames 列表的长度
(repeat (length LayerNames)    ; 对于 LayerNames 中的每个元素重复以下操作
        (setq i (1- i))        ; 将变量 i 减 1
      (entmake                 ; 使用 entmake 函数开始创建图层
        (list                  ; list 函数开始
            (cons 0 "LAYER")   ; 创建一个图层对象
            (cons 100 "AcDbSymbolTableRecord")
                               ; 指定记录类型为符号表记录
```

```
          (cons 100 "AcDbLayerTableRecord")
                                  ; 指定记录类型为图层表记录
          (cons 2 (nth i LayerNames))      ; 设置图层名称
          (cons 70 0)
;设置图层属性（例如是否冻结、隐藏等，这里设置为 0 表示无特殊状态）
          (cons 62 (nth i LayerColors))  ; 设置图层颜色
          (cons 6 (nth i LineTypes))     ; 设置线型
          (cons 290 1)              ; 设置其他图层属性，这里为真值 "1" 表示启用
          (cons 370 (fix (* 100 (nth i LineWeights))))
                                  ; 设置线宽，单位为百分之一毫米
      )                           ; list 函数结束
    )                             ; entmake 函数结束
  )                               ; repeat 函数结束
(princ)                           ; 函数结束，返回 nil（由 princ 函数实现）
)                                 ; 命令结束
```

将上面的程序取名字为“ZD-Layer-v9.lsp”，保存，加载后即可使用。

5.4.2 文件内已有线型时的对策

如果 DWG 文件里面已经有了 CENTER、HIDDEN、PHANTOM 这几个线型，当执行 My-Layer-v9.lsp 的时候，会发现程序会中断，非常影响操作效率。我们可以在 ZD-Layer-v9.lsp 的基础上使用 if 函数来解决这个问题。修改后的程序如下：

```
(defun c:ZD-Layer-v10 (/LayerNames LayerColors LineWeights LineTypes linetype i)
;定义一个名为 "ZD-Layer-v10" 的新函数，带有局部变量 LayerNames、LayerColors、
 LineWeights、LineTypes 和 i
(setq LayerNames '("06_CPU" "07_HDD" "08_SSD"))
;设置 LayerNames 变量为包含图层名称 (06_CPU、07_HDD、08_SSD) 的列表
(setq LayerColors '(6 7 8))
; 设置 LayerColors 变量为包含图层颜色编号 (6、7、8) 的列表
(setq LineWeights '(0.6 0.7 0.8))
; 设置 LineWeights 变量为包含线宽 (0.6、0.7、0.8) 的列表
(setq LineTypes '("CENTER" "HIDDEN" "PHANTOM"))
; 设置 LineTypes 变量为包含线型的列表
(foreach linetype LineTypes
; 开始遍历 LineTypes 列表中的每一个元素，命名为 "linetype"
(if (not (tblsearch "ltype" linetype))
                                  ; 判断当前文件是否已经包含了 linetype 这个线型
          (command "_.linetype" "_load" linetype "acadiso.lin" nil)
                                  ; 将所需要的线型加载到当前文件中
      )                           ; if 函数结束
  )                               ; foreach 函数结束
```

```
11      (setq i (length LayerNames))     ; 将变量 i 设置为 LayerNames 列表的长度
12 (repeat (length LayerNames)   ; 对于 LayerNames 中的每个元素重复以下操作
13          (setq i (1- i))       ; 将变量 i 减 1
14 (entmake                      ; 使用 entmake 函数开始创建图层
15 (list                         ; list 函数开始
16             (cons 0 "LAYER")  ; 创建一个图层对象
17             (cons 100 "AcDbSymbolTableRecord")
                                 ; 指定记录类型为符号表记录
18             (cons 100 "AcDbLayerTableRecord")
                                 ; 指定记录类型为图层表记录
19             (cons 2 (nth i LayerNames))       ; 设置图层名称
20             (cons 70 0)
 ;设置图层属性（例如是否冻结、隐藏等，这里设置为 0 表示无特殊状态）
21             (cons 62 (nth i LayerColors))     ; 设置图层颜色
22             (cons 6 (nth i LineTypes))        ; 设置线型
23             (cons 290 1)      ; 设置其他图层属性，这里为真值 "1" 表示启用
24             (cons 370 (fix (* 100 (nth i LineWeights))))
                                 ; 设置线宽，单位为百分之一毫米
25         )                     ; list 函数结束
26       )                       ; entmake 函数结束
27   )                           ; repeat 函数结束
28 (princ)                       ; 函数结束，返回 nil （由 princ 函数实现）
29 )                             ; 命令结束
```

将程序保存为文本文件，命名为“ZD-Layer-v10.lsp”。加载此文件后，即可开始使用。此版本与之前的 ZD-Layer-v9.lsp 主要区别在于第 6 行至第 10 行。程序现在通过一个 IF 函数检查当前 DWG 文件。如果文件中已存在特定线型，则不会重复加载。反之，如果不存在，则会自动加载相应线型。这样的改进确保无论当前 DWG 文件处于何种状态，我们都可以毫无担忧地运行此 AutoLISP 程序。

5.5 将标注自动添加到一个新图层

在 AutoCAD 绘图过程中，对尺寸标注的管理往往是一个重要而又烦琐的任务。为了简化这一过程，编写一个 AutoLISP 函数，名为“ZD-DIM-v1”。此函数的目的是自动将所有尺寸标注对象移动到一个新的图层中，从而提高绘图的效率和绘图界面的整洁度。以下是这个函数的详细程序和解释：

```
1  (defun c:ZD-DIM-v1 (/ ss NewLayer)
   ; 定义一个名为 "ZD-DIM-v1" 的新 AutoLISP 函数，ss 和 NewLayer 是该函数内部使用的
     局部变量
2  (setq ss (ssget "_X" '((0 . "DIMENSION"))))
   ; 使用 ssget 函数选择所有类型为 "DIMENSION" 的对象，并将这些对象的选择集赋值给变量 ss
```

```
3 (setq NewLayer "MyDim")          ;将新图层命名为"MyDim"并赋值给变量NewLayer
4 (if                              ;使用if函数检查是否存在名为"MyDim"的图层
5 (not(tblsearch"LAYER" NewLayer))
  ;如果MyDim图层不存在，则执行第6行命令。如果MyDim图层存在则不再执行第6行
6 (command-s "_.layer" "_make" NewLayer "_color" 8 "" "")
                                   ;创建MyDim图层，并设置颜色编号为8，其他为默认值
7 )                                ;结束if语句
8 (command-s "_.chprop" ss "" "LA" NewLayer "C" "Bylayer" "")
  ;将选择集中的对象移动到MyDim图层，并设置颜色为按图层
9 (command-s "._Clayer" "0" "")    ;将0图层更改为默认图层
10 (princ)                         ;抑制最后一个命令的输出，并从函数中返回到AutoCAD
11 )                               ;结束函数，与第一行呼应
```

以上就是ZD-DIM-v1函数的全部内容。我们利用文本文件将它保存并加载后即可使用。通过这个函数，用户可以一键将所有尺寸标注分离到专门的图层，从而使绘图界面更加清晰，同时也便于后续的编辑和管理工作。

5.6 5个特殊的变量

我们平时绘图时经常需要调整“当前图层”，以确保绘制的图形被放入指定的图层当中（图5-6-1）。

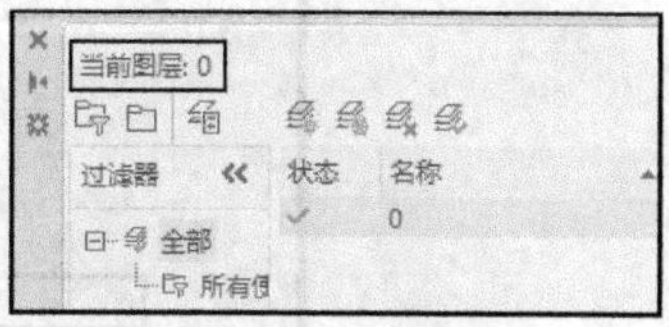

图5-6-1 当前图层

但是这样反复长时间地操作会让我们感到疲惫。AutoCAD针对经常使用的文字、尺寸、填充图案、外部参照对象和中心线这5个功能，为用户准备了5个和图层相关的变量（表5-6-1），我们可以为这5个功能指定默认的图层，在不用切换当前图层的情况下，就能实现自动功能分类，将不同功能添加到指定图层。

表5-6-1 5个与图层相关的系统变量

序号	变量	对应的命令
1	TEXTLAYER	TEXT，MTEXT
2	DIMLAYER	DIM
3	HPLAYER	HATCH
4	XREFLAYER	XREF
5	CENTERLAYER	CENTERMARK，CENTERLINE

（1）TEXTLAYER

用于设置文字元素的专用图层。所有的文字，包括多行文字都将默认添加到这个图层中，便于管理和控制文字的显示和编辑。

（2）DIMLAYER

用于设置尺寸标注元素的专用图层。尺寸标注通常包括尺寸线和标注文字，通过指定这个图层，可以统一管理和调整尺寸标注的样式和属性。

（3）HPLAYER

用于设置填充图案的专用图层。在绘制填充区域时，使用这个图层可以保持填充元素的

统一性和可管理性。

(4) XREFLAYER

用于设置外部参照对象的专用图层。外部参照对象通常是从其他 CAD 文件中导入的图形或模型，通过指定这个图层，可以有效地管理和控制外部参照对象的显示和编辑。

(5) CENTERLAYER

用于设置中心线标注的专用图层。中心线标注常用于工程设计中，通过将其指定到单独的图层，可以更轻松地管理和调整中心线的颜色显示和样式。

这 5 个系统变量使我们在 AutoCAD 绘图过程中能够更加高效和灵活地组织图层结构，以满足不同类型元素的管理和设计需求。

5.6.1 基本使用方法

关于这 5 个系统变量的基本使用方法，本节以文字为例和大家详细说明。

(1) 步骤 1

打开 AutoCAD 后，任意新建一个 DWG 文件。首先新建一个新的图层，这里将新建的图层名称设定为了“TEXT”，图层的颜色设定为了红色（图 5-6-2）。

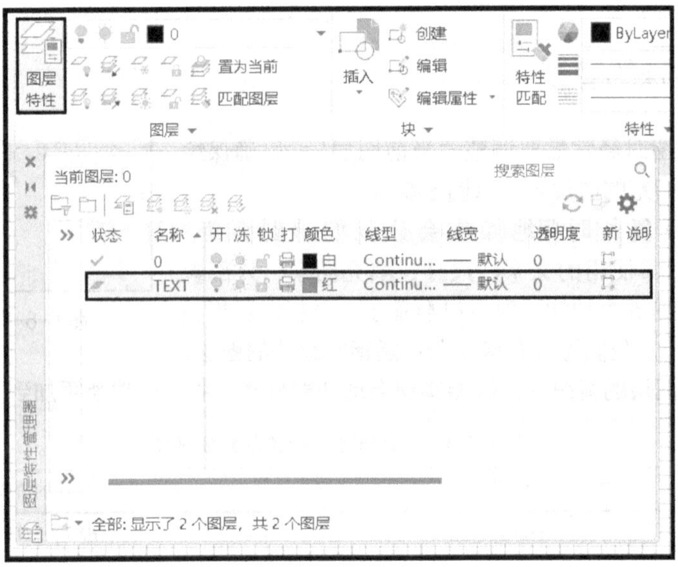

图 5-6-2 新建图层“TEXT”

(2) 步骤 2

在命令行处输入“TEXTLAYER”（图 5-6-3）后按回车键，如果在界面中找不到命令行，同时按下键盘的“Ctrl”和“9”这两个键后，可以将命令行显示出来。

(3) 步骤 3

命令行的消息提示输入文字用的图层的名称（图 5-6-4），输入刚才创建的图层名称“TEXT”，然后按回车键确定后，关于文字用的专用图层就设定完毕了。

图 5-6-3 命令行

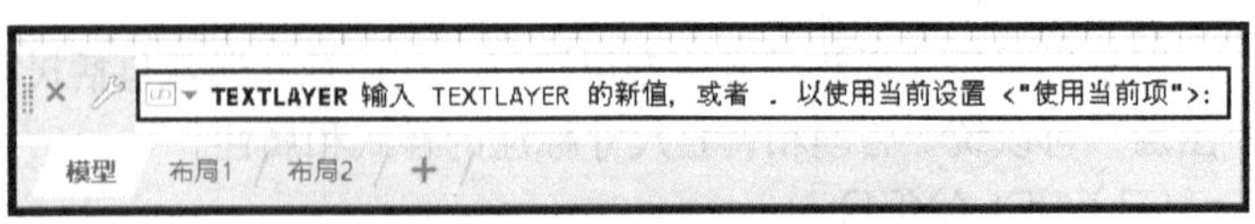

图 5-6-4 命令行提示输入图层名称

该图层的使用很简单。举一个例子，将当前图层设定为“0”图层，这个时候绘制的图形都会在“0”图层上，无须去切换图层。继续书写文字，会发现即使当前的图层为“0”图层，文字也会自动被归属到“TEXT”图层里面（图 5-6-5）。

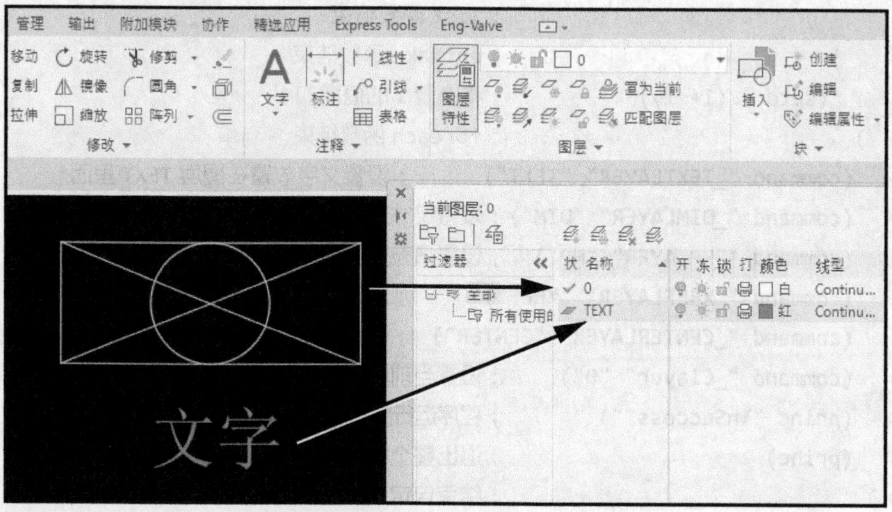

图 5-6-5　文字自动归属到“TEXT”图层

同理，其他 4 个系统变量的使用方法也是同样的，能分别帮助我们实现尺寸标注、图案填充、外部参照对象和中心线的图层设置自动化，以免去我们绘图工作中切换图层的操作。

5.6.2　专属图层的创建：ZD_Layers

理解了这 5 个变量的方便性，下面就到了本节的正题。之前，我们每次都要先打开一个 DWG 文件，再新建图层，最后输入这些系统变量来将每个图层设定为我们需要的专用图层，这样反复操作会给我们带来疲惫感。

现在我们通过 AutoLISP 的编程和加载就可以非常简单地实现前面的基本操作。具体的程序如下：

```
(defun c:ZD_Layers (/ LayerNames LayerColors i)
                                  ; 定义函数名称为 "ZD_Layers"
  (setq LayerNames '("TEXT" "DIM" "HP" "XREF" "CENTER"))
 ; 设置文字、尺寸、填充图案、外部参照对象和中心线用的图层的名称
  (setq LayerColors '(1 2 3 4 5))    ; 设置 5 个图层名称对应的颜色编号
  (setq i 0)                      ; 设置循环变量的初始值为 0
  (foreach Lname LayerNames       ; 开始循环
    (entmake                      ; 使用 entmake 函数在 AutoCAD 中创建图层
      (list                       ; 创建图层的内容
       (cons 0 "LAYER")           ; 创建的实体类型为 "LAYER" 图层
       (cons 100 "AcDbSymbolTableRecord")
                                  ; 指明这是一个 AutoCAD 的符号表记录
       (cons 100 "AcDbLayerTableRecord")
                                  ; 指明这是一个 AutoCAD 的图层表记录
```

```
11        (cons 2 Lname)        ; 设置图层的名字
12        (cons 70 0)           ; 图层的标志设置为 0
13        (cons 62 (nth i LayerColors))       ; 设置图层的颜色
14      )                       ; list 函数结束
15    )                         ; entmake 函数结束
16    (setq i (1+ i))           ; 将变量 i 的值增加 1
17  )                           ; foreach 函数结束
18  (command "_TEXTLAYER" "TEXT")       ; 设置文字放置在图层 TEXT 里面
19  (command "_DIMLAYER" "DIM") ; 设置尺寸放置在图层 DIM 里面
20  (command "_HPLAYER" "HP")   ; 设置填充图案放置在图层 HP 里面
21  (command "_XREFLAYER" "XREF")       ; 设置外部参照对象，放置在图层 TEXT 里面
22  (command "_CENTERLAYER" "CENTER")  ; 设置中心线，放置在图层 CENTER 里面
23  (command "_Clayer" "0")     ; 设置当前的图层为 "0" 图层
24  (princ "\nSuccess!")        ; 程序运行完毕后，在命令行窗口打印 "Success!" 消息
25  (princ)                     ; 退出整个程序并返回一个空值
26 )                            ; 结束自定义函数
```

ZD_Layers.lsp 程序使用 ENTMAKE 函数首先创建了 5 个图层（第 6 行到第 15 行），然后使用本节所介绍的 5 个变量指定了 5 个专属的图层（第 18 行到第 22 行）。总的来说，这个程序实现了以下几个功能。

（1）自动创建 5 个专属图层

程序的第 2 行，帮助我们在当前的 DWG 文件中创建 5 个图层，名称分别为“TEXT”、“DIM”、“HP”、“XREF”和“CENTER”。我们在这一行可以根据自己的需求来修改。但是有一点需要注意，如果修改了第 2 行里的图层名称，相对应的第 18 行、19 行、20 行、21 行和 22 行中的图层的名称也一定要修改，前后保持一致，只有这样才能实现各个变量的设定。这个操作非常关键，否则程序运行时将出现错误。

（2）自动为 5 个图层指定颜色

程序的第 3 行，分别按顺序设定了 5 个图层的颜色，分别为 1（红色）、2（黄色）、3（绿色）、4（青色）和 5（蓝色）。我们可以根据自己的需求在这一行修改颜色编号。另外、具体图层中颜色编号的设定和规则请参阅第 5.7 节的介绍。

（3）将“0”图层设定为当前图层

在程序的第 23 行，AutoLISP 在完成了所有专属图层的设定后，将当前图层恢复为了“0”图层。如果大家不想实现此功能，直接删除这一行即可。

以上就是 ZD_Layers.lsp 程序的解说。通过理解和掌握这个程序，可以大幅提高在 AutoCAD 中创建和管理图层的效率。这个程序不仅简化了烦琐的手动操作，还确保了图层的统一管理，使我们的工作更加高效和规范。希望大家能充分利用这个 AutoLISP 程序，为自己的绘图工作带来便利，并让它成为你在 AutoCAD 绘图中的得力助手。

5.7 图层的颜色

平常在设置图层颜色的时候，一般使用的是 ACI（AutoCAD 颜色索引，AutoCAD color index）的编号（图 5-7-1）。ACI 是 AutoCAD 的传统颜色系统，它提供了 256 种预定义的颜色，

编号从 0 到 255。其中，前面的 7 个编号代表最为常用的颜色（表 5-7-1）。

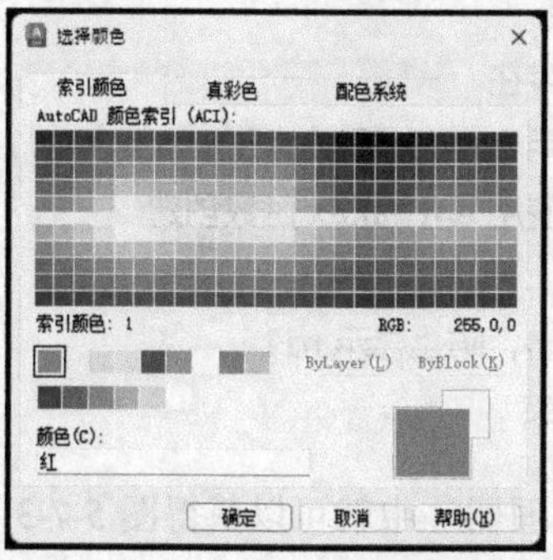

图 5-7-1　AutoCAD 颜色索引（ACI）

表 5-7-1　7 个常用编号及其代表的颜色

ACI 编号	代表的颜色
1	红色
2	黄色
3	绿色
4	青色
5	蓝色
6	洋红色
7	白色 / 黑色

表 5-7-1 中，ACI 编号 7 的颜色比较特殊，它会根据用户 AutoCAD 所设置的背景颜色（白色或者黑色），来自动反转颜色。

同时，AutoCAD 还为用户提供了 RGB 颜色（图 5-7-2），又称为真彩色。RGB 名称的由来是红色（red）、绿色（green）和蓝色（blue）这 3 个英文的第一个字母。也就是说，RGB 颜色是基于红色、绿色和蓝色的组合，它的范围值为 0 到 255。

如果你正在使用旧的 AutoCAD 模板、标准，或需要与其他使用 ACI 的人合作，那么使用 ACI 可能更有意义。如果你需要定义非常具体的颜色，或者需要与其他软件（如 Photoshop、Illustrator 或其他 CAD 软件）交换数据，或者需要确保颜色在不同的设备和应用之间的一致性，那么 RGB 颜色可能更合适。

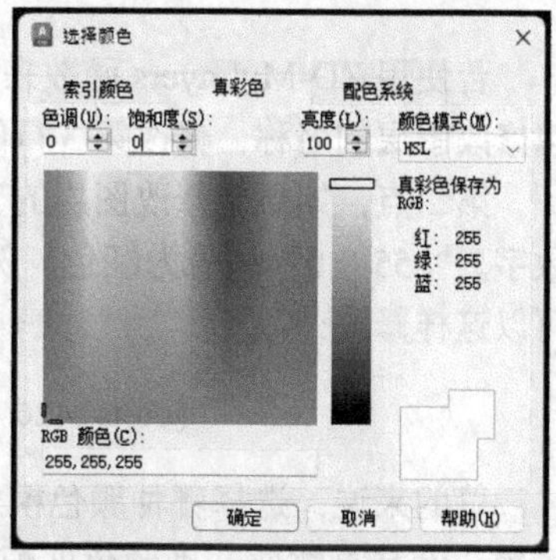

图 5-7-2　RGB 颜色

本章所列举的 AutoLISP 程序都是使用 ACI 的颜色编号来控制图层颜色的，这里就不再对其使用方法进行举例了，仅将使用 RGB 颜色控制图层的方法介绍给大家。

新建一个名称为“ZD-MyLayers”的函数，程序中创建的图层名称为“MyLayer”，图层颜色为“255 0 0”红色。具体程序如下：

```
(vl-load-com)                        ；加载 Visual LISP 的 COM 接口功能
(defun C:ZD-MyLayers (/ layer dxf-data)       ；定义函数 ZD-MyLayers
(setq layer "MyLayer"                ；使用 setq 定义图层名
        dxf-data (list '(0 . "LAYER")          ；DXF 组码，表示对象类型为图层
                    '(100 . "AcDbSymbolTableRecord")
                                     ；表示记录类型为符号表记录
                    '(100 . "AcDbLayerTableRecord")
                                     ；表示记录类型为图层表记录
                    '(70 . 0)       ；图层状态标志
                    (cons 2 layer)          ；图层名
                    (cons 420 (+ (lsh 255 16) (lsh 0 8) 0))
                                     ；设置图层颜色为红色
```

```
10        )                         ; dxf-data 定义结束
11 )                                ; setq 定义结束
12 (if (tblobjname "layer" layer)   ; 检查图层是否存在
13       (entmod dxf-data)          ; 如果存在则使用 entmod 函数修改
14       (entmakex dxf-data)        ; 如果不存在则使用 entmakex 函数创建
15 )                                ; if 定义结束
16  (princ)                         ; 清理命令行输出，防止显示 nil
17 )                                ; defun 定义结束
```

将 ZD-MyLayers 函数加载运行后，从“图层特性管理器”中就可以获得图 5-7-3 所示的结果，大家可以看到颜色的定义方式为设定的 RGB 颜色方式。

图 5-7-3　创建的颜色为 RGB 颜色编号

若使用 ZD-MyLayers 函数来添加图层的名称和颜色，需要注意以下两点。第一点，如果想修改图层的名称，修改第 3 行的“MyLayer”即可。

第二点，如果想修改图层的 RGB 颜色编号，修改第 9 行中“255”“0”“0”这三个地方的数字。“255 0 0”编号为红色，例如想修改为蓝色，它的 RGB 编号为“0 0 255”，第 9 行就可以这样修改：

```
(cons 420 (+ (lsh 0 16) (lsh 0 8) 255))
```

总的来说，选择哪种颜色模式取决于用户的具体需求和工作流程。对于大多数现代应用场景，尤其是需要精确颜色匹配或与其他软件互操作的情况，使用 RGB 颜色可能是更好的选择。但在某些情境下，特别是对于遵循旧的 AutoCAD 标准或模板的项目，使用 ACI 颜色可能更为方便。

第 6 章 AutoLISP 与块和尺寸

三国时期的蜀汉丞相诸葛亮擅长使用阵法作战，并多次在战役中利用“八阵图”对抗强敌，取得了显著的战果。类似的阵法概念在 AutoCAD 中也适用，那就是块（BLOCK）。

块是 AutoCAD 设计中不可或缺的工具。就像古代打仗时使用阵法来赢得战斗一样，在设计中应用块可以大大提升设计效率和效果。我们将不同元素的图形结合起来，通过制作和管理块，创建自己的个性化的数据库，以提高工作效率并确保设计的标准化和一致性。

在 AutoCAD 中，有多种方法可以调用块，其中最常见的是将它们添加到工具选项板（快捷键“Ctrl”+“3”），更方便使用。AutoCAD 还提供了通过共享网盘来调用块的对话框，不但方便视觉化管理，更为团队的共享提供了便捷。此外，许多设计人员使用 WBLOCK 命令将块导出，并使用参照的方式来调用它们。本章将介绍如何通过 AutoLISP 实现这些功能。

本章还将深入探讨如何有效地批量导出多个块，以简化资源共享和版本控制。为了提高块的可重用性和扩展性，本章将介绍如何使用 AutoLISP 来控制块。这种方法允许我们通过创建图标的方式直观且便捷地启动块以提供服务。此外，本章还将介绍一些与块相关的 AutoLISP 程序，例如如何使用 AutoLISP 将块插入直线或多段线中，以及一些批量导出块的小技巧，等等。

通过学习本章内容，大家可以更深入地了解块和 AutoLISP 之间的关联方法，以提高工作效率。另外，本章所使用的 AutoLISP 文件，可以通过扫描前言中的二维码进行下载。

6.1 块的调用

在 AutoCAD 设计中，块功能应用广泛，并且实用性极高。借助 BLOCK 命令，我们能轻松创建块，再配合 ATTEDEF 命令，就能为块批量定义属性。WBLOCK 命令更是能将块迅速输出为一个独立的 DWG 图形文件。AutoCAD 提供了一系列丰富多彩的与块相关的功能，由此可见块在 CAD 设计领域中的重要性不言而喻。与块相关的基本命令还有很多，这里就不一一说明了。AutoCAD 中常用的与块相关的命令总结见表 6-1-1，这些命令就如同我们建楼盖房的砖瓦一样，希望大家熟练记忆并完全掌握这几个命令的用法。

表 6-1-1　与块相关的常用命令

序号	名称	命令	快捷键
1	创建块	BLOCK	B
2	插入块	INSERT	I
3	写块	WBLOCK	W

续表

序号	名称	命令	快捷键
4	块编辑器	BEDIT	—
5	在位编辑块	REFEDIT	—
6	定义属性	ATTDEF	ATT
7	编辑块属性	EATTEDIT	—
8	块属性管理器	BATTMAN	—
9	控制插入块对话框	ATTDIA	—
10	更新块	ATTSYNC	—
11	重新定义块属性	BATTORDER	—
12	分解块	EXPLODE	X
13	清理未使用的块	PURGE	PU

在讲解怎样通过 AutoLISP 来调用块之前，先给大家介绍一下在 AutoCAD 中调用块的三种常规方法：工具选项板、共享网盘和外部参照。《孙子兵法》说得好，“知己知彼，百战不殆”。我们只有在充分利用和掌握了这些常规的方法之后，才能利用 AutoLISP 更高效地进行设计。

6.1.1 通过工具选项板调用

打开 AutoCAD，新建一个 DWG 文件之后，找到“工具”菜单里面的“选项板”，打开后就可以看到“工具选项板”（图 6-1-1）。工具选项板的命令为 TOOLPALETTES，通过命令行也可以启动它。

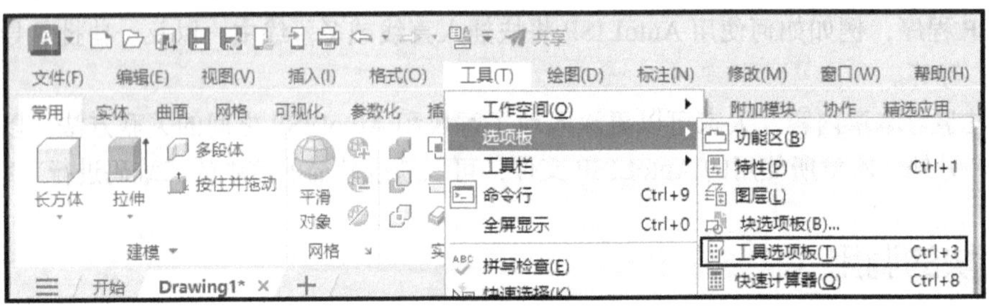

图 6-1-1 工具选项板位置

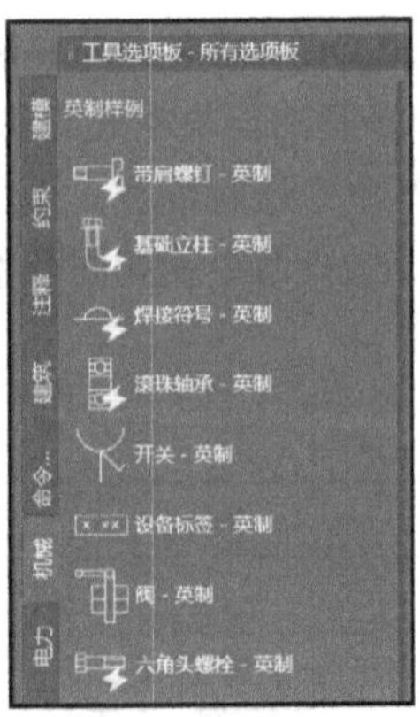

图 6-1-2 工具选项板显示示例

点击“工具选项板”就可以看到在绘图区域的右边位置，显示出了工具选项板（图 6-1-2）。新安装的 AutoCAD，默认的设定是不显示工具选项板的。这里希望大家记住切换键“Ctrl”+“3”，它也可以帮助我们快速打开或关闭工具选项板。关于切换键的详细解说，请参阅 11.1 节的内容。

另外，在“视图”选项卡的“选项板”里也可以找到“工具选项板”的图标（图 6-1-3）。可见工具选项板在 AutoCAD 中的地位举足轻重。

工具选项板是 AutoCAD 中一个非常有用的工具，它提供了一种访问和调整各种绘图工具和设置选项的便捷方式。当打开工具选项板后，我们会注意到它通常分为几个选项卡，每个选项卡都涵盖了特定类型的工具和设置。利用这些选项卡来对我们的块进行分类，这些选项卡将是一个非常好的工作流。

图 6-1-3 “工具选项板”图标

6.1.2 通过共享网盘调用

在“视图”的“选项板”面板里面可以找到“块”这个图标（图 6-1-4）。它的命令为 BLOCKSPALETTE，没有快捷键。这个命令在 AutoCAD 2020 版本中被首次引入，使插入块变得更高效。

图 6-1-4 块图标

点击这个块图标，可以看到弹出来的对话框左侧部分包含了 4 个可以切换的选项板（图 6-1-5）：“当前图形”、“最近使用的项目”、“收藏夹”和“库”。

点击“收藏夹”，就可以看到“块同步设置”（图 6-1-6）按钮。在这里，如果将导出的块文件收藏夹设定为共享的网盘，将大大方便团队之间的协作，以及在不同设备不同图纸之间的同步。

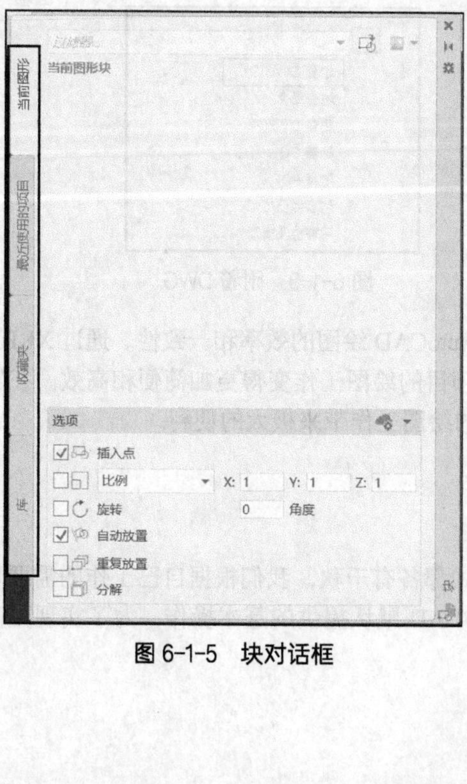

图 6-1-5 块对话框

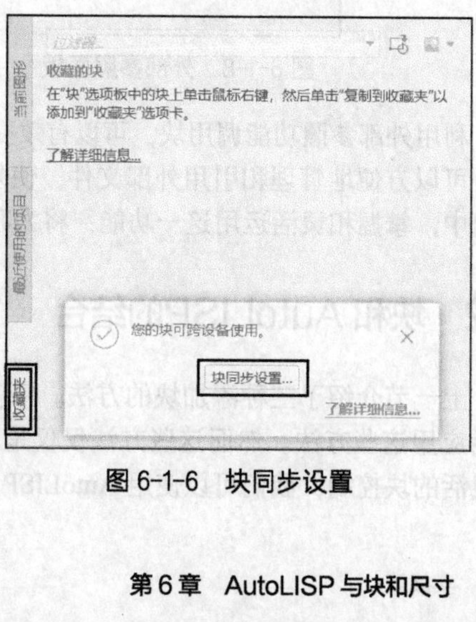

图 6-1-6 块同步设置

另外，在“库”选项板中也可以将自己常用的库文件进行同步。点击右上角的文件夹选择图标（图 6-1-7），选择自己的库文件之后，所有的块文件都可以被显示到这里。

关于团队之间的协同作业，除了这里讲到的共享网盘的方法以外，AutoCAD 还为我们准备了很多其他方法，详细内容大家可以参阅本书协同篇里面的解说。

6.1.3 通过外部参照调用

外部参照（external reference, XREF）功能最早出现在 AutoCAD 软件中是在 20 世纪 80 年代的中期。它用于解决大规模项目和复杂设计中重复使用图形元素的问题。随着设计项目的复杂性增加，需要一种有效的方法来管理和引用常用的块，以避免每次都重新创建或复制这些块。因此，外部参照功能应运而生，提供了一种灵活、便捷的方法来管理和引用外部文件。

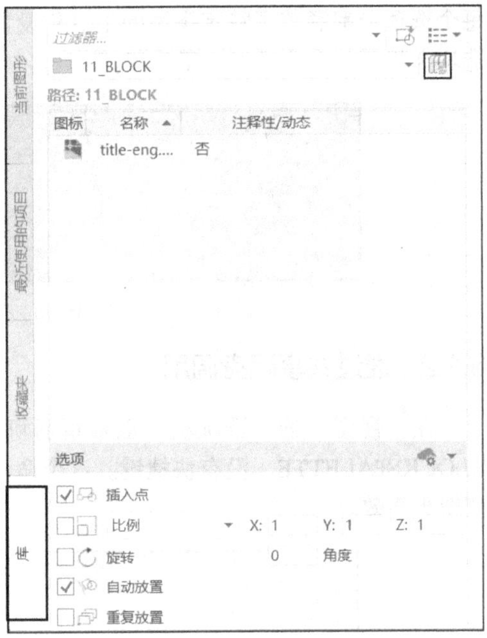

图 6-1-7　库的设置

外部参照功能不仅可以用于绘图文件的引用（图 6-1-8），还可以帮助我们进行块的调用。通过将块作为外部参照附着到当前绘图文件中，我们可以在多个项目中重复使用这些块，而无须每次都重新插入或复制。外部参照的命令为 XREF，快捷键为“XF”。

点击外部参照面板左上角的图标选择“附着 DWG”选项（图 6-1-9），通过在这里选择块文件，可以方便简单地将块调用过来。

图 6-1-8　外部参照面板

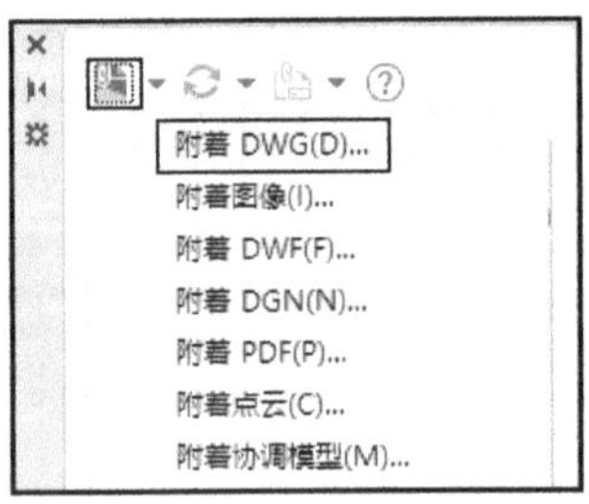

图 6-1-9　附着 DWG

利用外部参照功能调用块，可以有效提高 AutoCAD 绘图的效率和一致性。通过 XREF 命令，可以方便地管理和引用外部文件，使复杂项目的绘图工作变得更加简便和高效。在实际应用中，掌握和灵活运用这一功能，将为我们的绘图工作带来极大的便利。

6.2 块和 AutoLISP的结合

上一节介绍了三种添加块的方法。每种方式都各有千秋，我们根据自己工作的需要可以灵活应用这些方法。然而这些方法仅仅是 AutoCAD 默认提供的基本操作，为了实现更高效和灵活的块控制，我们可以使用 AutoLISP。

以 ZD-BALL 块为例，假设已在 009_ZD 文件夹下新建了一个名为“BlockFiles”的子文件夹，并将 ZD-BALL.dwg 块文件保存在此处。这时，可以通过编写 AutoLISP 程序来实现块的自动化处理。基本的程序和每一行的注释如下：

```
1  (setq base-path "D:\\009_ZD\\BlockFiles\\") ;设置块文件的基本路径
2  (defun insert-block (blockPath)       ; 定义一个函数来插入块
3  (if (findfile blockPath)           ; 如果找到了文件
4     (command "INSERT" blockPath (getpoint "\nSpecify insertion point: ") "" "")
                                      ; 执行插入命令
5     (alert (strcat "Block file " blockPath " not found!"))
                                      ; 如果文件没找到，显示警告
6   )                                 ; 结束 if 函数
7  )                                  ; 结束 defun 函数
8  (defun c:ZD-BALL ()(insert-block (strcat base-path "ZD-BALL.dwg")))
                                      ; 定义一个命令来插入特定的块文件
9  (princ)                            ; 结束程序并返回到 AutoCAD
```

将上述程序保存为“ZD-Block-v1.lsp”之后，可以通过在 AutoCAD 命令行中执行 ZD-BALL 命令来插入 ZD-BALL 块。这一操作能让我们立刻感受到 AutoLISP 脚本在简化日常任务中的实用性和高效性。然而，在实际应用中，该程序存在两个主要局限性。

首先，每次添加 ZD-BALL 块时，都会弹出一个属性对话框。在批量插入块的场景下，频繁地关闭这个窗口会显得操作相当烦琐，影响工作效率。为了解决这个问题，可以通过在 AutoLISP 脚本中将 ATTDIA 系统变量设置为 0，从而避免对话框的出现。

其次，程序在运行过程中会在命令行窗口生成大量的信息。这些信息虽然有助于调试，但在正常使用时可能会干扰用户对重要内容的检索和确认。因此，为了优化用户体验和提高操作效率，可以对 ZD-Block-v1.lsp 进行以下必要的调整：

```
1  (setq Echo (getvar "cmdecho")) ; 将变量 Echo 设置为当前的 cmdecho 系统变量的值
2  (setvar "cmdecho" 0)           ; 将 cmdecho 系统变量设置为 0，关闭命令行回显
3  (setq base-path "D:\\009_ZD\\BlockFiles\\") ; 设置变量 base-path 为指定的路径
4  (defun insert-block (blockPath)
                                  ; 定义函数 insert-block，接收参数 blockPath
5  (if (findfile blockPath)
   ; 执行 if 函数，如果在指定路径找到文件，则执行以下第 6 行、第 7 行和第 8 行，如果找
     不到则跳到第 9 行
6  (progn
   ; 将第 6 行、第 7 行和第 8 行作为一个整体来执行。如果 if 文下只有一个表达式的话，
     progn 函数就不需要了
7     (setvar "ATTDIA" 0)         ; 将 ATTDIA 系统变量设置为 0，关闭属性对话框
8     (command "INSERT" blockPath (getpoint "\nSpecify insertion point:") "" "")
   ; 插入块，块路径为 blockPath，插入点由用户点击界面来指定
9     (setvar "ATTDIA" 1))        ; 将 ATTDIA 系统变量恢复为 1，开启属性对话框
10    (alert (strcat "Block file " blockPath " not found!"))
```

```
                                        ; 如果找不到文件，显示警告信息
11 )                                    ; 结束 if 函数，与第 5 行相呼应
12 )                                    ; 结束 defun 函数
13 (defun c:ZD-BALL ()(insert-block(strcat base-path "ZD-BALL.dwg")))
   ; 定义命令 ZD-BALL，该命令调用 insert-block 函数插入指定路径的块
14 (setvar "cmdecho" Echo)              ; 恢复 cmdecho 系统变量到其原始状态
15 (princ)                              ; 清理屏幕并返回 nil
```

通过文本软件将上面程序保存为“ZD-Block-v2.lsp”，加载后就可以运行了。ZD-Block-v2.lsp 版本和 ZD-Block-v1.lsp 的显著改进体现在第 1 行和第 2 行（程序的开始部分），这里引入了一个关键的调整：添加关闭命令行回复显示。这一改变有效避免了命令行窗口显示大量的运行信息，显著提高了脚本程序运行的效率。在程序运行结束后，第 14 行将系统变量又恢复为运行开始的状态。

在编写 AutoLISP 脚本时，如果您更改了系统变量（如 ZD-Block-v2.lsp 中的 cmdecho），那么建议在脚本结束时将其恢复到初始状态。这样做可以避免对 AutoCAD 用户界面产生意外影响和潜在干扰，特别是当其他脚本或用户操作依赖于这些系统变量的默认行为的时候尤其重要。希望大家能养成这个好习惯。

另外，在 ZD-Block-v2.lsp 版本中，在第 7 行引入了一个关键步骤，帮助我们在运行第 8 行的时候禁止属性对话框弹出，和第 14 行的道理一样，在 COMMAND 函数运行结束后第 9 行又恢复了系统变量的初始状态。

通过上面这些细致的改进，就可以得到一个流畅的 AutoLISP 程序运行体验，以方便我们轻松地扩展其功能。ZD-Block-v2.lsp 只是添加了一个块 ZD-BALL 的插入，如果想实现批量化，例如再追加两个块 ZD-BUTTERFLY 和 ZD-GIAPHGRAM，只需要去改造 ZD-Block-v2.lsp 程序中的第 13 行，重复执行即可。具体修改后程序如下：

```
1  (setq Echo (getvar "cmdecho")) ; 将变量 Echo 设置为当前的 cmdecho 系统变量的值
2  (setvar "cmdecho" 0)           ; 将 cmdecho 系统变量设置为 0，关闭命令行回显
3  (setq base-path "D:\\009_ZD\\BlockFiles\\")
                                  ; 设置变量 base-path 为指定的路径
4  (defun insert-block (blockPath)
                                  ; 定义函数 insert-block，接收参数 blockPath
5  (if (findfile blockPath)       ; 执行 if 函数，如果在指定路径找到文件，则执行以下
                                    第 6 行，第 7 行和第 8 行，如果找不到则跳到第 9 行
6  (progn
   ; 将第 6 行、第 7 行和第 8 行作为一个整体来执行。如果 if 文下只有一个表达式的话，就不
     需要 progn 函数了
7      (setvar "ATTDIA" 0)        ; 将 ATTDIA 系统变量设置为 0，关闭属性对话框
8      (command "INSERT" blockPath(getpoint "\nSpecify insertion point: ") "" "")
   ; 插入块，块路径为 blockPath，插入点由用户点击界面来指定
9      (setvar "ATTDIA" 1))       ; 将 ATTDIA 系统变量恢复为 1，开启属性对话框
10     (alert (strcat "Block file " blockPath " not found!"))
                                  ; 如果找不到文件，显示警告信息
```

```
11  )                              ; 结束 if 函数，与第 5 行相呼应
12 )                               ; 结束 defun 函数
13 (defun c:ZD-BALL ()(insert-block (strcat base-path "ZD-BALL.dwg")))
   ; 定义命令 ZD-BALL，该命令调用 insert-block 函数插入指定路径的块
14 (defun c:ZD-BUTTERFLY ()(insert-block (strcat base-path "ZD-BUTTERFLY.dwg")))
                                   ; 定义命令 ZD-BUTTERFLY
15 (defun c:ZD-GIAPHGRAM ()(insert-block (strcat base-path "ZD-GIAPHGRAM.dwg")))
                                   ; 定义命令 ZD-GIAPHGRAM
16 (setvar "cmdecho" Echo)         ; 恢复 cmdecho 系统变量到其原始状态
17 (princ)                         ; 清理屏幕并返回 nil
```

我们将上面的程序起名为“ZD-Block-v3.lsp”。它与程序 ZD-Block-v2.lsp 不一样的地方就是添加了第 14 行和第 15 行，分别追加了 ZD-BUTTERFLY 和 ZD-GIAPHGRAM 这两个块的定义。这样，我们就只需要编辑一次 AutoLISP 程序代码，以批量定义命令的形式来进行块的插入。这种方法提高了绘图效率，并且可以减少因手动插入块而产生的错误。

到此，通过三个自制的 AutoLISP 脚本程序，详细地将使用 AutoLISP 插入块的技巧和方法介绍给了大家。相信大家通过这种“手把手”式的操作说明，一定对 AutoLISP 有了更深刻的理解。

AutoLISP 程序的灵活性和扩展性在 AutoCAD 中的应用是无可比拟的。首先，它不仅可以简化重复性的工作流程，还能够为特定任务提供定制化的解决方案。其次，通过不断优化和迭代代码，我们能够制作出更加高效和用户友好的工具，这对于提高工作效率和准确性至关重要。最后，正如从 ZD-Block-v1.lsp 到 ZD-Block-v3.lsp 的演变中看到的，持续学习和应用新技能是任何技术领域不断进步的关键。希望本书能够为大家提供实用的知识，并希望大家能以此为借鉴，在自己的工作中寻找和应用类似的高效工具。

6.3 块的批量导出

上一节介绍了将 ZD-BALL、ZD-BUTTERFLY 和 ZD-GIAPHGRAM 三个块，利用 AutoLISP 添加到当前图形的操作方法。当建好块文件后，使用 WBLOCK 命令可以将它们导出来成为 DWG 文件，为 AutoLISP 脚本程序所用。在“插入”选项板下“块定义”面板中也可以找到“写块”（WBLOCK）这个图标（图 6-3-1），通过它可以将 DWG 文件中的块全部提取出来成为一个单独的块文件。

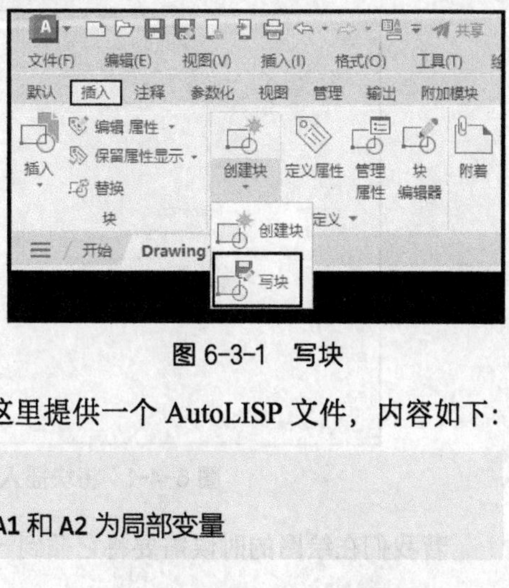

图 6-3-1　写块

但是当有很多块的时候，这样一次一次反复使用 WBLOCK 命令，会使我们的工作效率低下和烦琐，这样频繁的操作会给我们带来疲惫感，难免引起失误。

为了实现批量处理写块（WBLOCK）的操作，这里提供一个 AutoLISP 文件，内容如下：

```
1  (defun c:ZD-Wblocks (/ A1 A2)
   ; 定义一个名为 "ZD-Wblocks" 的新函数，其中 A1 和 A2 为局部变量
```

```
  (setq A1 (strcat (getvar 'dwgprefix) "_EBlocks\\"))
 ;设置变量 A1 的值，并指定输出路径为当前文件，新建的文件夹名称为 "EBlocks"
  (vl-mkdir A1)           ;创建一个名为"A1"的新目录
   (vlax-for A2 (vla-get-blocks (vla-get-activedocument (vlax-get-acad-object)))
 ;对活动文档中的每个块执行循环，其中 A2 是循环中的块对象
    (command "._-wblock" (strcat A1 (vla-get-name A2) ".dwg") (vla-get-name A2))
 ;执行 WBLOCK 命令，将每个块导出到 A1 目录下，文件名为块的名称
  )                              ;结束循环操作
  (princ)       ;产生一个空输出，通常用于命令结束，确保不返回任何未预期的结果
)                                ;结束命令
```

将上面一段代码利用文本文件保存为“ZD-Wblocks.lsp”，加载后即可使用。

“ZD-Wblocks.lsp”程序结合了 WBLOCK 命令来批量导出 AutoCAD 中的块文件。这种方法解决了我们在仅使用标准命令处理大量块时效率低下且烦琐的问题，从而提高了处理块文件的效率和便捷性。

6.4 块的插入

在使用 AutoCAD 来绘制工艺图的过程中，一个常用的操作就是将块插入直线、斜线或者多段线当中（图 6-4-1）。

掌握这一技巧对于提升绘图的效率和准确性具有非常重要的意义。本节将和大家一起探讨如何利用 AutoLISP 在 AutoCAD 环境中高效实现这一功能。我们的主要目标是简化块的插入操作，同时确保绘图的高精度和专业水准。通过运用这些高效的脚本技巧，大家不仅能够节约宝贵的时间、减少人为操作的失误，还可以显著提高流程图的整体质量。

6.4.1 直线上块的插入

这里以下面这样一个块为例（图 6-4-2），在管道工艺图中我们称它为“同心异径管”(concentric reducer)，在这里将它单独做成了一个块文件，名称为“ZD-JOINT-RC.dwg”。

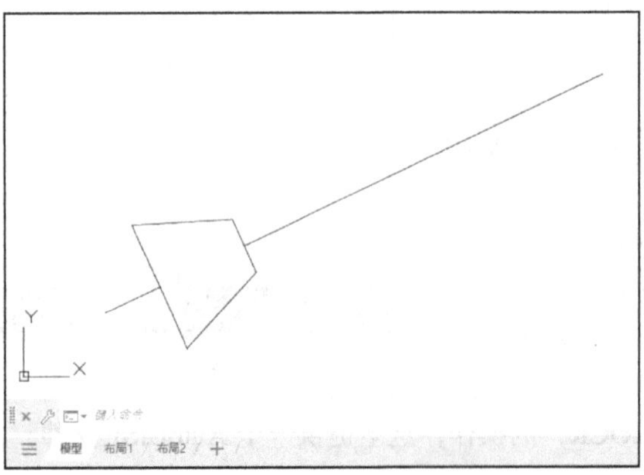

图 6-4-1 将块插入直线中

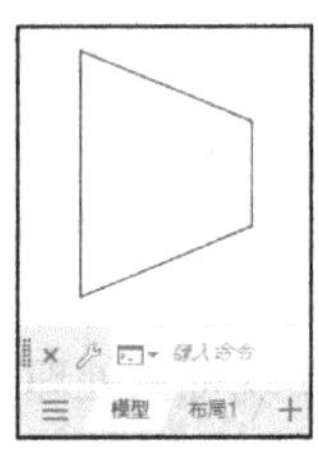

图 6-4-2 ZD-JOINT-RC.dwg

若我们在绘图的时候需要将它插到一根直线当中，AutoCAD 常规的做法如表 6-4-1 所示。

表 6-4-1　插入块的常规操作

操作顺序	操作内容
第一步	启动块调用功能（参阅 6.1 节的说明），在众多的块文件当中找到这个块
第二步	将块插到直线当中
第三步	打断并删除块与直线之间重叠的部分
第四步	结束

上面的步骤如果需要反复这样操作将会使工作烦琐且使人疲惫，这里使用 AutoLISP 程序来实现这一功能，不但可以一步到位，大大方便我们的操作，还可以减少人为操作引起的失误。

为实现使用 AutoLISP 将块插到线上，方便大家对 AutoLISP 程序的理解和学习，我们分为 4 个小节，循序渐进、从易到难逐步讲解。首先从简单的直线开始，下面是一段使用 AutoLISP 将块插到直线上的一个基本程序：

```
1  (defun c:ZD-InBlock-v1 (/ blockname ent pt1); 创建自定义函数 ZD-InBlock-v1
2     (setq blockname "ZD-JOINT-RC")    ; 定义准备插入的块
3     (setq ent (entsel "\nSelect Line To Insert Block: "))
   ; 要求用户选择一个直线
4     (if (= (cdr (assoc 0 (entget (car ent)))) "LINE")
   ; if 函数开始，如果用户选择了一根直线
5        (progn                       ; progn 函数开始，按顺序执行下面各行命令
6           (setq pt1 (osnap (cadr ent) "_nea"))      ; 获取选中的直线的起始点
7           (command "_.Insert" blockname pt1 "" 1 1 0)
   ; 在获取的点上插入之前定义的块
8        )                            ;progn 函数结束
9     )                               ; if 函数结束
10   (princ)                          ; 函数运行结束，确保函数不留下任何多余的命令行输出
11 )                                  ; 自定义函数 ZD-InBlock-v1 运行结束
```

在 ZD-InBlock-v1.lsp 这个程序中，最关键的部分为第 6 行和第 7 行。

第 6 行，帮助我们获取选中的直线的起始点。“pt1” 是要赋值的变量，它将存储我们选择的直线的一个特定点。“(cadr ent)” 从我们选择的实体（直线）中获取点的信息。“cadr” 是一个 AutoLisp 函数，它将返回列表的第二个元素。在这里，它返回我们选择的直线的点列表中的第二个元素，即直线的一个端点。“_nea” 是对象捕捉模式，这里表示最近点（nearest point）。也就是说这一行将捕捉到直线端点的最近点。

第 7 行，“_.Insert” 是 AutoCAD 中的插入命令，用于插入块。“_.Insert” 中的下划线 “_” 确保命令是英文的，点 “.” 确保命令是透明的，也就是说即使在命令执行时也能处理。

第 7 行中的 “blockname ” 是要插入的块的名称。在这里，它被设置为 ZD-JOINT-RC 这个块。“pt1” 是插入点，即之前获取的直线的起始点。“1 1 0 ” 是插入块的比例因子和旋转角度。

通过第 6 行和第 7 行，我们就可以在选中直线上端点的最近点处插入一个预定义的块。这个过程通过 AutoLISP 的 ENTSEL 函数和 OSNAP 函数实现，从而确保了插入的精确性和简便性。

总的来说，这个脚本提供了一个简单而强大的方法来自动化插入块。通过运用这样的脚本，大家可以节省宝贵的时间并同时提高作品的质量和精度。

6.4.2 斜线上块的插入

前面 ZD-InBlock-v1.lsp 这个程序只能在水平或者垂直的直线上进行块的插入。如果我们想实现在倾斜的直线上也能顺利地插入块，并使插入的块和斜线平行，就需要对程序进行改动。

实现斜线上也能平行插入块的方法很多，最常规的方法就是计算出斜线相对 *X* 轴或者 *Y* 轴的角度，然后对插入的块进行旋转。这里我们换一种思维，在块的参数处理上进行改进:

```
1  (defun c:ZD-InBlock-v2 (/ blockname ent pt1)
                                          ; 创建自定义函数 ZD-InBlock-v2
2    (setq blockname "ZD-JOINT-RC")       ; 定义准备插入的块
3    (setq ent (entsel "\nSelect Line To Insert Block: "))
                                          ; 要求用户选择一个直线
4    (if (= (cdr (assoc 0 (entget (car ent)))) "LINE")
                                          ; if 函数开始，如果用户选择了一根直线
5      (progn                             ; progn 函数开始，按顺序执行下面各行命令
6        (setq pt1 (osnap (cadr ent) "_nea"))  ; 获取选中的直线的起始点
7        (command "_.Insert" blockname pt1 1 1) ; 在获取的点上插入之前定义的块
8      )                             ; progn 函数结束
9    )                               ; if 函数结束
10   (princ)                         ; 函数运行结束，确保函数不留下任何多余的命令行输出
11 )                                 ; 自定义函数运行结束
```

与 ZD-InBlock-v1.lsp 这个程序相比，ZD-InBlock-v2.lsp 主要改进了第 7 行的内容，省略了对块旋转角度的指定。

也就是说在程序 ZD-InBlock-v1.lsp 中，我们明确指定了旋转角度为 0，这样在插入块的时候就避免了对角度的输入。在程序 ZD-InBlock-v2.lsp 中我们开放了旋转角度，让用户根据斜线的角度来指定旋转的角度，虽然使操作多了一个步骤，但可以精准地帮助我们确定角度的指定。

ZD-InBlock-v2.lsp 这种故意省略了旋转角度的参数并简化了缩放因子的指定方式，使得代码更加简洁易读，同时减少了参数数量，提高了代码的可维护性。

6.4.3 多段线上块的插入

除了线（LINE）以外，多段线（PLINE）也是绘制工艺图经常用的功能。在前面 ZD-InBlock-v2.lsp 程序的基础上，可以通过以下操作来实现多段线块插入改进:

```
(defun c:ZD-InBlock-v3 (/ blockname ent pt1) ; 创建自定义函数 ZD-InBlock-v3
  (setq blockname "ZD-JOINT-RC")       ; 定义准备插入的块
  (setq ent (entsel "\nSelect Line To Insert Block: "))
                                  ; 要求用户选择一个直线或者多段线
    (if (and ent                  ; if 函数开始，检查是否选择了一个实体
```

```
5      (or (= (cdr (assoc 0 (entget (car ent)))) "LINE")
                                        ; 检查选择的实体是否为直线
6          (= (cdr (assoc 0 (entget (car ent)))) "LWPOLYLINE")))
                                        ; 检查选择的实体是否为多段线
7    (progn                             ; progn 函数开始，按顺序执行下面各行命令
8      (setq pt1 (osnap (cadr ent) "_nea"))  ; 获取选中的直线的起始点
9      (command "_.Insert" blockname pt1 1 1) ; 在获取的点上插入之前定义的块
10   )                                  ; progn 函数结束
11  )                                   ; if 函数结束
12  (princ)                             ; 函数运行结束，确保函数不留下任何多余的命令行输出
13 )                                    ; 自定义函数 ZD-InBlock-v3 运行结束
```

ZD-InBlock-v3.lsp 程序，和前面 ZD-InBlock-v2.lsp 相比较，主要对第 4 行到第 6 行进行了调整，使程序实现了对多段线的支持。

如果进一步扩展，想让圆形也可以实现块的插入，就可以在第 6 行的下面追加下面一行代码:

```
(= (cdr (assoc 0 (entget (car ent)))) "CIRCLE")
```

通过上述程序的改进，不仅实现了对水平直线和斜线的块插入功能，还扩展了对多段线（PLINE）的块插入功能。这样，在绘制工艺图时程序更加灵活实用。

6.4.4 删除重叠的部分

到此为止，我们一步一步实现了从水平的直线到在斜线以及多段线上的块的插入。但是对插入的块我们需要将其与线重叠的部分进行删除。具体改造后的程序如下：

```
1  (defun c:ZD-InBlock-v4 (/ ang blocklength blockname pt1 pt2 scl obj)
                                        ; 创建自定义函数 ZD-InBlock-v4
2    (vl-load-com)                      ; 加载 Visual LISP 扩展函数
3    (setq blockname "ZD-JOINT-RC"           ; 定义要插入的块名称
4          blocklength 3.125)                ; 定义块的长度属性
5    (setq ent (entsel "\nSelect Line or Pline To Insert Block: "))
                                             ; 提示用户选择一个直线或多段线
6    (setq pt1 (osnap (cadr ent) "_nea"))        ; 获取用户选择点的最近点
7    (vl-cmdf "_.Insert" blockname pt1 1 1)      ; 插入块
8    (while (> (getvar "CMDACTIVE") 0) (vl-cmdf pause)) ; 等待插入块命令完成
9    (setq obj (vlax-ename->vla-object (entlast)))      ; 获取刚刚插入的块对象
10   (setq ang (vla-get-Rotation obj)) ; 获取块的旋转角度
11   (setq scl (vla-get-XScaleFactor obj))       ; 获取块的 X 轴比例因子
12   (setq pt2 (polar pt1 ang (* scl blocklength)))     ; 计算块的第二个点
13   (vl-cmdf "_.Erase" (entlast) "")    ; 删除刚插入的块
14   (vl-cmdf "_.Break" pt1 pt2) ; 打断从 pt1 到 pt2 的线段
15   (vl-cmdf "_.Oops")                 ; 恢复最后一次删除的对象
```

```
16  (princ)                    ; 函数运行结束，确保函数不留下任何多余的命令行输出
17 )                           ; 结束自定义函数 ZD-InBlock-v4 的运行
```

在 ZD-InBlock-v4.lsp 程序里，实现打断线的关键的一行是第 14 行。它执行 Break 命令来对两个点进行打断。在这里大家需要注意，打断的长度，是通过第 4 行来控制的。也就是说，需要将添加的块本身的长度通过第 4 行在程序中进行定义。

vl-cmdf 和 COMMAND 函数都可以帮助我们调用 AutoCAD 的命令，因为在第 2 行里面加载了 Visual LISP 扩展函数，所以在后续的程序里面就可以使用 Visual LISP 里面的 vl-cmdf 函数。虽然它们主要的功能都是调用命令，但 vl-cmdf 通常比 COMMAND 更高效，尤其在处理大量命令调用时。

至此，我们已经了解了如何通过自定义函数实现块的插入和线段的打断。关于第 2 行的详细含义，将在下一节中进一步解说。

6.5 AutoLISP 的扩展函数 Visual LISP

在 6.4.4 节中，程序里有这样的一句表达：

```
(vl-load-com)
```

这是加载 Visual LISP 扩展函数的意思。平常我们所使用的 AutoLISP 是 AutoCAD 的编程语言，用来编写自动化任务或自定义功能。它是基于 LISP 语言的一个方言，专门为 AutoCAD 设计的。

Visual LISP 是 AutoLISP 的扩展，增加了一些更强大、更高级的功能。这些功能使得我们可以更深入地控制 AutoCAD，例如操作图形对象、与用户交互、管理图层等。而“(vl-load-com)”就是一个用来加载 Visual LISP 扩展函数的命令，当我们在 AutoLISP 程序中需要使用这些扩展功能时，必须先运行这个命令。它就像是一把钥匙，帮我们开启了一个工具箱，让大家可以使用更多的工具来完成编程。

当大家安装了 AutoCAD 后，Visual LISP 扩展的函数也会一并安装在电脑的系统中。这些扩展功能并不是独立的软件，它们是 AutoCAD 的一部分。换句话说，在 AutoCAD 中编写或运行包含 Visual LISP 函数的程序时，并不需要再额外安装什么，只需要确保在程序中加载这些扩展功能即可。

这里可能有人会问：那为什么不把 Visual LISP 扩展功能直接放置到 AutoLISP 里面，反而以扩展的形式存在？这是因为 AutoLISP 是一个比较早期的语言，最初它只是用于简单的脚本和自动化任务。但随着需求的增加，广大高级用户需要更多高级功能和更强大的编程能力，这时 Visual LISP 就应运而生了。为了保持向后兼容性，同时满足高级用户的需求，AutoCAD 就选择了将 Visual LISP 作为一个扩展而没有完全替代 AutoLISP。这样做有以下几个好处：

• 可以根据需要选择性地加载扩展功能，而不是每次都加载所有功能，这可以减少内存占用和缩短启动时间。

• 扩展设计使得维护和更新软件变得更容易。开发者可以单独修复或升级扩展模块，而不影响核心功能。

• 初学者可以从简单的 AutoLISP 开始学习编程，随着需求和能力的增长，再逐步接触和使用 Visual LISP 的高级功能。

综上所述，将 Visual LISP 作为扩展而不是直接集成到 AutoLISP 中，是基于历史背景、模块化设计、性能优化和兼容性考虑的一种设计选择。这种方式既保留了 AutoLISP 简单易用的优点，又提供了高级用户所需的强大功能，使得 AutoCAD 能够更好地满足不同的需求。

6.6 批量修改块为不允许分解

在定义块的时候，有一个“允许分解”选项，取消选中则将块定义为不允许分解状态（图 6-6-1）。我们上传到网盘上的共用的块，为了避免大家误操作，有时候希望它的状态为不能分解。或者我们手上有一批块，需要递交给外部的配套公司，有时候希望批量将 DWG 文件中已经做好的块都改为不允许分解的状态。

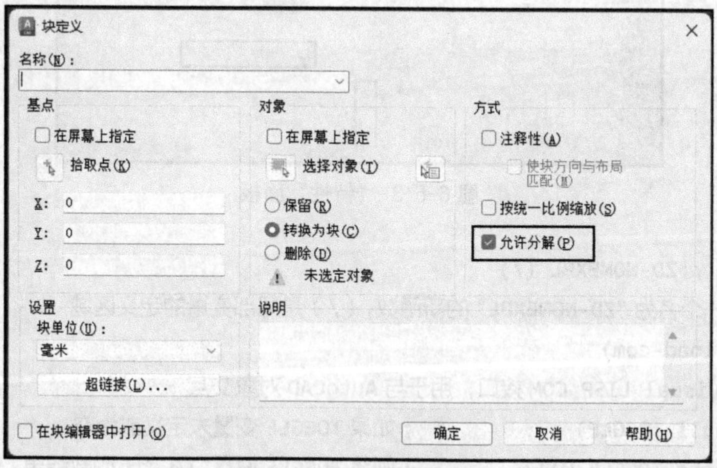

图 6-6-1　允许分解选项

对已经做好的块，如果我们想修改“允许分解”选项，需要进行以下操作。先选择想要修改的块，然后点击“插入”选项卡里面的“块编辑器”按钮（图 6-6-2）。

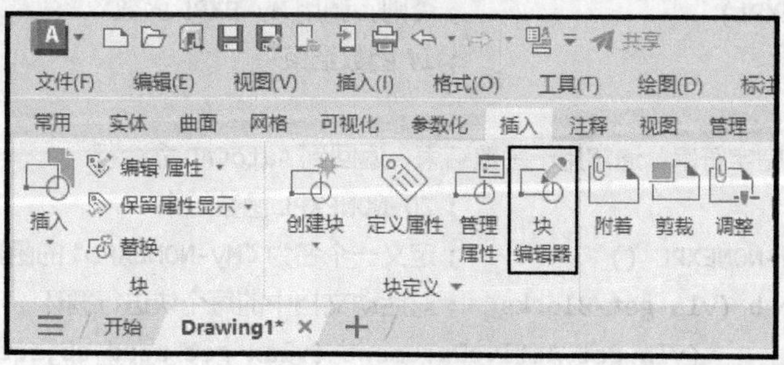

图 6-6-2　块编辑器

在块编辑器中我们没有对图形进行选择的前提下，按下快捷键“Ctrl”+“1”打开“特性”面板之后，才能对“允许分解”的状态进行切换（图 6-6-3）。这样的操作步骤烦琐且无法批量进行修改。

这里介绍一种高效的方法来处理 AutoCAD 中的这些块对象的属性，通过 AutoLISP 程序来批量修改它们，使得我们随心所欲去设置这些块的“允许分解”的状态。这个功能在处理复杂图纸时尤为重要，因为它可以帮助保持设计的完整性和结构的一致性。具体的程序如下：

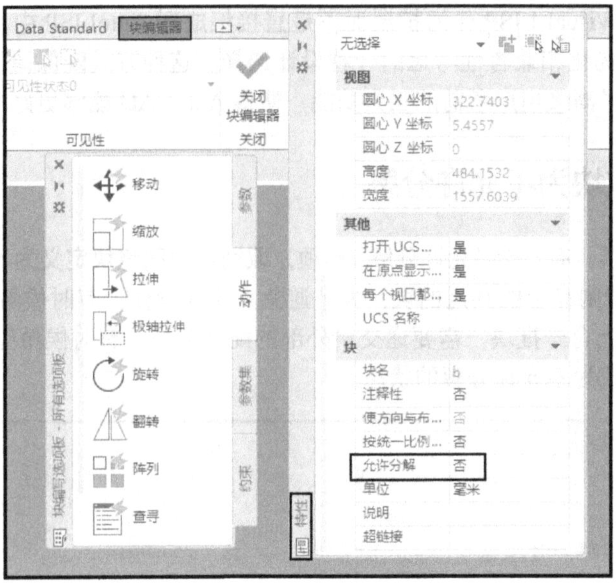

图 6-6-3 “特性”面板

```
1  (defun c:ZD-NONEXPL (/)
   ;定义一个名为 "ZD-NONEXPL" 的新函数，(/)是局部变量的定义区域
2    (vl-load-com)
   ;加载 Visual LISP COM 接口，用于与 AutoCAD 对象交互
3  (if (null TOGGLE)                     ;如果 TOGGLE 变量未定义或为空
4      (setq TOGGLE 0))                  ;则将 TOGGLE 设置为 0，if 函数结果
5    (setq TOGGLE (abs (- 1 TOGGLE)))     ;切换 TOGGLE 的值，在 0 和 1 之间变换
6    (if (= TOGGLE 0)                    ;检查 TOGGLE 的值是否为 0
7      (My-NONEXPL)                      ;如果是 0，则调用 My-NONEXPL 函数
8      (My-EXPL)                         ;否则，调用 My-EXPL 函数
9    )                                   ;if 函数结束
10   (princ)
   ;打印一个空字符串，通常用于函数结束，返回到 AutoCAD 命令行
11 )                                     ;ZD-NONEXPL 函数结束
12 (defun My-NONEXPL ()                  ;定义一个名为 "My-NONEXPL" 的函数
13 (vlax-for b (vla-get-Blocks           ;对活动文档中的每个块进行循环
14             (vla-get-ActiveDocument (vlax-get-acad-object)))
   (or (wcmatch (vla-get-Name b) "`**_Space*") ;检查块名是否匹配特定模式
15          (vla-put-explodable b :vlax-false)  ;设置块为不可爆炸（不可分解）
16     )                                 ;与第 14 行呼应
17   )                                   ;与第 13 行呼应
18   (princ "\nMy-NONEXPL-Success!")      ;打印成功消息
19   (princ)                             ;打印一个空字符串，返回到 AutoCAD 命令行
20 )                                     ;与第 12 行呼应，My-NONEXPL 函数结束
21 (defun My-EXPL ()                     ;定义一个名为 "My-EXPL" 的函数
```

```
22 (vlax-for b (vla-get-Blocks                ; 对活动文档中的每个块进行循环
23              (vla-get-ActiveDocument (vlax-get-acad-object)))
   (or (wcmatch (vla-get-Name b) "`**_Space*")
                                          ; 检查块名是否匹配特定模式
24         (vla-put-explodable b :vlax-true)   ; 设置块为可爆炸（可分解）
25     )                                  ; 与第 23 行呼应
26   )                                    ; 与第 22 行呼应
27   (princ "\nMy-EXPL-Success!")         ; 打印成功消息
28   (princ)                              ; 打印一个空字符串，返回到 AutoCAD 命令行
29 )                                      ; 与第 21 行呼应，My-EXPL 函数结束
```

将上面的程序用文本文件命名为“ZD-NONEXPL.lsp”，保存后就可以使用了。使用 ZD-NONEXPL.lsp 的方法很简单，先打开一个包含有块的 DWG 图纸，执行 ZD-NONEXPL 命令后，如果看到“My-EXPL-Success!”这个提示的话（图 6-6-4），这张 DWG 图纸中所有的块都已经改为允许分解的状态。

这个时候再执行一次 ZD-NONEXPL 命令，就会看到命令行会出现“My-NONEXPL-Success!”这样的提示（图 6-6-5），它表明这张 DWG 图纸的所有块都已经改为不允许分解的状态。

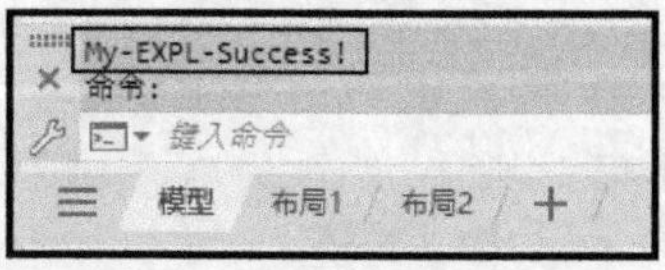

图 6-6-4　My-EXPL-Success!

图 6-6-5　My-NONEXPL-Success!

就是这样，每执行一次 ZD-NONEXPL 命令，就可以实现 DWG 图纸中所有块的允许分解和不允许分解的切换，大大方便了我们对块属性的更改。AutoLISP 为我们提供了一个简单而强大的块编辑解决方案，以确保设计的完整性和一致性。这种可以进行切换的 AutoLISP 手法，不仅节省了大量的手动编辑时间，而且提高了工作流程的效率和准确性。

6.7　快速打开块文件夹

AutoLISP 脚本可以提供一种快速访问 AutoCAD 中常用块文件夹的方法。通过定义一个简单的命令“ZD-OpenFolder”，用户可以直接从 AutoCAD 界面快速打开位于“D:\00_ZD”的文件夹，从而提高工作效率。该方法尤其适用于频繁需要访问特定目录的情况，程序如下：

```
1 (defun c:ZD-OpenFolder ()     ; 定义一个新的 AutoCAD 命令 ZD-OpenFolder
2   (startapp "explorer" "D:\\00_ZD")
  ; 启动 Windows 文件资源管理器并打开指定的 "D:\00_ZD" 文件夹
3   (princ)
  ; 产生一个空输出，通常用于命令结束，确保不返回任何未预期的结果
4 )                             ; 结束 defun 函数，与第 1 行相呼应
```

要使用这个脚本，只需将其保存为“ZD-OpenFolder.lsp”文件，然后在 AutoCAD 中加

载它。这个脚本通过启动 Windows 文件资源管理器来打开指定的文件夹，对于需要频繁访问特定文件夹的设计师来说，这个过程节省了大量时间。此外，脚本的路径可以根据用户的不同项目需求进行修改。总的来说，这个 AutoLISP 脚本是一个提高日常工作效率的实用工具，特别适用于 AutoCAD 用户。它通过一个简洁的命令简化了文件访问流程，使得操作更加便捷。

6.8 使用 AutoLISP 创建标注样式

尺寸标注就像是建筑物的骨架，为我们的设计提供了结构和比例的指导，使得整个图纸的设计更加精确和有条理。本节将深入探讨 AutoLISP 如何与尺寸标注相关的系统变量进行交互和设置。这些系统变量对创建精确和清晰的技术图纸至关重要。

每一个尺寸都有自己的标注样式。标注样式是用于控制尺寸标注外观的集合，包括图纸中文本的高度、箭头类型、线条类型等。标注样式决定了尺寸标注在图纸上的显示方式。通过定义和使用标注样式，可以确保图纸中的所有尺寸标注具有一致的外观，从而提高图纸的可读性和专业性。AutoLISP 提供了与标注样式相关的多个系统变量，允许我们灵活地设置和调整这些样式。本节主要介绍怎样使用 AutoLISP 进行尺寸标注。

标注样式的命令为 DIMSTYLE，它的快捷键为“D”。在“注释”选项卡的“标注”面板右下方，我们可以看到一个倾斜的小三角图标（图 6-8-1），单击它就可以启动标注样式管理器。

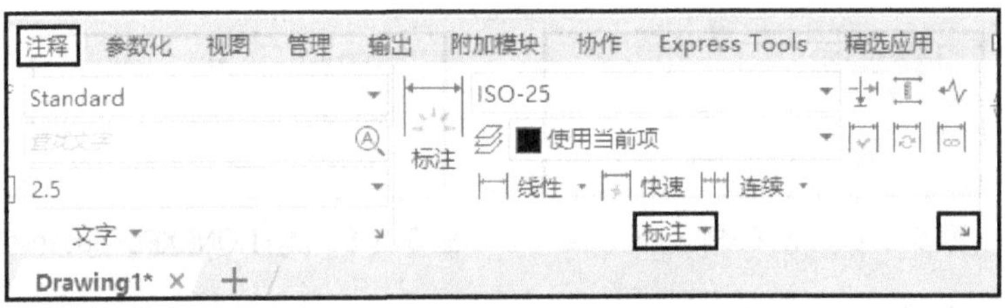

图 6-8-1　启动“标注样式图标”

通过标注样式管理器（图 6-8-2）就可以新建或修改自己所需要的标注样式。

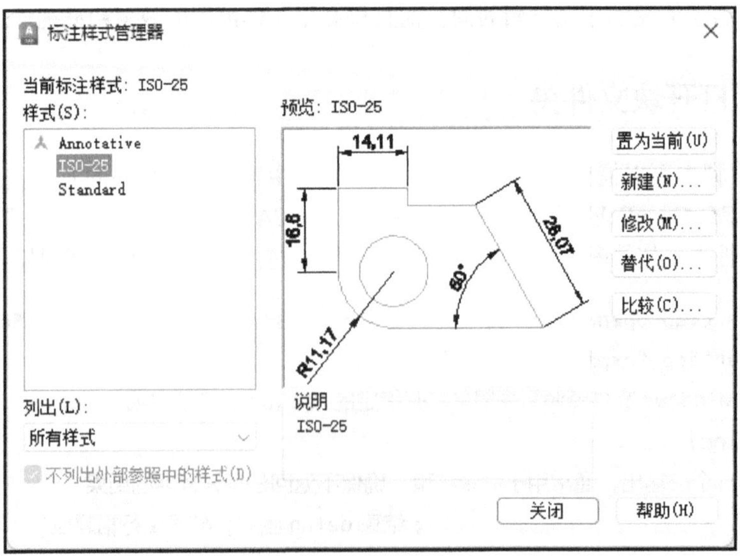

图 6-8-2　标注样式管理器

AutoCAD 有很多可以控制标注样式管理器设置的变量。我们通过 AutoLISP，可以使用以下系统变量来设置和调整标注样式。甚至还可以自动化创建标注样式。例如通过 DIMSCALE 变量可以控制标注样式的全局比例（图 6-8-3），通过 DIMLTYPE 变量可以控制尺寸线的线型（图 6-8-4），等等。

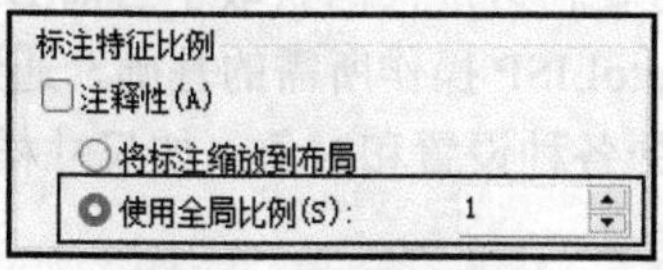

图 6-8-3　全局比例

图 6-8-4　尺寸线的线型

以下以 ZD-DIM.lsp 为例给大家示例一个代码，展示如何通过 AutoLISP 来创建和设置标注样式：

```
(defun c:ZD-DIM (/ DIM)
;定义一个名为 "ZD-DIM" 的命令，并声明一个局部变量 DIM
  (vl-load-com)                        ;加载 Visual LISP 扩展函数
  (setq DIM "ZD-DIM")                  ;设置 DIM 变量的值为 ZD-DIM
  (setq thisdrawing (vla-get-activedocument (vlax-get-acad-object))
                                       ;获取当前活动文档
        dimstyles (vla-get-dimstyles thisdrawing)
                                       ;获取当前文档的尺寸样式集合
        dimsty (if (not (tblsearch "dimstyle" DIM))
                                       ;检查是否存在名为 "DIM" 的尺寸样式，如果不存在
                   (vla-add dimstyles DIM)
;则在 dimstyles 集合中添加一个新样式，并将新创建的样式对象赋值给 dimsty
                   (vla-item dimstyles DIM))
;如果 DIM 样式存在，则获取该样式对象，并将其赋值给 dimsty
 )                                     ;setq 函数结束
  (setvar "dimscale" 1)                ;设置全局比例为 1
  (setvar "dimgap" 1)                  ;设置标注文本周围的距离为 1，负值为加外框
  (setvar "dimse1" 0)                  ;隐藏尺寸界线 1
  (setvar "dimse2" 0)                  ;隐藏尺寸界线 2
  (setvar "dimsd1" 0)                  ;隐藏尺寸线 1
  (setvar "dimsd2" 0)                  ;隐藏尺寸线 2
  (setvar "DIMLTYPE" "BYBLOCK")        ;设置标注线型为 BYBLOCK
  (setvar "DIMBLK" "_OPEN30")          ;设置箭头为 _OPEN30
  (setvar "DIMLDRBLK" "_OPEN30")       ;设置引线箭头为 _OPEN30
  (setvar "DIMASZ" 100)                ;设置箭头尺寸为 100
  (setvar "DIMCEN" 100)                ;设置中心标记大小为 100
  (setvar "DIMTXT" 100)                ;设置标注文本高度为 100
  (setvar "DIMDEC" 0)                  ;设置标注文本的小数位数为 0
  (setvar "DIMGAP" 100)                ;设置标注文本周围的距离为 100
```

```
24  (vla-copyFrom dimsty thisdrawing)  ; 将这些设置应用到 dimsty
25  (princ)                            ; 函数运行结束，确保函数不留下任何多余的命令行输出
26 )                                   ; 自定义命令 ZD-DIM 运行结束
```

在 ZD-DIM.lsp 这个程序里面，第 4 行非常重要。这行代码获取了当前 DWG 的文档对象并放置到了变量 thisdrawing 里面，这是后续 AutoLISP 操作所需的基础。通过这个文档对象，整个程序可以访问和修改当前 DWG 文档中的各种设置和对象（如尺寸样式集合），从而实现了自定义尺寸样式的功能。

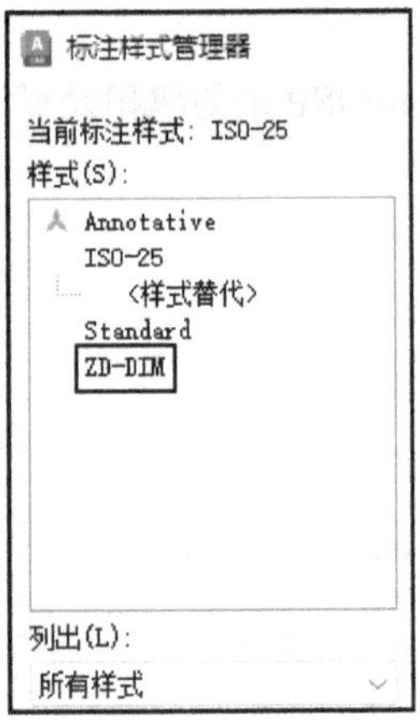

图 6-8-5　添加“ZD-DIM”标注样式

第 4 行使用了扩展函数 Visual LISP 的功能，所以在第 2 行进行了扩展函数的加载。详细说明请参阅 6.5 节的说明。

另外，第 6 行到第 9 行确保了尺寸样式 DIM 在当前 DWG 文档中存在，无论是通过创建新的样式还是获取现有样式，这使得后续对 dimsty 对象的操作和属性设置都能够顺利进行。因此，这段代码在整个 ZD-DIM.lsp 程序的逻辑中起着至关重要的作用，确保程序能够正常运行并应用尺寸样式设置。

加载并运行 ZD-DIM.lsp 之后，可以看到在当前的 DWG 文件的标注样式管理器里将会自动添加新的标注样式“ZD-DIM”（图 6-8-5）。

另外，在运行 ZD-DIM.lsp 程序的时候，可以看到命令行里面有大量的运行结果和显示信息，通过系统变量 CMDECHO 可以让其简洁化。具体的操作方法请参阅本书 5.2 节的解说。

6.9　活用尺寸样式对齐直线

在绘制工艺图的时候，在直线上方添加编号和名称是经常需要操作的。例如管道号、线号等（图 6-9-1）。一张工艺图往往有大量的线段需要我们来添加编号，特别是当修改了直线的长短、直线的角度的时候，这些编号也不得不一起修改，不但费时而且非常烦琐。这一节就来讲讲怎样通过 AutoLISP 程序，借助尺寸样式来高效率实现直线编号添加。

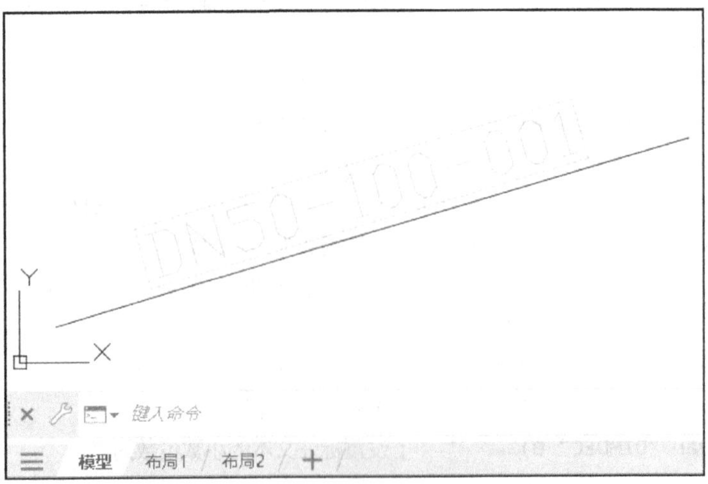

图 6-9-1　直线编号的添加

具体的程序如下:

```
(defun c:ZD-PipeLine (/ DIMSTYLE textContent LayerName)
                                ；自定义命令 ZD-PipeLine，并创建三个变量
  (defun *error* (msg)          ；定义错误处理函数
    (if msg (princ (strcat "\nError: " msg)))
                                ；如果有错误信息，则打印错误信息
  (if (and DIMSTYLE (not (equal DIMSTYLE "")))
                                ；检查 DIMSTYLE 是否已定义且不为空
    (progn                      ；如果 DIMSTYLE 有效，开始一系列命令
        (command-s "._-DIMSTYLE" "R" DIMSTYLE "")  ；恢复之前的 DIMSTYLE
        (command-s "._-DIMSTYLE" "A" "")  ；激活 DIMSTYLE
        (command-s "._Clayer" "0")  ；切换到图层 0
    )                           ；progn 函数结束
   )                            ；if 函数结束
    (princ)           ；错误处理函数运行结束，确保函数不留下任何多余的命令行输出
 )                              ；defun 函数结束
  (setq LayerName "PipeLine")   ；将变量 LayerName 设置为 PipeLine
(setq  thisdrawing (vla-get-activedocument (vlax-get-acad-object))
                                ；获取当前文档对象
       dimstyles (vla-get-dimstyles  thisdrawing)
                                ；获取当前文档的标注样式集合
       dimsty (if (not (tblsearch "dimstyle" "PipeLine"))
                                ；如果 PipeLine 样式不存在
             (vla-add dimstyles "PipeLine")    ；添加 PipeLine 样式
             (vla-item dimstyles "PipeLine")   ；否则获取现有的 PipeLine 样式
          )                     ；if 函数结束
 )                              ；setq 函数结束
 (setvar "dimscale" 1)          ；设置标注比例
 (setvar "dimgap" -0.5)         ；设置标注间隔
 (setvar "dimse1" 1)            ；设置第一个标注端点显示
 (setvar "dimse2" 1)            ；设置第二个标注端点显示
 (setvar "dimsd1" 1)            ；设置第一个标注线显示
 (setvar "dimsd2" 1)            ；设置第二个标注线显示
 (vla-copyFrom dimsty thisdrawing)  ；从当前文档复制标注样式
 (if (not (tblsearch "layer" LayerName))    ；如果图层不存在
     (progn                     ；则开始一系列命令
        (command-s ".-layer" "_make" LayerName "c" "21" "" "LT" "HIDDEN" "" "")
                                ；创建图层
   )                            ；progn 函数结束
 )                              ；if 函数结束
 (setq DIMSTYLE (getvar "DIMSTYLE")) ；获取当前 DIMSTYLE
```

```
34 (setq textContent (getstring T "\nEnter PipeLine Num [DN50-100-001]:"))
                                            ; 提示用户输入直线编号
35 (if (equal textContent "")               ; 如果用户未输入
36    (setq textContent "DN50-100-001")            ; 则使用默认值
37 )                                        ; if 函数结束
38 (repeat 99                               ; 重复 99 次
39    (command-s "._-DIMSTYLE" "R" "PipeLine" "")  ; 切换到 PipeLine 标注样式
40    (command-s "_.-LAYER" "_M" LayerName "") ; 切换到 PipeLine 图层
41    (princ "\nIf you want to exit, press ESC twice...")
                                            ; 提示用户按两次 Esc 键退出
42    (command-s "_.dimaligned" "" pause "_text" textContent "@")
                                            ; 创建对齐标注
43    (command-s "._-DIMSTYLE" "R" DIMSTYLE "")        ; 恢复原 DIMSTYLE
44    (command-s "._-DIMSTYLE" "A" "") ; 激活 DIMSTYLE
45    (command-s "._Clayer" "0" "")  ; 切换回图层 0
46  )                                ; repeat 函数结束
47  (princ)                      ; 函数运行结束，确保函数不留下任何多余的命令行输出
48 )                                 ; 自定义命令运行结束
```

ZD-PipeLine.lsp 程序主要实现了以下几个功能。

（1）创建了编号专用的尺寸样式

从第 13 行到第 20 行，程序创建了一个直线编号专用的样式，我们在标注样式管理器里可以看到它（图 6-9-2）。

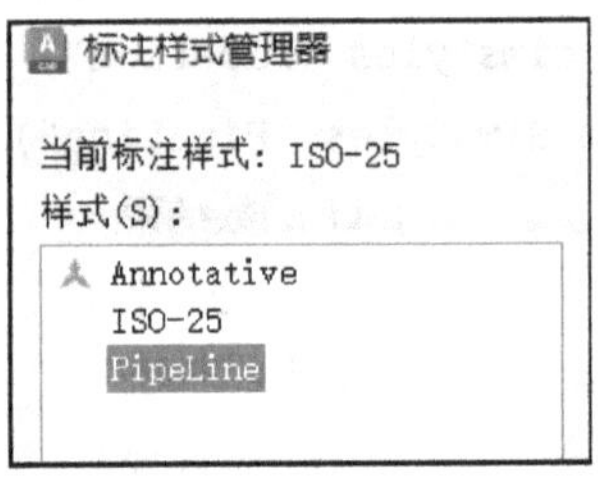

图 6-9-2　创建专用的样式

（2）创建专用的图层

第 30 行创建了直线编号专用的图层（图 6-9-3），图层的名称为“PipeLine”。通过这个图层我们可以统一管理或者切换直线编号的显示、非显示状态等。

图 6-9-3　创建专用的图层

（3）添加编号

这个程序最关键的一行就是第 42 行。它创建了对齐标注，并在标注中添加文本以实现编号。在第 36 行，默认的直线编号设置为了“DN50-100-001”，大家可以根据自己的情况自行修改（第 34 行和第 36 行的命令行显示信息是相呼应的，需要一并修改）。

（4）自动切换当前图层为 0 图层

如果程序正常结束，第 45 行将会将当前图层切换为 0 图层，如果在程序执行时中途退出，第 2 行到第 12 行的错误处理函数会将当前图层切换为 0 图层，以保证后续正常的工作。

（5）直线编号的自适应

正因为我们活用了尺寸样式来进行直线编号的添加，当修改直线长度的时候，添加的直线编号将会自动调整到线段的中间位置；当改变直线位置的时候，直线编号无须我们去调整，将会自动保持和直线的对齐。这也是本节的最大亮点。

以上就是 AutoLISP 程序高效实现直线编号添加的方法。希望本节内容能帮助大家更好地掌握 AutoLISP 程序的应用，提高绘制工艺图的效率。并且欢迎扫描前言中的二维码下载 ZD-PipeLine.lsp 程序，亲身体验和应用这些技巧。

6.10 自动添加尺寸后缀

在标注尺寸的时候，通过“特性”面板（命令 PROPERTIES）可以找到添加后缀的功能（图 6-10-1）。快捷键“Ctrl”+“1”也可以启动“特性”面板。添加后缀可以帮助我们在标注尺寸时，自动附加特定的文字信息，例如“mm”“in”等单位，或者其他说明性文字，从而提高图纸的清晰度和可读性。

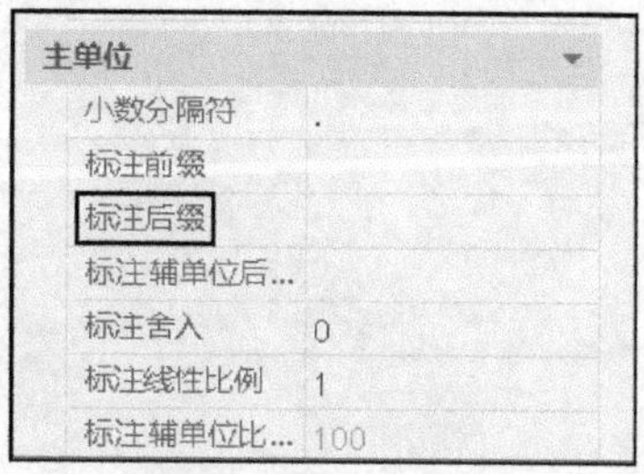

图 6-10-1　标注后缀

当需要添加的后缀数量众多时，使用 AutoLISP 程序将会大大提高我们的效率。下面以新建 ZD-Suf.lsp 程序为例，介绍一下如何通过编写 AutoLISP 来实现这一功能。

```
(defun c:ZD-Suf ( / pt1 pt2 textValue)        ; 创建自定义函数 ZD-Suf
(if (not (tblsearch "layer" "DIM"))
; 检查是否存在图层 DIM，如果不存在则创建该图层
        (command "_.layer" "_make" "DIM" "_color" "1" "" "")
; 创建图层 DIM 并设置颜色为红色
   )                              ; if 函数结束
    (command "_.DIMLAYER" "DIM")       ; 设置 DIM 图层为默认标注图层
    (setq pt1 (getpoint "\nPick 1st point "))
; 提示用户选择第一个点，获取第一个点的位置
    (setq pt2 (getpoint "\nPick second point "))   ; 获取第二个点的位置
    (setq textValue (strcat "<>@30"))          ; 拼接标注文字，<> 表示标注值
    (command-s "_.DIMLINEAR" pt1 pt2 "T" textValue); 调用线性标注命令
    (command "_.layer" "_set" "0" "")          ; 设置当前图层为 0 图层
    (princ)       ; 函数运行结束，确保函数不留下任何多余的命令行输出
)                                 ; 自定义命令 ZD-Suf 运行结束
```

ZD-Suf.lsp 中所有的内容，都是围绕着第 9 行来工作的。这一行执行了线性标注命令，是整个程序的核心功能，负责实际创建图纸上的标注。其他行都是为了设置环境或获取必要的信息，以确保这一行能够成功执行。另外，第 8 行设定了后缀为“@30”，我们可以根据自己的需要来修改。

使用 ZD-Suf.lsp 程序，不仅简化了尺寸后缀标注操作，还提高了图纸的清晰度和可读性。通过自动创建和设置图层，并执行线性标注命令，确保在尺寸标注时附加特定的文字信息，从而满足不同项目的要求。这种自动化工具不仅能够显著提升工作效率，而且使绘图过程更加便捷和准确。

技巧篇

春秋时期的战略家孙武在所著的《孙子兵法》中强调：“知彼知己，百战不殆。”这句话告诉我们，只有在充分了解和准备的基础上，才能取得成功。这一理念与我们在 AutoCAD 中通过 AutoLISP 编程提升工作效率的过程有着相似之处。就像在战场上谋划一样，我们在 AutoLISP 的学习和使用过程中也需要精心准备和策划，例如掌握一些实用的小技巧和编程方法，可以大大提升工作效率和操作体验感。本篇将以此为出发点，向大家介绍一系列的 AutoLISP 编程技巧，以及如何通过改造和设置，打造一个适合自己的高效、个性化的工作环境。

首先，我们将探讨一些 AutoLISP 编程的小技巧，包括系统变量的使用、全局变量与局部变量的应用，以及 SSGET 函数的灵活运用。通过对 1e99 的应用以及具体技巧的学习，您将学会如何高效地处理选择集和操作对象。

接下来，我们将深入了解如何利用 AutoLISP 定制一个属于自己的、高效的、个性化的工作环境。我们将讨论系统变量控制、环境设置、自制线型的自动下载等内容，帮助您根据个人需求优化 AutoCAD 的使用环境。

本篇还将介绍切换键和鼠标宏的使用方法，包括视觉样式的切换、参照的卸载和重载等操作。通过这些设置，可以实现更加便捷的操作。

第 7 章 AutoLISP 编程小技巧

著名的计算机科学家和数学家唐纳德·克努斯（Donald Knuth）说：“编程不仅是一门科学，也是一门艺术。”本章将深入探讨 AutoCAD 中的一些高级编程技巧和函数应用。首先，会介绍如何高效地利用 1e99 这种特殊数值，帮助用户在编程中更灵活地处理数据。接着，会详细讲解各种类型的变量，包括系统变量、环境变量、全局变量和本地变量，以及如何定义和使用它们。最后，会探讨 SSGET 函数的强大功能，学习其不同的选择方式和模式，并通过实际案例展示如何锁定图层中的图形和选择特定对象。通过这些内容，可以帮助大家提升自己的 AutoLISP 编程技能，实现更复杂的设计和自动化任务。

本章所使用的 AutoLISP 文件，均可通过扫描前言中的二维码进行下载。

7.1 活用变量编程

变量是存储和操作数据的基本元素，理解和正确使用变量对于编写高效和可维护的代码至关重要。本节将 AutoLISP 中的几种变量，如系统变量、全局变量、局部变量、引数和定数等，进行总结，以方便大家学习和应用。

7.1.1 系统变量和 GETVAR函数

AutoCAD 提供了许多系统变量，这些变量用于存储和控制 AutoCAD 环境的各种设置和状态。系统变量使得我们可以根据需要对软件进行自定义，从而更好地满足特定的工作需求。

启动 AutoCAD 后，在“开始”的界面里可以找到“联机帮助”（图 7-1-1）。

然后找到“快速参考”，在这里就可以打开 AutoCAD 当前版本的所有系统变量了（图 7-1-2）。

图 7-1-1 联机帮助

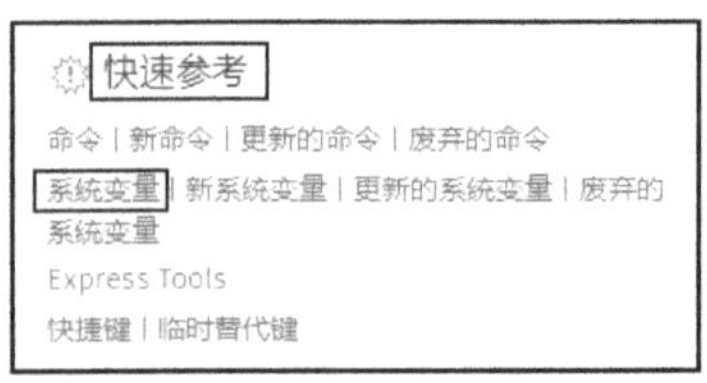

图 7-1-2 系统变量

另外，新建一个 DWG 文件，在命令行中输入 SYSVDLG 命令并按回车键，可以打开系统变量对话框（图 7-1-3）。这个对话框列出了所有系统变量，并提供了每个变量的详细描述和当前值。

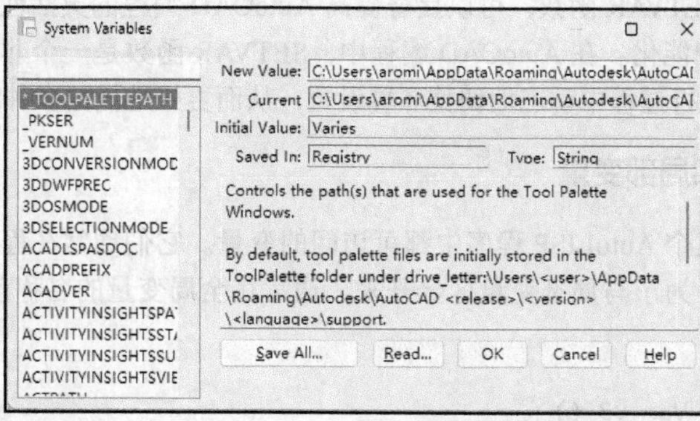

图 7-1-3　系统变量对话框

系统变量也可以说是 AutoCAD 内部预定义的一种变量，我们使用 4.7 节介绍的 GETVAR 函数就可以快速获取系统变量的当前值。这里以一个查阅当前图层的 AutoLISP 程序 ZD-Var-v1.lsp 为例来说明：

```
1 (defun c:ZD-Var-v1 ( / ZD-Layer)
2   (setq ZD-Layer (getvar "CLAYER"))
3   (princ (strcat "\nCurrent Layer: " ZD-Layer))
4   (princ)
5 )
```

在 ZD-Var-v1.lsp 程序中，第 1 行定义了一个局部变量 ZD-Layer(关于局部变量，后面 7.1.3 节有介绍)，然后通过 GETVAR 函数来获取当前图层的名称并将其存储在变量 ZD-Layer 中。在第 3 行利用 PRINC 函数将变量里的内容反馈到命令行里面。

在 AutoCAD 操作过程中合理使用系统变量，可以帮助我们提高程序的适应性和智能化，例如，DWGNAME 变量返回当前打开的图纸名称，ACADVER 变量返回当前 AutoCAD 的版本号，等等。

7.1.2　系统变量和 SETVAR 函数

GETVAR 函数可以帮助我们获取当前系统变量的值，另外通过 SETVAR 函数，可以动态地调整 AutoCAD 的各种设置，以满足不同阶段的绘图需求。例如，我们可以修改当前的图层、线型比例、文字大小等。下面是一个简单的例子（ZD-Var-v2.lsp），演示了如何使用 SETVAR 函数来设置当前图层：

```
(defun c:ZD-Var-v2 ( / ZD-Layer)
  (setvar "CLAYER" "Layer1")
  (setq ZD-Layer (getvar "CLAYER"))
  (princ (strcat "\nCurrent Layer is now: " ZD-Layer))
  (princ)
)
```

上述程序演示了怎样通过 SETVAR 函数将当前图层设置为“Layer1”。使用这种方法可以帮助我们实现各种动态配置，例如在不同的绘图阶段调整单位和精度、线型比例（LTSCALE）甚至文字大小（TEXTSIZE），等等。

通过合理使用 SETVAR 函数，可以显著提高 AutoCAD 编程的灵活性和适应性，使得绘图工作更加高效和智能化。在 AutoCAD 编程中，SETVAR 函数是一个非常重要的工具，它使我们能够在程序运行过程中动态地调整环境设置，从而更好地满足多种绘图需求。

7.1.3 全局变量和局部变量

全局变量是在整个 AutoLISP 程序中都可访问的变量。它们通常在程序的开头定义，并在需要时随时使用。为了与局部变量区分开来，通常在全局变量的名称前后加上星号“*”。这里举例如下：

```
1  (defun c:ZD-Var-v3 ()
2    (setq *globalVar* 100)
3    (princ (strcat "\nGlobal Variable *globalVar* is set to: " (rtos *globalVar* 2 0)))
4    (princ)
5  )
```

上面 ZD-Var-v3.lsp 程序中，在第 2 行定义了一个全局变量“*globalVar*”，并给全局变量赋值“100”。第 3 行则演示了通过 PRINC 函数将全局变量的值反馈到命令行的方法。

而局部变量是在局部作用域内定义和使用的变量，通常在函数内部使用。它们在函数执行完毕后即被销毁，不会影响其他部分的代码。使用 4.2 节介绍的 SETQ 函数可以帮助我们定义局部变量，例如将 ZD-Var-v3.lsp 程序改造，添加局部变量：

```
1  (defun c:ZD-Var-v4 ()
2    (setq *globalVar* 100)
3    (defun ZD-LocalVar ()
4      (setq localVar 200)
5      (princ (strcat "\nLocal Variable localVar is set to: " (rtos localVar 2 0)))
6    )
7    (princ (strcat "\nGlobal Variable *globalVar* is set to: " (rtos *globalVar* 2 0)))
8    (ZD-LocalVar)
9    (princ)
10 )
```

上述程序中（ZD-Var-v4.lsp），第 4 行定义了一个局部变量 localVar，其值为“200”，而且这个局部变量仅在 ZD-LocalVar 函数内有效。局部变量有助于保持代码的模块化和独立性，减少变量之间的相互干扰。

7.1.4 引数和定数

在 AutoLISP 里，还有引数和定数两种传递数值的方式。引数是传递给函数的值，用于在函数内部进行计算和操作。在定义函数时，可以指定引数：

```
1 (defun ZD-Var-v5 (num1 num2)
2   (+ num1 num2)
3 )
4 (ZD-Var-v5 100 200)
```

上述程序定义了一个函数 ZD-Var-v5，它接收两个引数 num1 和 num2，并返回它们的和。也就是说，只需要运行第 4 行，就可以在命令行里得到“300”数值的反馈信息。引数允许函数在不同的调用中处理不同的数据，提高了函数的通用性和灵活性。

定数是程序中不会改变的值。尽管在 AutoLISP 中没有专门的定数定义方式，但可以通过约定的变量名来表示定数，示例代码如下：

```
(defun c:ZD-Var-v6 ()
  (setq PI 3.14159)
  (princ "\nPI variable set to 3.14159")
)
```

上述程序（ZD-Var-v6.lsp）定义了一个表示圆周率的定数 PI，其值为 3.14159。通过这种方式，可以提高代码的可读性和维护性，例如在几何计算中使用预定义的物理常数和数学常数，等等。

本节详细介绍了 AutoLISP 中的几种变量类型（表 7-1-1）。

表 7-1-1　几种变量类型

变量名称	说明
系统变量	AutoCAD 中预定义的变量，用于控制和存储系统的设置和状态
全局变量	在程序的任何地方都可以访问和修改，通常用于在多个函数之间共享数据
局部变量	仅在其定义的函数或代码块内有效，用于临时存储数据，防止与全局变量冲突
引数	传递给函数的输入值，用于在函数调用时传递数据
定数	在程序运行过程中不改变的变量，用于存储固定的数值

通过对这些变量的深入了解和正确使用，相信大家将能够提升自己的编程技能，从而编写出更为灵活、可靠的代码。

7.2 活用 SSGET 函数

AutoLISP 的 SSGET 函数（表 7-2-1）是一个强大的工具，它可以帮助我们在 AutoCAD 中选择对象。它可以通过多种方式进行选择，例如手动选择、窗口选择，甚至过滤条件选择等。

表 7-2-1 SSGET 函数

函数名称	SSGET
函数用法	(SSGET “选择模式”)
函数说明	用于选择对象集的函数。通过不同的命令和参数，可以实现多种选择对象的方式

7.2.1 SSGET 函数的选择方式

当我们调用 SSGET 函数的时候，如果没有指定任何模式参数，系统会提示手动选择对象。我们可以用鼠标点击的方式选择一个或多个对象，也可以指定一个矩形窗口的两个对角点，系统会选择这个窗口内的所有对象。窗口选择有两种方式（表 7-2-2）。

表 7-2-2 窗口选择方式

选择方式	选择内容
从左到右选择	选择完全在窗口内的对象
从右到左选择	选择在窗口内或与窗口相交的对象

交叉选择类似于窗口选择，但选择的是与指定区域相交的所有对象。我们可以重新选择上一次选择的对象集，而不需要再次手动选择。

我们还可以指定对象的属性条件，系统会自动选择符合这些条件的对象。例如，我们可以选择所有的线段或所有在某个特定图层上的对象。具体示例如表 7-2-3 所示。

表 7-2-3 选择方式及其使用方法举例

选择方式	使用方法
手动选择	只需要调用 SSGET 函数，系统会提示用鼠标选择对象
窗口选择	通过指定一个矩形区域来选择对象
过滤条件选择	通过指定过滤条件，系统会自动选择所有符合条件的对象

应用场景包括快速选择特定对象、批量处理对象和复杂选择逻辑。通过过滤条件选择，大家可以快速选择特定类型或属性的对象，提高工作效率。

通过选择多个对象，可以对这些对象进行批量处理，例如移动、复制或修改属性。结合多种选择模式和过滤条件，就可以实现复杂的选择逻辑，以满足不同的设计需求。

7.2.2 SSGET 函数的选择模式

SSGET 函数的选择模式见表 7-2-4所示。

表 7-2-4 SSGET 函数的选择模式

序号	选择模式	描述
1	+.	直接在图形中点击一个或多个点以选择对象。这种方法简单直观，适合选择单个或少量对象
2	A	将新的选择集添加到当前已有的选择集，不会取消之前的选择。这对于需要多次选择不同区域的情况非常有用
3	B	使用一个矩形框来选择框内的所有对象。这种方式适合快速选择一个区域内的所有对象
4	C	交叉选择。通过拖动鼠标形成一个框，选择与框相交的所有对象。这种方式适合选择边界上的对象
5	F	从当前选择集中移除指定的对象，用于精确调整选择集
6	W	只选择完全包含在矩形窗口内的对象，这样可以避免选择边界外的对象
7	L	选择上一次创建或修改的对象，方便快速重新选择最近操作的对象
8	I	交集选择。选择两个选择集的交集部分，确保只选择两个选择集共有的对象
9	X	过滤选择集。使用过滤器筛选选择集中的对象，例如按类型、颜色等属性过滤
10	P	重新选择上一次使用的选择集，方便重复操作相同的对象

续表

序号	选择模式	描述
11	K	添加到当前选择集中。类似于选择模式 A，将新的选择加入现有选择集中，不会取消已有选择
12	F	移除选择集中的对象
13	X	在整个绘图数据库中进行扩展搜索，适合查找特定对象
14	:D	允许选择集中包含重复对象
15	:E	选择光标框内的所有对象，适合快速选择特定区域内的对象
16	:L	在选择时排除锁定的图层中的对象，避免误操作
17	:N	支持选择嵌套的对象，例如块内的对象
18	:P	选择时排除视口对象，专注于图纸的实际内容
19	:R	允许进行长时间的事务处理，以避免中途中断选择操作
20	:S	限制为单个对象选择，适合精确操作
21	:U	启用对子实体（例如块中的单个对象）的选择
22	:V	强制对子实体进行选择，确保精确选择嵌套对象
23	CP	使用多边形窗口选择框内的对象，适合复杂形状的选择
24	WP	选择多边形窗口内的所有对象，与矩形窗口选择类似，但适用于不规则形状

通过结合上面不同的选择模式，SSGET 函数可以实现灵活且高效的对象选择，适应多样化的设计需求。下面活用这些选择模式来给大家示例。

7.2.3 活用一：锁定图层中的图形为非选择

例如在执行框选的时候不想选择到锁定图层中的所有图形，就可以使用下面一段代码来实现：

```
(sssetfirst nil (ssget ":L"))
```

代码具体的含义如表 7-2-5 所示。

表 7-2-5 代码具体的含义

代码	含义
sssetfirst	AutoLISP 函数，用于设置当前选择集
nil	表示空值或无，作为参数时表示不修改当前选择集
ssget	AutoLISP 函数，用于选择对象集，可以通过多种方式进行选择
:L	选择模式，表示排除锁定图层中的对象，选择未锁定图层中的对象

SSSETFiRST 函数用于设置当前选择集。它接收两个参数：第一个参数通常为 nil，表示不修改当前选择集；第二个参数是新的选择集，用于更新当前选择集。

通过上面这种方式，活用 SSGET 函数，就可以快速选择到所有未锁定图层中的图形。如何具体将这段代码活用到 AutoLISP 文件中？我们可以这样来编程序：

```
(defun c:ZD_SSGET_LAYER ( / selSet)  ;创建自定义函数 ZD_SSGET_LAYER
  (setq selSet (ssget ":L"))  ; 使用 ssget 函数选择未锁定图层中的对象
  (sssetfirst nil selSet)     ;设置选择集为当前选择集
```

```
4    (command "erase" "p" "")     ; 执行 erase 命令，删除当前选择集中的对象
5    (sssetfirst nil nil)         ; 清空选择集
6    (princ)                      ; 返回 nil 以结束函数调用
7  )                              ; 结束自定义函数
```

ZD_SSGET_LAYER.lsp 程序第 2 行，使用 SSGET 函数选择当前图形中所有位于未锁定图层上的对象，并将其赋值给变量 selSet。

第 3 行，通过 SSSETFIRST 函数将变量 selSet 中的对象设置为当前的选择集，使这些对象成为活动选择集。

第 4 行，调用 AutoCAD 的 ERASE 命令，删除当前选择集中的所有对象。

第 5 行，通过再次调用 SSSETFIRST 函数清空当前的选择集，以确保没有任何对象残留在选择集中。

整个程序的目的是自动删除当前图形中所有位于未锁定图层上的对象，清理工作区域，并确保选择集被清空以防止后续操作受到影响。

7.2.4　活用二：选择图形中特定的对象

再举一个例子，若我们希望对整个图形进行搜索，将所有的多段线过滤出来，处于选择的状态，这时候就可以这样活用 SSGET 函数：

```
(ssget "X" (list (cons 0 "POLYLINE")))
```

我们对上一行代码进行详细拆分，如表 7-2-6所示。

表 7-2-6　代码具体的含义

代码	含义
ssget	启动 SSGET 函数用于选择
X	使用选择模式 X（参阅表 7-2-4 中的第 13 项）
list	创建一个列表（用于创建一个包含多个元素的列表）
cons	创建一个对（用于创建一个由两个元素组成的对，cons 对）
0	DXF 组码，0 用于指定图元类型
POLYLINE	多段线，表示 AutoCAD 中的多段线对象

这里再完整地解释一下，利用 ssget“X”实现对当前整个图形进行搜索，然后利用 list（cons 0“POLYLINE”）创建一个包含过滤条件的列表，这个过滤条件是选择所有类型为“POLYLINE”的图形。

活用这个特性，我们就可以创建一个修改图形颜色的 AutoLISP 程序：

```
(defun c:ZD_SSGET_CIRCLE ()   ; 创建自定义函数
  (setq circles (ssget "_A" '((0. "CIRCLE"))))      ; 选择所有圆对象
  (if circles                 ; 如果存在圆对象
     (command "CHANGE" circles "" "PROPERTIES" "COLOR" "RED" "")
                              ; 将选中的圆颜色改为红色
  )                           ; 结束 if 函数
```

```
6   (princ)                          ; 结束程序
7  )                                 ; 结束自定义函数
```

ZD_SSGET_CIRCLE.lsp 程序第 2 行，使用 SSGET 函数选择所有图形中的圆对象，并将其赋值给变量 circles。

第 3 行，通过 if 条件语句检查 circles 变量是否包含圆对象。如果存在圆对象，程序将执行第 4 行的命令；否则，跳过这一步。

第 4 行，调用 AutoCAD 的 CHANGE 命令，将选中的圆对象的颜色属性改为红色。

整个程序的目的是选择当前图形中的所有圆对象，并将它们的颜色属性改为红色，以便大家能够更容易地识别和区分这些圆对象。

SSGET 函数是 AutoLISP 中非常重要且灵活的工具，通过它我们可以实现多种对象选择方式，无论是手动选择、通过区域选择还是通过属性条件选择，都可以轻松实现。这使得 AutoCAD 设计和操作更加高效和便捷。

7.3 1e99 的活用

1e99是科学记数法的表示法，代表一个非常大的数。这个数值远远超出了我们日常的计算范围。使用这种数值的主要目的是利用其极端的大小来触发特定的行为。在 AutoCAD 中，将对象移动到如此大的 *Z* 坐标上，再移回原位置，就可以帮助我们将不同对象的 *Z* 坐标全部归零。这种方法利用了 AutoCAD 处理极大数值时的特定行为，简化了操作过程。这样做主要有两个好处。

（1）无须精确计算

通过将对象移动到一个极高的 *Z* 坐标，然后再移动回来，可以避免手动修改每个顶点的 *Z* 坐标，从而简化代码。这种方法无须精确计算或处理对象的每个顶点，利用的是内置命令的特性。

（2）适用于处理多种类型的对象

这种方法适用于多种类型的对象，无论是线条、多段线还是其他复杂的几何体，都可以统一处理，不需要编写额外的代码。

活用 1e99 的这个特性，就可以帮助我们进行编程，例如将对象物体平坦化、归零操作等。特别是对于 *Z* 轴坐标高度数据不统一的图形，如果逐一手动调整其 *Z* 值数据以统一归零，将会非常烦琐。而使用 1e99 这一特性将会极大地方便我们的操作，AutoLISP 编程如下：

```
(defun c:ZD-FL ()                  ; 创建一个新的函数 ZD-FL
  (setq ss (ssget))                ; 提示用户选择对象并将选择集存储在 ss 中
  (if ss                           ; 检查是否选择了对象
  (if (not (min_point ss))         ; 检查选择的对象是否为空
  (progn                           ; 如果有选择且对象有效，执行以下操作
        (command "_move" ss "" "" "0,0,1e99")
                                   ; 将选择的对象移动到非常大的 Z 坐标上
        (command "_move" ss "" "" "0,0,-1e99")
                                   ; 立即将选择的对象移回原始 Z 坐标
     )                             ; 结束 progn
```

```
9        (prompt "\nSelected objects are invalid.")
                                      ; 如果选择的对象为空，提示用户对象无效
10     )                              ; 结束 if
11     (prompt "\nNo objects selected.")       ; 如果没有选择对象，则提示用户
12   )                                ; if 表达式结束
13   (princ)                          ; 返回空值
14 )                                  ; 自定义函数结束
```

ZD-FL.lsp 这个程序的关键部分是第 6 行和第 7 行的 MOVE 命令。通过将选择的对象沿 *Z* 轴移动到一个非常大的值（1e99），然后再移回原始位置，这样可以确保所有选择的对象被平面化到同一个 *Z* 坐标平面上。

第 8 章

利用 AutoLISP 打造自己的工作环境

苹果公司（Apple Inc.）的创始人之一史蒂夫·乔布斯（Steve Jobs）曾说过，设计不仅仅是外观和感觉，设计是关于如何运作的。当我们使用 AutoCAD 进行设计工作时，每个人都有自己偏好的工作环境。例如开关正交模式、配置对象捕捉模式，以及切换二维线框显示模式，等等。然而，这些设置通常需要经常调整以满足不同的工作需求。为了提高工作效率，可以利用 AutoLISP 来运作它们，自动调整这些常用设置，从而节省宝贵的时间。

也就是说，通过编写 AutoLISP 脚本，可以轻松地将自己的首选设置保存下来，然后利用前面第 3 章介绍的方法创建自定义命令，在需要时一键应用。这不仅可以减少手动调整的时间，还可以确保我们的工作环境始终保持一致，减少错误和麻烦，提高工作效率。

将自己常用的操作和设置自动化，可以让我们更专注于项目的设计和技术方面的操作，而不必花费太多时间在烦琐的设置调整上。本章专门讲解这方面的操作和设定，从而使我们可以利用 AutoLISP 来改善 AutoCAD 的工作环境，实现更高效的操作。

本章所使用的 AutoLISP 文件，可以通过扫描前言中的二维码进行下载。

8.1 常用系统变量的控制

使用 AutoLISP 来控制 AutoCAD 系统变量可以帮助我们专注绘图设计，提高工作效率，减少错误，并允许根据项目的需求自定义 AutoCAD 的行为。这对于需要定制 AutoCAD 的用户来说是一个强有力的工具。具体来说它有以下几个方面的优点。

（1）自定义功能

AutoLISP 允许创建自定义命令和程序，以根据需要更改系统变量。这使大家能够自定义 AutoCAD 的行为，以适应特定项目或工作流程的要求。

（2）自动化任务

我们可以编写 AutoLISP 程序来自动执行特定任务，如图层管理、块插入、对象选择等。通过控制系统变量，可以确保这些任务按我们自己的预期方式执行。

（3）自动检查错误并修复

AutoLISP 程序还可以检查并纠正系统变量的设置，以确保图纸的一致性和准确性。这有助于减少由于用户操作错误或疏忽而导致的问题。

（4）增强用户体验

通过使用 AutoLISP 来控制系统变量，可以帮助我们改善 AutoCAD 用户的体验，使操作更加流畅和高效，无须手动更改系统变量。

（5）跨版本兼容性

AutoLISP 程序通常在不同版本的 AutoCAD 中都能运行，这意味着我们可以在不同项目和不同环境中重复使用它们，而不必担心版本兼容性的问题。

（6）自动化、标准化

AutoLISP 可以用于确保绘图符合特定的绘图标准和工程规范，从而提高绘图质量并减少错误。

本章将介绍绘图中常用的几个系统变量（表 8-1-1），以及通过 AutoLISP 使用和设定这些变量的方法。希望大家能举一反三，将这些方法灵活应用到其他系统变量上。

表 8-1-1　绘图中常用的系统变量

系统变量	系统变量名称	系统变量	系统变量名称
OSMODE	对象捕捉	DYNMODE	动态输入
VSCURRENT	视觉样式	APERTURE	对象捕捉靶框
AUTOSNAP	自动捕捉		

8.1.1　对象捕捉：OSMODE

在 AutoCAD 绘图操作的过程中，对象捕捉功能（OSMODE）扮演着至关重要的角色，在绘制和编辑图纸时发挥着核心作用。点击 AutoCAD 右下角状态栏中的对象捕捉图标（图 8-1-1），可以看到这里提供了多种对象捕捉选项，包括端点、中点、插入点、交点等（图 8-1-2）。可以根据需要灵活地选择和切换这些选项，以满足不同绘图场景的需求。

图 8-1-1　对象捕捉的图标

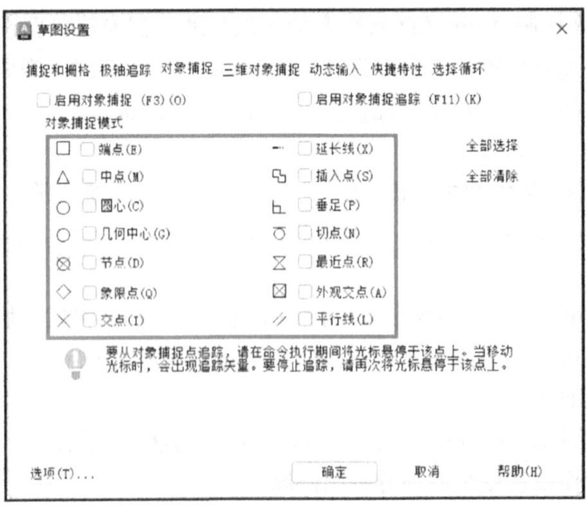

图 8-1-2　对象捕捉选项

当我们使用 AutoCAD 来进行绘图工作时，通过使用 AutoLISP 来管理对象捕捉模式是一种很好的操作习惯。这有助于应对需要频繁调整捕捉模式的情况，也能避免未知原因下模式被修改而导致不便。我们可以使用 AutoLISP 编辑常用的捕捉模式并保存为预定义的配置，这样就可以实现一键恢复，提高工作效率。这种方法不仅能够提高操作效率，还能确保绘图中的一致性，并减少潜在的错误。

考虑到对象捕捉模式的重要性，将通过示例对控制对象捕捉选项的 AutoLISP 代码进行展示该代码通过系统变量 OSMODE 控制不同的对象捕捉选项，代码如下：

```
(setvar "OSMODE" (+ 1 2 4 8 16 32 512))
```

此代码包含多个位码，每个位码代表一种特定的捕捉选项，AutoCAD 总共为我们定义了 16 个对象捕捉用的位码（表 8-1-2），如 1 代表端点（END），2 代表中点（MID），依此类推。

表 8-1-2　捕捉选项位码及其代表含义

位码	英文含义	中文含义
1	END	端点
2	MID	中点
4	CEN	圆心
8	NOD	节点
16	QUA	象限点
32	INT	交点
64	INS	插入点
128	PER	垂足
256	TAN	切点
512	NEA	最近点
1024	GCE	几何中心
2048	APP	外观交点
4096	EXT	延长线
8192	PAR	平行线
16384	—	禁用当前的执行对象捕捉
16385	—	全部使用

注：—表示无英文含义。

为了方便应用，可以定义一个名为“ZD-Default-v1”的 AutoLISP 函数，该函数预设了一系列常用的对象捕捉模式：

```
(defun c:ZD-Default-v1 (/)    ; 定义一个名为 "ZD-Default-v1" 的新命令
(setvar "OSMODE" (+ 1 2 4 8 16 32 512))
                              ; 设置系统变量 OSMODE 的值，用来控制对象捕捉模式。
  各个数值的含义如下：
  ;;1  END[ 端点 ]
  ;;2  MID[ 中点 ]
  ;;4  CEN[ 圆心 ]
  ;;8  NOD[ 节点 ]
```

```
    ;;16  QUA[ 象限点 ]
    ;;32  INT[ 交点 ]
    ;;64  INS[ 插入点 ]
    ;;128  PER[ 垂足 ]
    ;;256  TAN[ 切点 ]
    ;;512  NEA[ 最近点 ]
    ;;1024  GCE[ 几何中心 ]
    ;;2048  APP[ 外观交点 ]
    ;;4096  EXT[ 延长线 ]
    ;;8192  PAR[ 平行线 ]
    ;;16384  [ 禁用当前的执行对象捕捉 ]
    ;;16385  [ 全部使用 ]
3    (ZD-Success)                   ; 调用自定义的函数 ZD-Success
4    (princ)                        ; 抑制最后一个命令的输出，并从函数中干净地返回
5  )                                ; 结束函数定义，与第 1 行相呼应
```

将上面程序用文本文件保存，命名为“ZD-Default-v1.lsp”，保存后就可以使用了。为方便我们修改第 2 行系统变量的数值，特在注释里面添加了各个数值的含义，以方便系统变量 OSMODE 的值的修改。在实际应用中，16384 位码可以暂时禁用当前的执行对象捕捉设置，不会丢失原始设置。另外，AutoCAD 安装后的初始值为 4133（组合了 4096、32、4、1 的位码）。

综上所述，本节探讨了 AutoCAD 中对象捕捉功能的关键作用及其高效管理方法。通过引入 AutoLISP 脚本，不仅能够自定义和优化对象捕捉设置，还能通过一键式恢复功能显著提升工作效率。这种方法在保证绘图精确性和一致性的同时，也为大家提供了一种更为灵活和高效的操作方式。活用这些技巧和技术将对 AutoCAD 用户在日常工作中的绘图质量和效率产生积极影响。

8.1.2 视觉样式：VSCURRENT

视觉样式是我们需要经常应用的一个命令，特别是当图形的容量过大的时候，需要经常将视觉样式切换到“二维线框”的模式，从而可以显著减轻电脑 CPU（中央处理器）的负担。打开任意一张 DWG 文件，在界面的左上角，可以看到“[俯视][二维线框]”这样的字样（图 8-1-3），点击“[二维线框]”，就可以切换自己需要的视觉样式。

视觉样式的命令为 VSCURRENT，在命令行里输入此命令（图 8-1-4），可以看到视觉样式总共有 11 种表现形式供选择。这些样式各有特点，从“二维线框”到“X 射线”等，每种样式都有其独特的展示方式。每一个样式的具体含义如表 8-1-3所示。

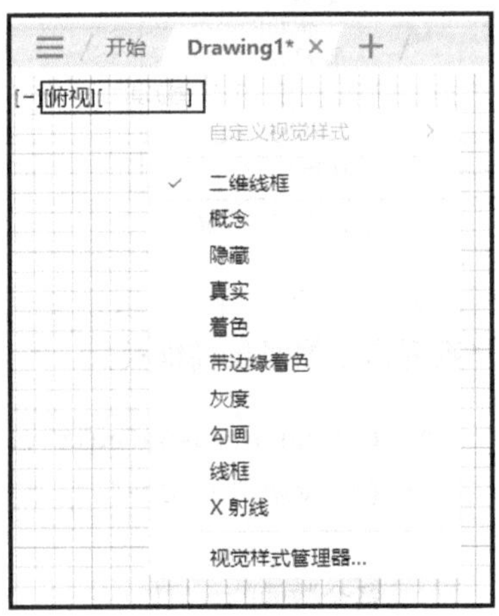

图 8-1-3　切换视觉样式

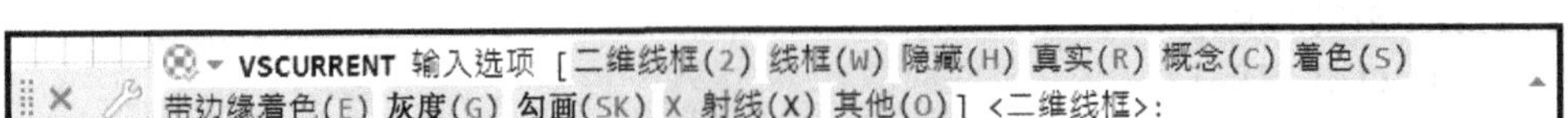

图 8-1-4　输入 VSCURRENT命令

表 8-1-3　不同视觉样式及其含义

序号	样式名称	含义
1	二维线框	使用直线和曲线显示对象
2	线框	仅使用直线和曲线显示三维对象
3	隐藏	使用线框表示显示三维对象，并隐藏表示背面的直线
4	真实	使用平滑着色和材质显示三维对象
5	概念	使用平滑着色和古氏面样式显示三维对象
6	着色	使用平滑着色显示三维对象
7	带边缘着色	使用平滑着色和可见边显示三维对象
8	灰度	使用平滑着色和单色灰度显示三维对象
9	勾画	使用线延伸和抖动边修改器显示手绘效果的二维和三维对象
10	X 射线	以局部透明度显示三维对象
11	其他	

在实际应用中，“二维线框”、“概念”和“着色”的使用最为频繁，特别是“二维线框”。仅使用直线和曲线显示三维对象的“线框”样式不显示二维实体对象的绘制顺序设置和填充。当更改视图方向时，二维线框视觉样式不会导致重新生成视图。在浏览大型三维模型中将节省大量的时间。

为了更高效地控制视觉样式，可以使用 AutoLISP 中的 COMMAND 函数。例如想让视觉样式显示为“概念”，就可以这样书写代码：

```
(command "._VSCURRENT" "_C")
```

上面代码中的“C”就是视觉样式中“概念”的快捷命令。其他视觉样式也有对应的快捷命令，这些都可以在我们的程序中方便地使用。其他视觉样式的快捷键如表 8-1-4 所示。

表 8-1-4　视觉样式快捷键一览表

序号	视觉样式	命令	快捷命令
1	二维线框	2D Wireframe	2
2	线框	Wireframe	W
3	隐藏	Hidden	H
4	真实	Realistic	R
5	概念	Conceptual	C
6	着色	Shaded	S
7	带边缘着色	Shaded with Edges	E
8	灰度	Shades of Gray	G
9	勾画	Sketchy	SK
10	X 射线	X-ray	X
11	其他	Other	O

通过 COMMAND 函数，再结合这些快捷键，就可以使用 AutoLISP 来控制和切换视觉样式。具体的程序如下：

```
1 (defun c:ZD-Default-v2 (/)    ; 定义一个名为 "ZD-Default-v2" 的新命令
2   (command-s "._VSCURRENT" "_C")
                                 ; 设置系统变量 VSCURRENT 的值，用来控制视觉样式
  各个数值的含义如下：
  ;; 2  2D Wireframe [ 二维线框 ]
  ;; W  Wireframe [ 线框 ]
  ;; H  Hidden [ 隐藏 ]
  ;; R  Realistic [ 真实 ]
  ;; C  Conceptual [ 概念 ]
  ;; S  Shaded [ 着色 ]
  ;; E  Shaded with Edges [ 带边缘着色 ]
  ;; G  Shades of Gray [ 灰度 ]
  ;; SK  Sketchy [ 勾画 ]
  ;; X  X-ray [X 射线 ]
  ;; O  Other [ 其他 ]
3   (ZD-Success)                 ; 调用自定义的函数 ZD-Success
4   (princ)                      ; 抑制最后一个命令的输出，并从函数中干净地返回
5 )                              ; 结束函数定义，与第 1 行相呼应
```

使用文本文件将上面的程序命名为“ZD-Default-v2.lsp”，保存加载后就可以使用了。在第 2 行的解释中，将所有的视觉样式快捷键都显示出来以方便切换使用。

另外，在命令行窗口输入“VISUALSTYLES”，可以启动视觉样式管理器来自定义视觉样式（图 8-1-5）。

在处理复杂的 AutoCAD 图形时，合理地运用视觉样式和 AutoLISP 编程，不仅可以提高工作效率，还可以使我们在处理大型文件时更加轻松。AutoLISP 编程技术的运用在降低硬件负担和简化设计过程中起着关键作用。就像本节这样我们经过不断探索和使用，可以更加高效和精确地完成自己的设计任务，提高设计工作的流畅性。

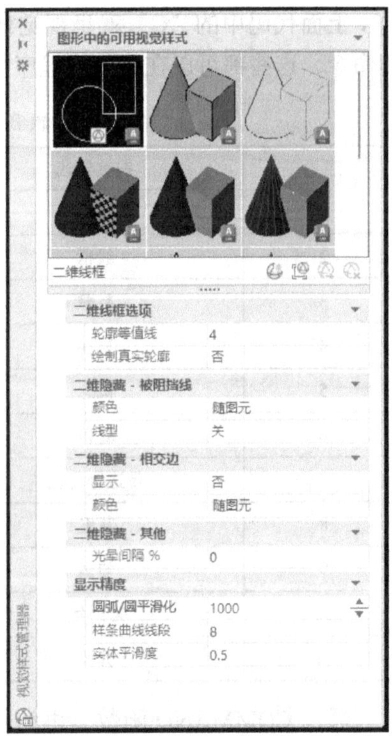

图 8-1-5　视觉样式管理器

8.1.3 自动捕捉：AUTOSNAP

这一节介绍 AutoCAD 中的自动捕捉（AUTOSNAP）功能。这一功能可以通过 AutoLISP 语言实现，它允许用户精确地控制自动捕捉标记、工具提示以及磁吸设置。通过深入了解 AutoLISP 如何与自动捕捉功能交互，可以更有效地利用这些工具，以提高绘图的准确性和效率。接下来，将详细介绍如何通过编程来定制这些功能，从而满足不同用户的特定需求。

打开“选项”面板，切换到“绘图”选项卡后就可以看到“自动捕捉设置”的各个选项（图 8-1-6）。

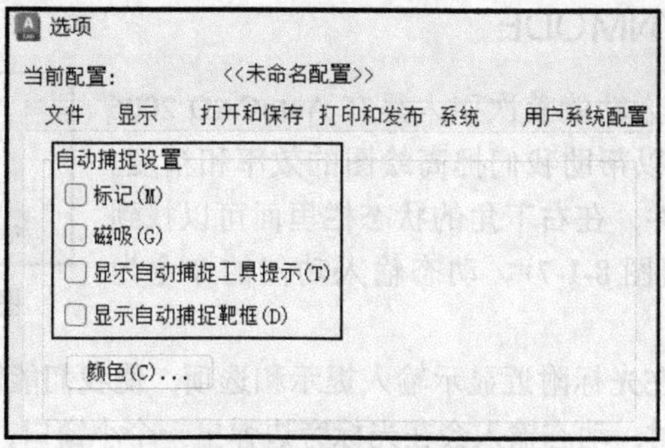

图 8-1-6 自动捕捉设置

通过“选项”对话框来切换这些自动捕捉设置，操作步骤繁多，可以使用 SETVAR 函数控制自动捕捉的设置，代码如下:

```
(setvar "AUTOSNAP" (+ 1 4 16))
```

其中具体各个数字为自动捕捉数值，常用自动捕捉数值及其含义如表 8-1-5 所示。

表 8-1-5 自动捕捉数值及其含义

数值	含义
0	关闭自动捕捉标记、工具提示和磁吸，关闭极轴追踪
1	打开自动捕捉标记
2	打开自动捕捉工具提示
4	打开自动捕捉磁吸
8	打开极轴追踪
16	打开对象捕捉追踪
32	打开极轴追踪、对象捕捉追踪和正交模式的工具提示

下面是控制自动捕捉的一个代码示例:

```
1 (defun c:ZD-Default-v3 (/)    ; 定义一个名为 "ZD-Default-v3" 的新命令
2   (setvar "AUTOSNAP" (+ 1 4 16))
  ;设置系统变量 AUTOSNAP 的值，用来控制自动捕捉的数值，各个数值的含义如下:
  ;; 0   关闭自动捕捉标记、工具提示和磁吸，关闭极轴追踪
  ;; 1   打开自动捕捉标记
  ;; 2   打开自动捕捉工具提示
  ;; 4   打开自动捕捉磁吸
  ;; 8   打开极轴追踪
  ;; 16  打开对象捕捉追踪
  ;; 32  打开极轴追踪、对象捕捉追踪和正交模式的工具提示
3   (ZD-Success)                ; 调用自定义的函数 ZD-Success
4   (princ)                     ; 抑制最后一个命令的输出，并从函数中干净地返回
5 )                             ; 结束函数定义，与第 1 行相呼应
```

8.1.4 动态输入：DYNMODE

AutoCAD 的动态输入功能首次引入是在 AutoCAD 2006 的版本中，这个功能可以帮助我们提高绘图的效率和精度。任意打开一个 DWG 文件，在右下角的状态栏里面可以找到动态输入功能的图标（图 8-1-7）。动态输入功能的命令为 DYNMODE。

图 8-1-7 动态输入图标

动态输入功能通过在光标附近显示输入提示和选项，使我们能够更加直观地进行操作。例如，开始绘制一条线时，动态输入会在光标旁边弹出一个小窗口，显示当前的命令以及相关的数值输入框（图 8-1-8）。在这个窗口中，可以直接输入线段的长度、角度或其他参数，而无须将注意力转移到屏幕底部的命令行。这种设计极大地减小了视线在绘图区和命令行之间来回切换的频率，提高了绘图过程的连续性和流畅性。

使用 DSETTINGS 命令可以启动“草图设置”面板（图 8-1-9）。切换到“动态输入”选项卡后，可以控制动态输入中的各种提示和显示。

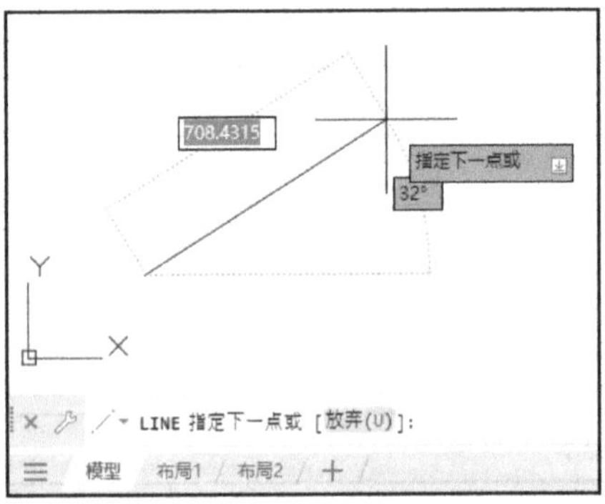

图 8-1-8 动态输入窗口及相关的数值输入框

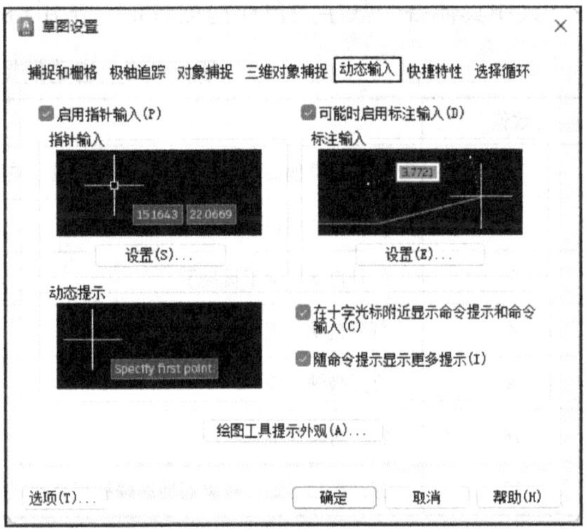

图 8-1-9 “动态输入”选项卡

另外，通过 SETVAR 命令来控制动态输入的数值可以实现 AutoLISP 动态输入的操作，代码如下：

```
(setvar "DYNMODE" 1)
```

动态输入数值及其含义如表 8-1-6 所示。

表 8-1-6 动态输入数值及其含义

数值	含义
0	动态输入关闭
1	指针输入开启，标注输入关闭
2	指针输入关闭，标注输入开启
3	指针和标注输入处于开启的状态，默认值

下面为一个 AutoLISP 的示例：

```
1  (defun c:ZD-Default-v4 (/)      ;定义一个名为"ZD-Default-v4"的新命令
2    (setvar "DYNMODE" 1)
   ;设置系统变量 DYNMODE 的值，用来控制动态输入的数值，各个数值的含义如下：
   ;; 0    动态输入关闭
   ;; 1    指针输入开启，标注输入关闭
   ;; 2    指针输入关闭，标注输入开启
   ;; 3    指针和标注输入处于开启的状态，默认值
3    (ZD-Success)                  ;调用自定义的函数 ZD-Success
4    (princ)                       ;抑制最后一个命令的输出，并从函数中干净地返回
5  )                               ;结束函数定义，与第 1 行相呼应
```

通过上述介绍可以看出 AutoLISP 的动态输入功能显著提升了绘图的效率和精度。希望大家在日常使用中充分利用这一强大的功能，进一步优化自己的绘图技术。

8.1.5 对象捕捉靶框：APERTURE

APERTURE 系统变量用于控制对象捕捉靶框的高度。其初始值设定为 10。在命令行输入“APERTURE”可以调整它的数值（图 8-1-10），数值的范围为 1 ～ 50。

另外还可以在“选项”对话框的“绘图”选项卡中进行更改。用鼠标拖动中间的长方形图标左右移动就可以改变靶框的大小（图 8-1-11）。

图 8-1-10　对象捕捉靶框高度调整

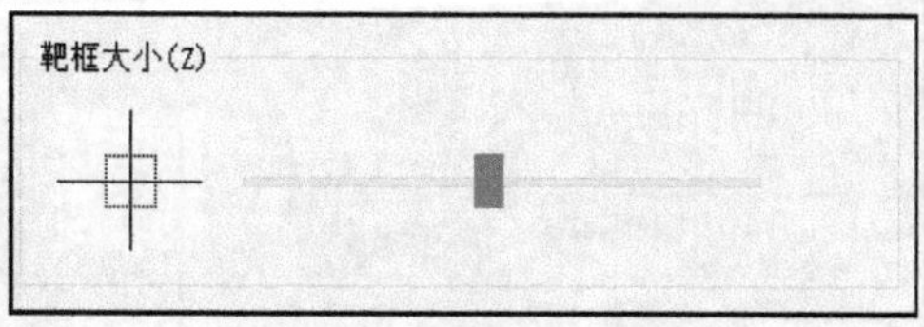

图 8-1-11　靶框大小调整

这里需要注意，APERTURE 变量影响的是对象捕捉的目标框高度，而不是在选择对象时显示的选择框。选择框的尺寸由另一个系统变量 PICKBOX 来控制。

对于对象捕捉靶框的大小，同样可以通过 SETVAR 函数来进行访问和修改，输入范围为 1 ～ 50。值越大，目标框的尺寸就越大。程序如下：

```
1  (defun c:ZD-Default-v5 (/)      ;定义一个名为"ZD-Default-v5"的新命令
2    (setvar " APERTURE " 10)      ;设置对象捕捉靶框大小的数值，范围为 1 ～ 50
3    (ZD-Success)                  ;调用自定义的函数 ZD-Success
4    (princ)                       ;抑制最后一个命令的输出，并从函数中干净地返回
5  )                               ;结束函数定义，与第 1 行相呼应
```

上述程序中的第 2 行，将控制靶框大小变量的数值设定为了 10，大家根据自己的需要自行修改即可。

到此，表 8-1-1 中的 5 个系统变量就全部介绍完毕了。本节为了方便大家理解，特意为每个变量各做了一个 AutoLISP 文件。我们也可以将这些文件合并为一个文件以方便自己调整和修改。具体请参阅下载后的 ZD-Default-v6.lsp 文件，这里就不再详细解说了。

8.2 常用环境的控制

在 AutoCAD 中，有效控制制图环境是提升制图效率和精度的关键。通过合理设置和使用各种环境控制功能，我们能够更好地管理和展示设计内容。本节通过举例的方式来介绍几种常见的环境控制方法，包括格栅的控制、世界坐标的切换以及视觉样式的切换等。最后，将演示如何将这些设置集成到一个 AutoLISP 文件中，以便更高效地应用这些环境控制技巧。

希望通过本节的示例和 AutoLISP 文件，大家能够打造出符合个人需求的操作环境。

8.2.1 格栅的控制

安装好 AutoCAD 后，新建的第一个文件中格栅的功能处于开启的状态（图 8-2-1）。但是大部分的绘图状态并不太需要这个功能。

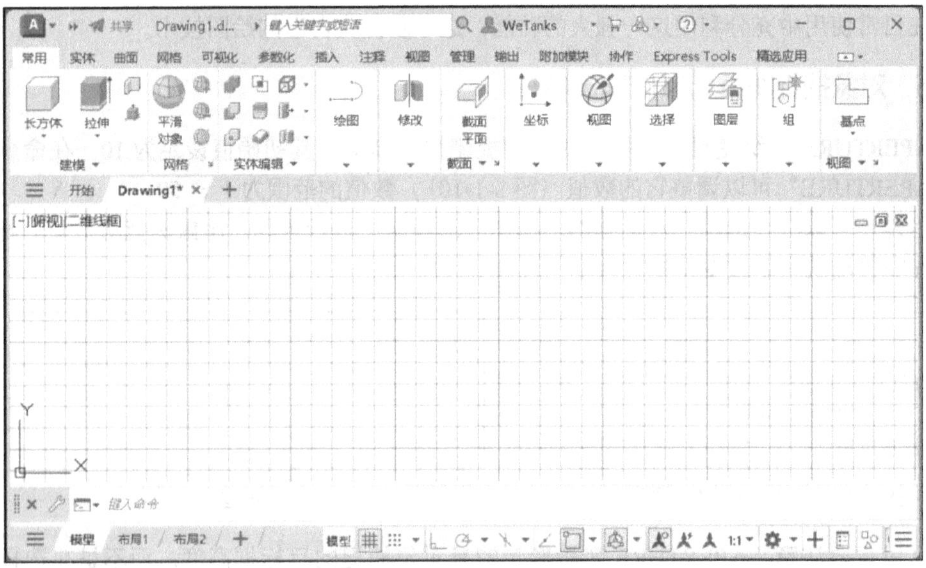

图 8-2-1 格栅开启的状态

我们可以通过按键盘的“F7”键，关闭这个功能，也可以通过以下的 AutoLISP 代码来控制格栅的关闭：

```
(setvar"GRIDMODE"0)
```

这里，数值 0 为关闭格栅功能，数值 1 为开启格栅功能。

8.2.2 世界坐标的切换

在绘图过程中相对坐标和世界坐标（绝对坐标）的切换是一个很频繁的操作，特别是在绘制三维图形的时候，坐标的切换是一个不可或缺的功能。如果需要恢复为世界坐标，右击绘图区域的坐标图标，可以看到恢复为世界坐标的图标（图 8-2-2）。

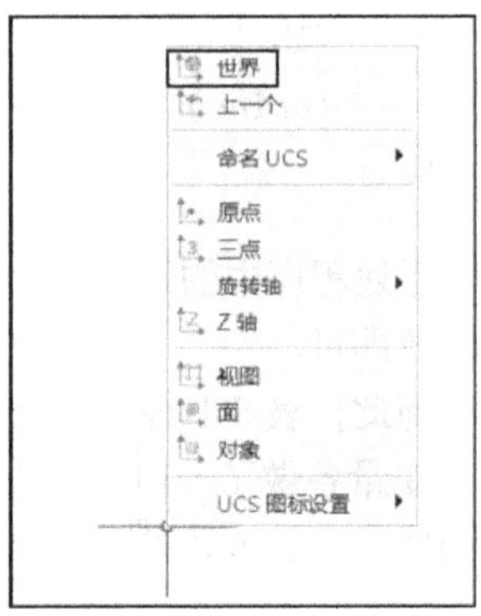

图 8-2-2 世界坐标图标

其实通过 AutoLISP 来控制 UCS 命令，也同样可以实现对世界坐标的恢复，代码如下：

```
(command-s "._UCS" "_W")
```

除了对世界坐标的操作以外，UCS 坐标图标的显示和非显示，也可以通过环境变量 UCSICON 来进行控制，代码如下：

```
(setvar"UCSICON" 1)
```

表 8-2-1 为 UCSICON 变量的各个数值的含义。

表 8-2-1　UCSICON 变量的各个数值及其含义

数值	含义
0	图标隐藏：不显示 UCS 图标
1	图标在左下角显示：只在当前窗口或布局的左下角显示 UCS 图标
2	图标隐藏：如果图标设置为显示，它会在 UCS 的原点显示（如果有足够空间）
3	图标在原点显示：在 UCS 的原点显示图标（如果有足够空间）

8.2.3　模型视图的切换

在绘图界面的左上方，视觉样式的旁边，我们还可以看到切换模型视图的按钮（图 8-2-3）。默认的模型视图有 10 种，这 10 种视图的英文命令如表 8-2-2所示。

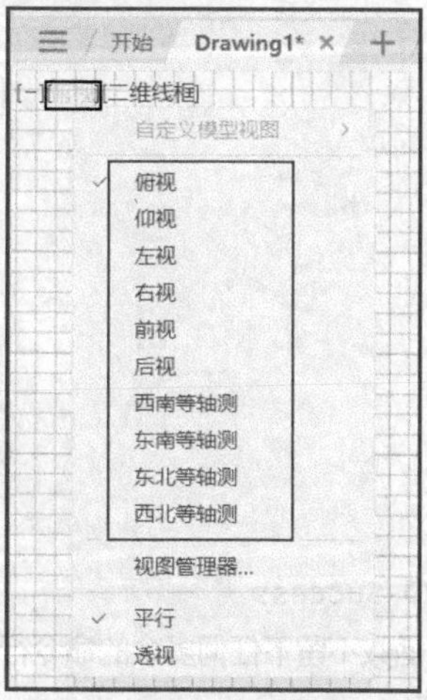

图 8-2-3　模型视图

表 8-2-2　模型视图状态及其英文命令

模型视图状态	英文命令
俯视	Top
仰视	Bottom
前视	Front
后视	Back
左视	Left
右视	Right
西南等轴测	Swiso
东南等轴测	Seiso
东北等轴测	Neiso
西北等轴测	Nwiso

利用 VIEW 命令，通过控制模型视图的英文命令，就可以实现使用 AutoLISP 进行操作，例如我们想利用 AutoLISP 来实现俯视图的显示，代码为：

```
(command-s ".-view" "_top")
```

到此对环境控制的介绍就结束了。每一种环境都有其特定的应用场景和操作方式。我们将前面格栅控制、世界坐标的切换、视觉样式的切换和模型视图控制这些内容汇总到一个 AutoLISP 的脚本文件当中，不仅可以简化操作步骤，还可以实现更加高效的环境管理。汇总后的程序如下：

```
(defun c:ZD-Default-v7 (/)    ; 自定义命令 ZD-Default-v7
```

```
(setvar "GRIDMODE" 0)          ;数值0为关闭格栅，数值1为开启格栅
(command-s "._UCS" "_W")       ;恢复世界坐标
(setvar "UCSICON" 1)           ; 0图标隐藏：不显示UCS图标
  ; 1 图标在左下角显示
  ; 2 图标隐藏：如果图标设置为显示，它会在UCS的原点显示
  ; 3 图标在原点显示：在UCS的原点显示图标
(command "._VSCURRENT" "2")
  ; 2  2D Wireframe 二维线框
  ; C  Conceptual 概念
  ; H  Hidden 隐藏
  ; R  Realistic 真实
  ; S  Shaded 着色
  ; E  Shaded with Edges 带边缘着色
  ; G  Shades of Gray 灰度
  ; SK  Sketchy 勾画
  ; W  Wireframe 线框
  ; X  X-ray X射线
(command-s ".-view" "_top")
  ;俯视  Top
  ;仰视  Bottom
  ;前视  Front
  ;后视  Back
  ;左视  Left
  ;右视  Right
  ;西南等轴测  Swiso
  ;东南等轴测  Seiso
  ;东北等轴测  Neiso
  ;西北等轴测  Nwiso
(ZD-Success)                   ;调用自定义的函数ZD-Success
(princ)                        ;函数运行结束，确保函数不留下任何多余的命令行输出
)                              ;自定义命令运行结束
```

大家可以模仿ZD-Default-v7.lsp里面的脚本，添加和修改自己需要的环境变量，从而创建一个适合自己的高效工作环境。

8.3 自制线型的自动下载

相信使用模板来预定自己的布局空间或者预制图层，例如颜色、线宽等参数提前设定，可以方便后续工作。但是我们在图层里面的线型无法储存到模板里面，非常不利于模板的使用。特别是有些制图者进行了多年的工作，会积累很多自制的线型，每次都要通过手动加载的形式来添加线型将非常不方便。

为了解决这个问题，可以通过编写AutoLISP程序，实现自定义线型的自动下载和加载。

下面是一个实现该功能的 AutoLISP 脚本示例：

```
1  (defun c:ZD-Lin ()                  ; 创建自定义函数 ZD-Lin
2    (if (findfile "ZD.lin")           ; 检查 ZD.lin 文件是否存在
3      (progn                          ; 如果文件存在，执行以下代码块
4        (command "_.linetype" "_load" "*" "ZD.lin")
                                       ; 加载 ZD.lin 文件中的所有线型
5        (while (> (getvar 'cmdactive) 0)       ; 检查是否有命令正在执行
6          (command "")                ; 输入空命令以继续处理当前命令
7        )                             ; while 函数结束
8        (princ "\nAll linetypes loaded successfully.")
                                       ; 打印成功加载线型的消息
9      )                               ; progn 结束
10     (princ "\nError: ZD.lin file not found.")
                                       ; 如果 ZD.lin 文件不存在，打印错误消息
11   )                                 ; if 语句结束
12   (princ)                           ; 确保函数返回 nil，表示成功执行完毕
13 )                                   ; 函数定义结束
```

ZD-Lin.lsp 这个程序，最重要的一行是第 4 行，它使用 COMMAND 函数帮助我们自动加载了 ZD.lin 里面的所有线型。这里需要注意，ZD.lin 这个文件需要放置到“支持文件搜索路径”的文件夹里面（图 8-3-1）。我们在“选项”对话框的“文件”选项卡里面可以确认这些文件夹。

图 8-3-1　支持文件搜索路径

AutoCAD 默认的线型文件（.lin）都保存在 support 这个文件夹中，文件夹地址如下：

```
C:\Users\用户名\AppData\Roaming\Autodesk\AutoCAD 2025\R25.0\chs\support
```

运行 ZD-Lin.lsp 之后，我们可以看到 ZD.lin 里面所有的线型都会被自动添加到当前的 DWG 文件中（图 8-3-2）。

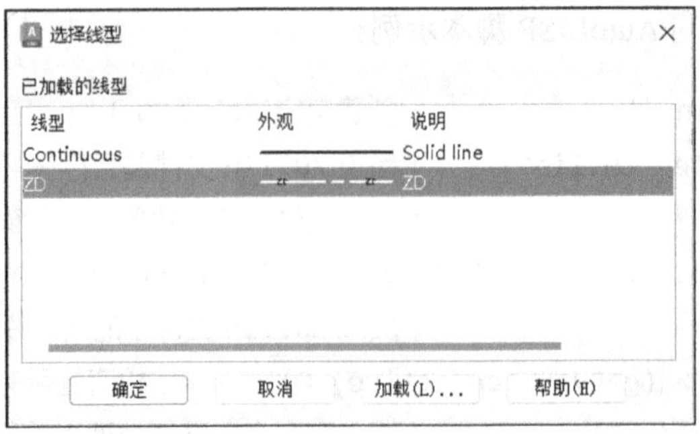

图 8-3-2　自动添加的线型

通过第 3 章介绍的自动运行 AutoLISP 文件的方法，可以实现每次新建一个 DWG 文件，都可以自动将自定义的线型添加到当前的文件当中，既高效又便捷。

8.4　点的控制

AutoCAD 为我们提供了丰富的点样式选项，总共有 20 种不同的样式可供选择（图 8-4-1）。这些样式可以通过在命令行窗口输入“PTYPE”命令来查看和选择。每种样式都有其独特的视觉效果，使得不同的设计需求都能找到合适的表示方法。

我们可以通过简单地点击上述点样式的图标来切换所需的样式，或者通过 PDMODE 命令直接指定数值来控制点的显示方式（图 8-4-2）。AutoCAD 的这种灵活性，允许我们根据项目的具体要求快速调整点的外观。

AutoCAD 默认将点的显示模式（PDMODE）设置为 0，每种点样式都对应一个特定的数值（图 8-4-3），这些数值允许我们在 AutoLISP 程序中直接引用和控制。

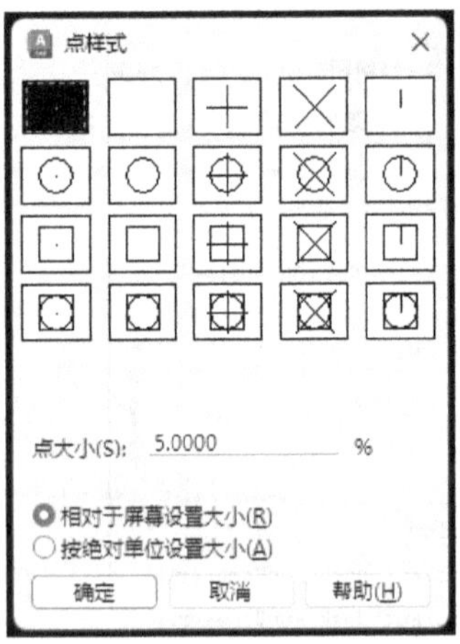

图 8-4-1　点样式

图 8-4-2　PDMODE命令

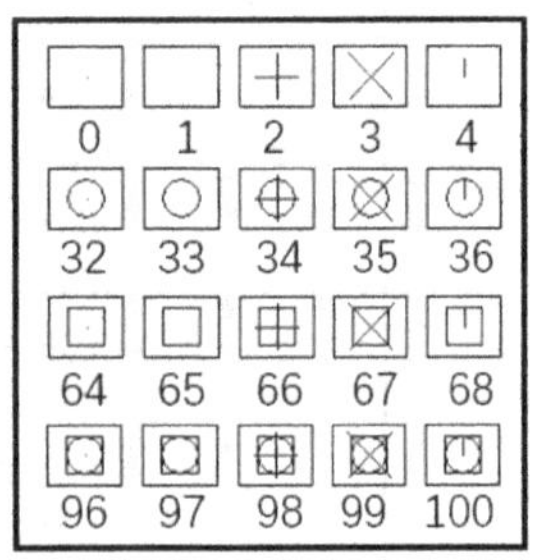

图 8-4-3　点样式和对应数值

例如，若我们希望显示样式数值为 34 的点，可以简单地使用以下 AutoLISP代码：

```
(setvar "PDMODE" 34)
```

此外，点对象的显示大小同样可以通过变量 PDSIZE 来控制，PDSIZE 的默认初始值同样为 0。例如我们需要设置点大小为 12%，则可以使用以下这样的方式：

```
(setvar "PDSIZE" 12)
```

利用上面这两个变量 PDMODE 和 PDSIZE 可以使用 AutoLISP 语言创建新的点，并可以实现更复杂的操作。假设现在有一条斜线，希望根据这条斜线的两个端点自动创建两个新点。具体来说，斜线左侧的端点将用于创建一个新点（我们称之为点 *e*），这个新点位于 *X* 轴上并距左端点 20mm。同样地，斜线右侧的端点将用于创建另一个新点（我们称之为点 *f*），这个新点也位于 *X* 轴上并距右端点 20mm。为了确保这些点具有良好的可视性，将点的显示模式设置为 35，并将大小设置为 10%。为了实现上面这些目标，可以编写如下的 AutoLISP 程序：

```
1  (defun c:ZD-Point (/ a b c d e f)
   ;定义一个名为 "ZD-Point" 的函数，使用的局部变量是 a、b、c、d、e、f
2    (setvar "PDMODE" 35)          ;设置点显示模式为 35（PDMODE 控制点标记的外观）
3    (setvar "PDSIZE" 10%)         ;设置点大小为 10%（PDSIZE 控制点标记的大小）
4    (setq a (getpoint "\nPick Point 1: "))
                                   ;获取用户输入的第一个点的坐标，并存储在变量 a 中
5    (setq b 20)                   ;将第一个数值设为 20
6    (setq c (getpoint "\nPick Point 2: "))
                                   ;获取用户输入的第二个点的坐标，并存储在变量 c 中
7    (setq d 20)                   ;将第二个数值设为 20
8    (setq e (+ (car a) b))        ;计算 e 的值。e 是 a 点的 X 坐标加上 b
9    (setq f (+ (car c) d))        ;计算 f 的值。f 是 c 点的 X 坐标加上 d
10   (command "_POINT" (list e 0 0))
   ;在 AutoCAD 中绘制点 e。在 X = e, Y = 0, Z =0 的位置绘制点
11   (command "_POINT" (list f 0 0))
   ;在 AutoCAD 中绘制点 f。在 X = f, Y = 0, Z =0 的位置绘制点
12   (princ)                       ;结束函数并返回控制权给 AutoCAD
13 )                               ;结束函数定义
```

从上述程序可以看出，第 2 行帮助我们将点的显示模式更改为了 35，第 3 行将点的大小设定为了 10%。第 5 行和第 7 行，设定偏移数值为 20mm。

我们将程序保存，命名为“ZD-Point.lsp”，然后加载执行，点击斜线的两个端点并输入偏移的距离，就可以获得两个新的点了（图 8-4-4）。

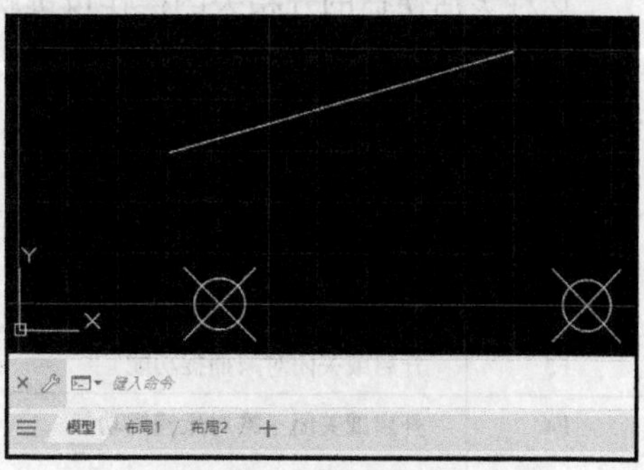

图 8-4-4　自动创建点

知己知彼，方能百战百胜。当我们充分了解了点对象的各种变量函数，活用它们通过 AutoLISP 编程的方式来创建自己需要的点，不仅提高了绘图效率，而且提供了更多自定义点样式并提高了位置表达的灵活性。

另外，通过 AutoLISP 程序也可以实现对点样式的循环切换。具体方法可参阅 13.2 节的解说。

第9章

切换键、鼠标宏、键盘宏的活用

AutoCAD 使用了事件驱动的软件架构。在这种架构中，我们的操作（如按键、点击等）将被视为一个事件，软件根据这些事件来做出响应。当用户按下一个切换键时，软件识别这个事件并触发相应的命令或操作。这种架构允许软件灵活地处理各种输入，包括快捷键。这一章就讲一讲 AutoCAD 的切换键、鼠标宏与键盘宏的活用。

本章所使用的 AutoLISP 文件，可以通过扫描前言中的二维码进行下载。

9.1 什么是切换键

AutoCAD 存在着很多的切换键（切换键属于快捷键，AutoCAD 默认快捷键参见附录 1）。例如我们连续按下键盘的“F3”键，便可轻松实现对象捕捉功能的“启用（开）”（图 9-1-1）与“禁用（关）”（图 9-1-2）。类似地，通过不断敲击“Ctrl”+“1”键，也可以实现特性窗口的快速弹出与关闭。

图 9-1-1　打开对象捕捉功能（按“F3”键）

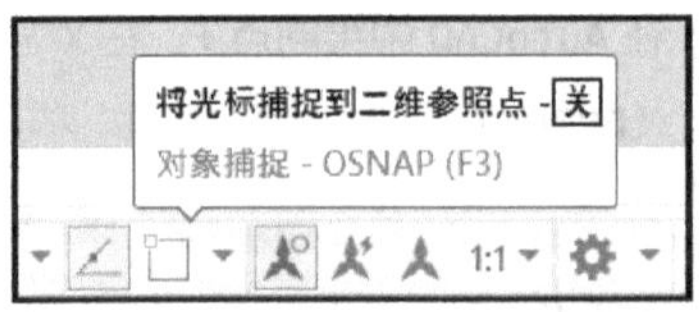

图 9-1-2　关闭对象捕捉功能（再按“F3”键）

这种灵活便捷的开和关的操作按键就称之为切换键，它极大地提高了工作效率。例如键盘的 F2 到 F12 都是切换键（表 9-1-1），它们所控制的功能都可以在绘图区右下方的状态栏里确认。

表 9-1-1　F 键的切换功能

切换键	功能	切换键	功能
F2	显示或隐藏命令行窗口	F8	开启或关闭正交模式
F3	开启或关闭对象捕捉功能	F9	开启或关闭栅格捕捉
F4	开启或关闭三维对象捕捉功能	F10	开启或关闭极坐标追踪
F5	在不同的等轴测图模式间切换	F11	开启或关闭对象捕捉追踪
F6	开启或关闭动态 UCS（用户坐标系统）	F12	开启或关闭动态输入
F7	开启或关闭栅格显示		

除了键盘的 F 键，Ctrl 键和数字的组合，也有很多被 AutoCAD 设定为了切换键的形式，以方便我们切换使用（表 9-1-2）。

表 9-1-2　Ctrl 键与数字组合的切换功能

切换键	功能	切换键	功能
Ctrl + 0	切换清洁屏幕模式	Ctrl + 6	切换数据库连接管理器面板的显示状态
Ctrl + 1	切换属性面板的显示状态	Ctrl + 7	切换标记集管理器的显示状态
Ctrl + 2	切换设计中心面板的显示状态	Ctrl + 8	切换快速计算器的显示状态
Ctrl + 3	切换工具面板的显示状态	Ctrl + 9	显示或隐藏命令行
Ctrl + 4	切换图纸集管理器的显示状态		

这些切换键，大大方便了我们的操作，在 AutoCAD 绘图过程中发挥着重要的作用。然而，并非所有命令都内置了如此便利的快捷键切换开关功能。在这种情况下，我们可以借助 AutoLISP 编程语言来弥补这一缺陷。通过编写简洁的 AutoLISP 脚本，不仅能够自定义命令，还能创造出更多符合个人工作习惯的快捷操作，从而在设计过程中实现更加流畅与高效的操作体验。

本章通过实际的举例说明，来谈谈怎样使用 AutoLISP 来实现自定义命令的切换。

9.2　视觉样式的切换

8.1.2 节介绍的视觉样式中最常用的模式有两种：二维线框（2D Wireframe）模式和概念（Conceptual）模式（图 9-2-1）。

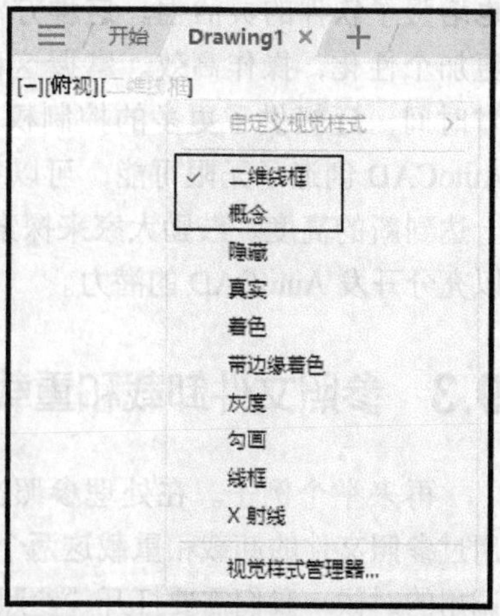

图 9-2-1　二维线框模式和概念模式

在 AutoCAD 的世界里，二维线框模式与概念模式各自闪耀着独特的光芒。二维线框模式，以其简约之美著称，只描绘出物体的线条与边缘，排除了阴影和纹理的干扰，让设计师能够全神贯注于几何形状与尺寸的精准捕捉。这种模式对计算机的性能要求较低，非常适合进行精确的编辑工作。

而概念模式则如梦幻般呈现更加绚丽的视觉盛宴，它通过光影和平滑的线条，赋予三维形状生命，尤其适用于展示和探讨设计概念，使得设计对非技术背景的人士来说也能一目了然。

我们可以根据自己的需求灵活选择这两种模式。二维线框模式是技术绘图和编辑的得力助手，而概念模式则更擅长呈现设计的美感和深度。因此，在绘图过程中，如果能够实现这两种模式的快速切换，将极大地提高工作效率。然而，AutoCAD 默认并不支持这两种模式之间的快捷键切换。这时，就可以借助 AutoLISP 编程来实现这一功能。下面是具体的实现方法：

```
(defun c:ZD-VSC (/ ZDTOGGLE)  ;定义一个名为"ZD-VSC"的新函数
  (if (null ZDTOGGLE)         ;检查变量 ZDTOGGLE 是否未定义或为 nil
    (setq ZDTOGGLE 0)         ;如果 ZDTOGGLE 为 nil，则设置 ZDTOGGLE 为 0
  )                           ;结束 if 函数
 (setq ZDTOGGLE (abs (- 1 ZDTOGGLE)))
 ;切换 ZDTOGGLE 的值，如果是 0 则变为 1，如果是 1 则变为 0
```

```
6  (if (= ZDTOGGLE 0)                   ; 检查 ZDTOGGLE 是否等于 0
7      (command-s "._VSCURRENT" "_2" "*")     ; 如果是 0，则设置视图样式为二维线框
8      (command-s "._VSCURRENT" "_C" "*")     ; 如果不是 0，则设置视图样式为概念
9   )                                   ; 结束 if 函数
10  (princ)                             ; 清除命令行并返回 nil
11 )                                    ; 结束 ZD-VSC 函数
```

将上述这段程序保存加载后，运行 ZD-VSC 命令就可以实现循环切换二维线框模式和概念模式了。

这个 AutoLISP 函数的原理也很简单，首先定义了一个名为 ZDTOGGLE 的变量，让其值在概念视图和二维线框视图之间切换。如果 ZDTOGGLE 未定义或为 nil，则将其初始化为 0。然后，函数切换 ZDTOGGLE 的值，并根据其新值设置相应的视图样式，以达到切换的效果。

也就是说，如果大家想将概念模式更换为着色模式，就只需要将第 8 行中的“C”更改为“S”即可。“S”为视觉样式中着色的快捷键（参阅 8.1.2 节的介绍）。

在 AutoCAD 中，通过 AutoLISP 编程来自定义视觉样式的切换，不仅提高了工作效率，也增强了软件的灵活性。这种方法允许我们根据自己的需求来定制命令，使得 AutoCAD 更加个性化，操作高效。掌握这种编程技能对于提高 AutoCAD 技能至关重要。它不仅节省时间，还提供了更多的控制权，使我们可以更专注于创造性工作。总之，AutoLISP 为 AutoCAD 创造了无限可能，可以帮助我们在创意和效率上达到新的高度。鼓励大家来探索这种强大的编程语言，以充分开发 AutoCAD 的潜力。

9.3 参照文件卸载和重载的切换

再来举个例子。在处理参照文件时，相信大家都使用过参照文件的卸载和重载这两个功能（图 9-3-1）。每次调用的时候，我们需要打开“参照”面板，然后右键点击参照文件来实现它。

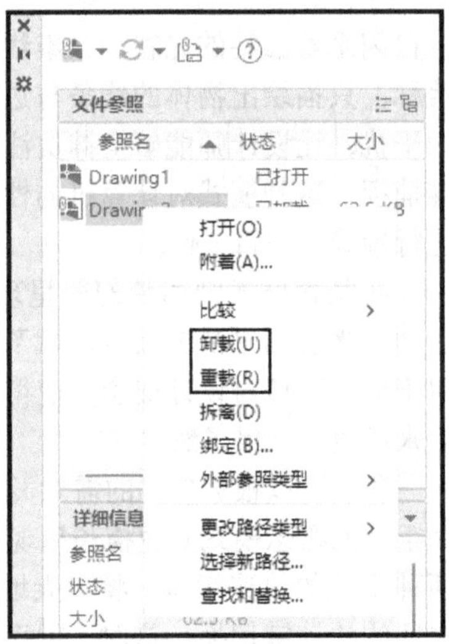

图 9-3-1　卸载和重载

如果需要频繁使用该功能的话，操作将会非常烦琐，令我们产生疲惫感。我们可以将其编辑为一个命令来调用。下面的例子演示了如何通过一个简单的 AutoLISP 函数来切换参照文件的状态，使得我们能够根据需要轻松地显示或隐藏这些参照：

```
(defun c:ZD-XF (/ ZDTOGGLE)
; 定义一个名为 "ZD-XF" 的函数，带有局部变量 ZDTOGGLE
(if (null ZDTOGGLE)                 ; 如果 ZDTOGGLE 为空（null），则执行以下语句
    (setq ZDTOGGLE 0)               ; 将 ZDTOGGLE 设置为 0
 )                                  ; 结束 if 条件判断
  (setq ZDTOGGLE (abs (- 1 ZDTOGGLE)))
```

```
    ;将 ZDTOGGLE 设置为其自身与 1 的差的绝对值
6     (if (= ZDTOGGLE 0)          ;如果 ZDTOGGLE 等于 0，则执行以下命令
7       (command-s "._-xref" "_R" "*")
    ;执行 AutoCAD 命令行命令，重新加载所有外部引用
8       (command-s "._-xref" "_U" "*")
    ;否则，如果 ZDTOGGLE 不等于 0，则执行此命令，卸载所有外部引用
9     )                           ;结束 if 条件判断
10    (princ)                     ;输出函数结果，返回到命令行
11 )                              ;结束函数定义
```

如上所示，这个 ZD-XF.lsp 允许我们通过一个简单的命令来切换参照文件的显示状态。整个 AutoLISP 程序的原理就是通过检查和修改局部变量 ZDTOGGLE 的值来实现这一点。当 ZDTOGGLE 为 0 时，它执行一系列操作来重新加载所有外部参照；当 ZDTOGGLE 为 1 时，则执行操作来卸载这些参照。

这个功能非常适合那些需要频繁切换参照视图的朋友，可以大大提高我们的工作效率。此外，通过简单地修改第 7 行和第 8 行的代码，就可以模仿定制其他类似的函数，以实现切换这样特定的需求。

9.4 鼠标宏和键盘宏

使用 AutoCAD 进行绘图操作，其中，快捷键操作就像开车一样，可以快速高效地完成任务。而使用 AutoLISP 编程则如同乘坐高铁，不仅速度更快，效率也更高。但是如果我们能够学会使用鼠标宏来进一步提升效率，那就像坐飞机一样，助力我们实现最高效的自动化操作。这三者——快捷键、AutoLISP 和鼠标宏——逐步提升了工作效率，使我们的工作过程如同交通工具的进步一样，越来越快捷。

和鼠标宏（mouse macro）具有同样效果的还有键盘宏（meyboard macro）。它们都带有宏功能，如今市场上很多品牌的鼠标和键盘都具有这样的功能，在很多软件操作的领域中也越来越普及。如果我们将鼠标宏和键盘宏融入 AutoCAD 的自动化操作上，将会大大提高工作效率。

鼠标宏允许记录一系列鼠标动作（如移动、点击、拖拽），并将其保存为一个宏。这个宏可以被分配给一个键或按钮，通过按这个键或按钮来重放整个动作序列。鼠标宏主要用于自动化重复性的鼠标操作，广泛应用于图形设计和软件操作等领域。随着大家对提高工作效率的需求增加，鼠标宏变得越来越流行，尤其是在高级用户和软件编辑工作者中。

键盘宏和鼠标宏基本一样，它允许记录一系列键盘输入（如按键、命令、文本输入）并将其保存为一个宏。这个宏可以通过单一按键的快捷方式激活，以实现自动执行整个宏的输入。

这里以 9.2 节的视觉样式切换为例，将 ZD-VSC 命令捆绑到鼠标键上来实现通过鼠标的按键切换视觉样式，方法介绍如下。

（1）步骤 1

首先按照本书的第 3 章的介绍，将 ZD-VSC.lsp 文件保存到自己专用的 AutoLISP 文件夹中，以让 AutoCAD 软件能够搜索到它。

然后打开任意一个 DWG 文件，通过 CUI 命令启动“自定义用户界面”（图 9-4-1）。

图 9-4-1　自定义用户界面

（2）步骤 2

点击左下角的创建新命令图标（图 9-4-2）。

在“特性”面板里为 ZD-VSC 创建一个自定义命令（图 9-4-3），名称为“ZD-VSC”，命令宏代码所示如下。在“宏”的输出窗口里面可以找到“长字符串编辑器”的启动按钮，通过“长字符串编辑器”来编辑命令会方便我们书写。

```
^C^C_ZD-VSC
```

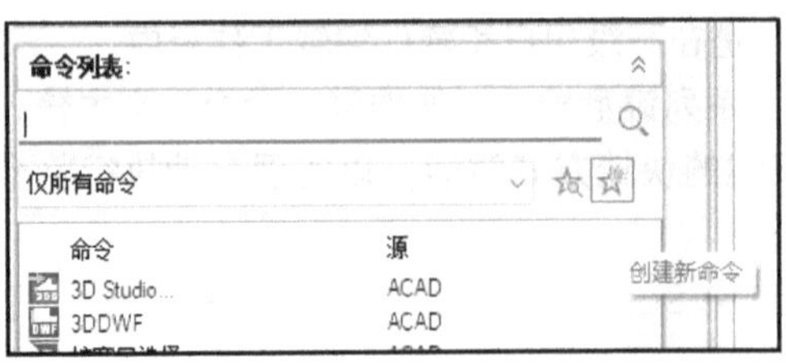

图 9-4-2　创建新命令

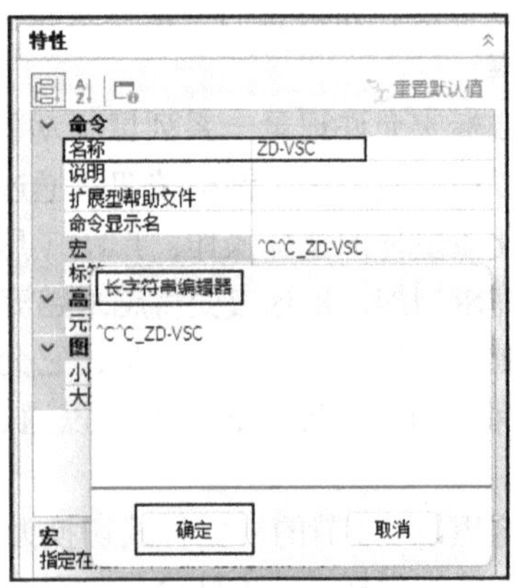

图 9-4-3　“特性”面板

点击“确定”关闭“长字符串编辑器”窗口，继续点击“自定义用户界面”对话框右下角的“应用”按钮（图 9-4-4），就会在“自定义命令”的最下方确认到刚才定义的 ZD-VSC 这个新的命令（图 9-4-5）。

（3）步骤 3

创建完新的命令之后，需要为它添加一个快捷键。在“所有自定义文件”的“ACAD”里面可以看到“键盘快捷键”（图 9-4-6）。

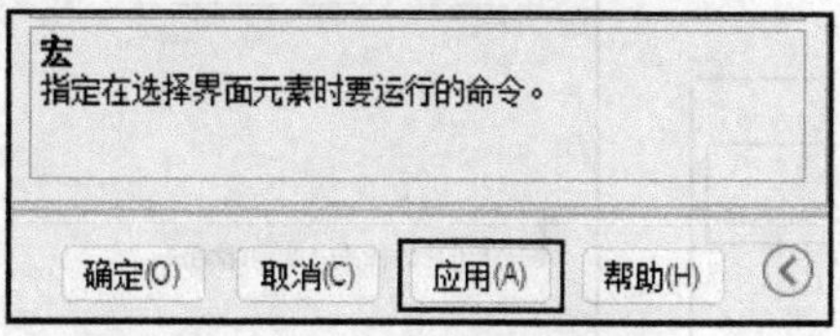

图 9-4-4 “应用”按钮

图 9-4-5 自定义命令

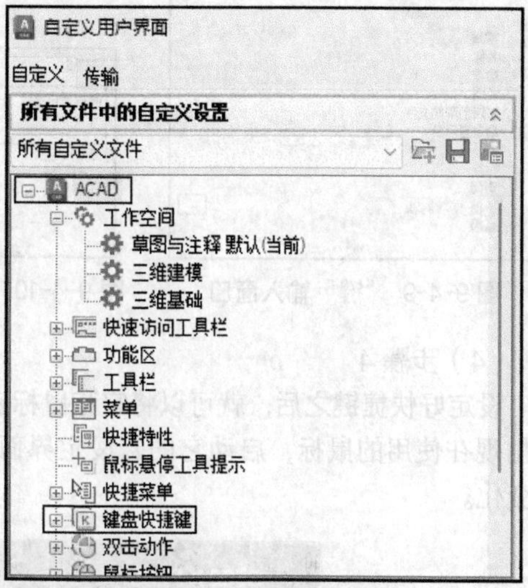

图 9-4-6 键盘快捷键

令“键盘快捷键”里面的“快捷键”处于打开的状态，然后拖动刚才新建的“ZD-VSC”这个命令，放置到“快捷键”中（图 9-4-7）。

单击“ZD-VSC”，让“快捷键”里面的“ZD-VSC”处于被选择的状态（图 9-4-8）。

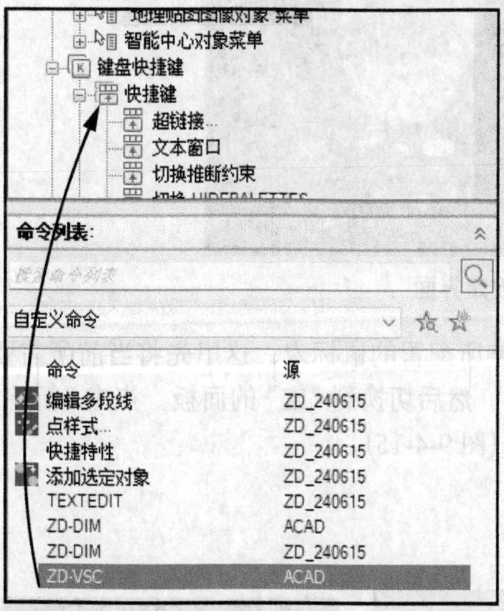

图 9-4-7 拖动新建命令放置到“快捷键”中

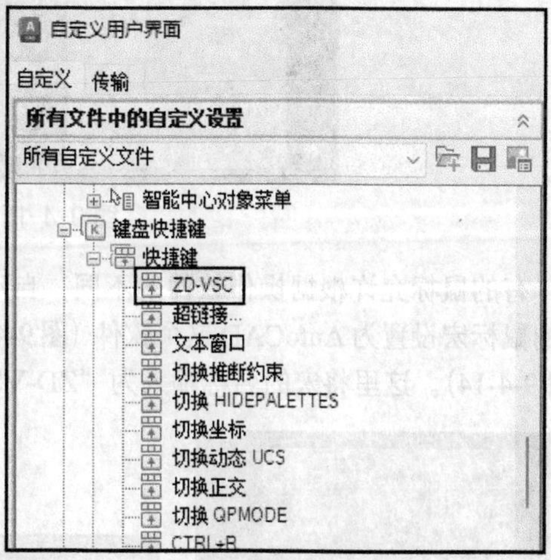

图 9-4-8 单击“ZD-VSC”

这个时候在“特性”面板里面会看到“键”的输入窗口，点击窗口右方的三个点形状的图标（图 9-4-9）。

在“快捷键”对话框里面输入自己设定的快捷键，例如这里选择“Ctrl”+“5”作为 ZD-VSC 这个命令的快捷键，就将鼠标放置到“请按新快捷键”下方的空白处，然后按下键盘的“Ctrl”键和“5”键，再点击“确定”（图 9-4-10）。

这样就可以将快捷键“Ctrl”+“5”和ZD-VSC命令关联起来了。点击左下角的“确定”，结束“自定义用户界面”（图9-4-11）。

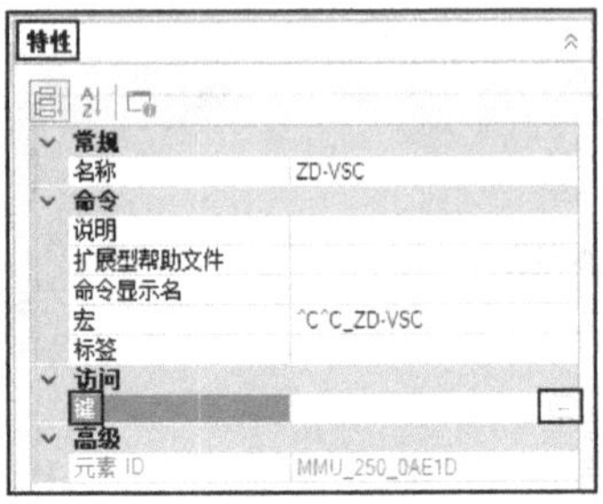

图9-4-9 “键”输入窗口

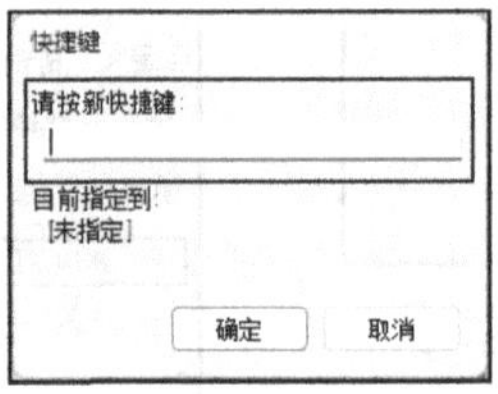

图9-4-10 设定新快捷键

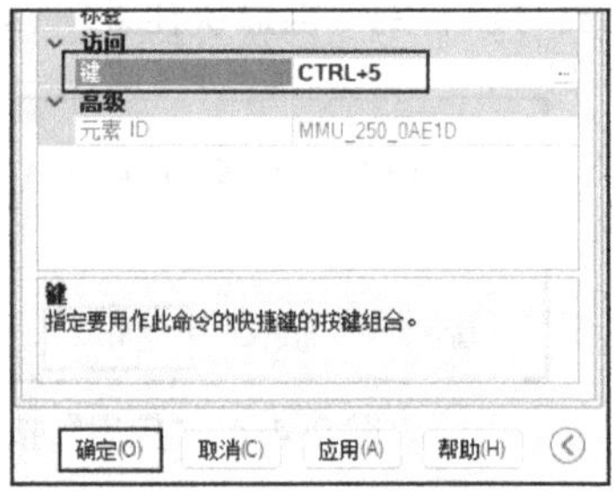

图9-4-11 结束“自定义用户界面”

（4）步骤4

设定好快捷键之后，就可以将它和鼠标宏或者键盘宏关联在一起了。这里以鼠标宏为例，根据现在使用的鼠标，启动它的宏设定界面（图9-4-12），根据鼠标的厂家不同界面也会有所变化。

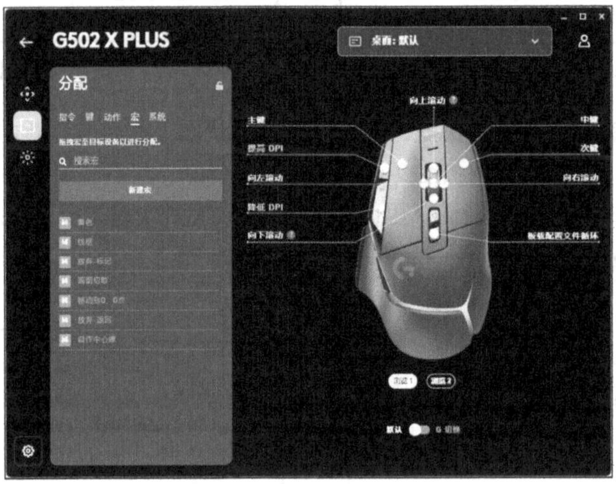

图9-4-12 宏设定界面

有的鼠标允许根据操作软件的不同，自动调整所配置的鼠标宏，这里先将当前所需要创建的鼠标宏设置为AutoCAD这个软件（图9-4-13）。然后切换到“宏”的面板，点击“新建宏”（图9-4-14）。这里将宏的名称输入为“ZD-VSC”（图9-4-15）。

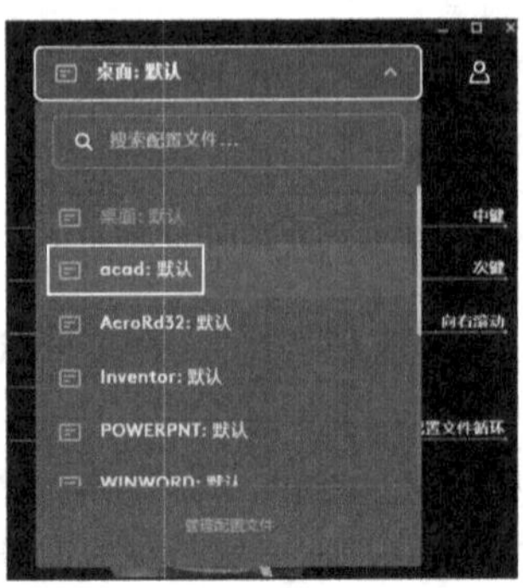

图9-4-13 调整操作软件

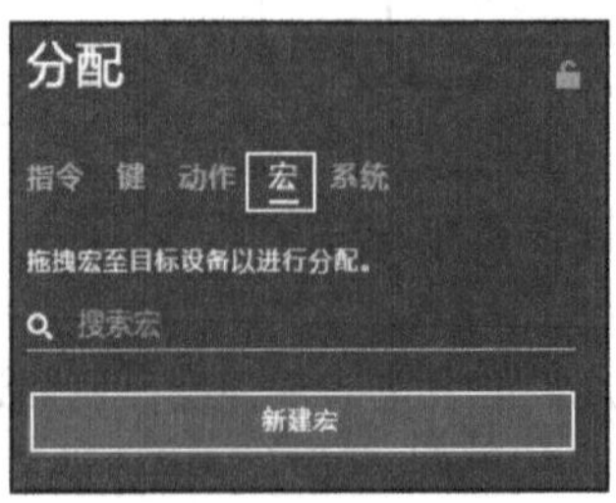

图9-4-14 新建宏

图9-4-15 设定宏名称

设定的命令宏为按键一次使用一次，选择“不重复”连续使用（图 9-4-16）。然后点击“立即开始”（图 9-4-17）。再继续点击“记录按键”（图 9-4-18）。

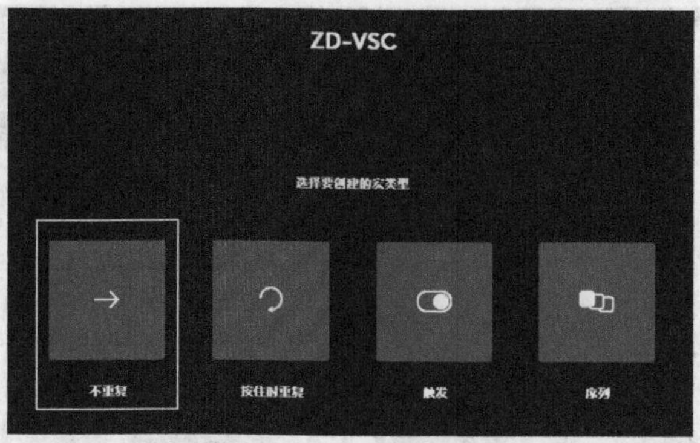

图 9-4-16 “不重复”选项

图 9-4-17 “立即开始”选项

图 9-4-18 点击“记录按键”

按键盘中的“Ctrl”键和“5”键之后，再点击“保存”（图 9-4-19）。在“宏”面板的最下方，就可以看到我们创建好的鼠标宏了（图 9-4-20）。

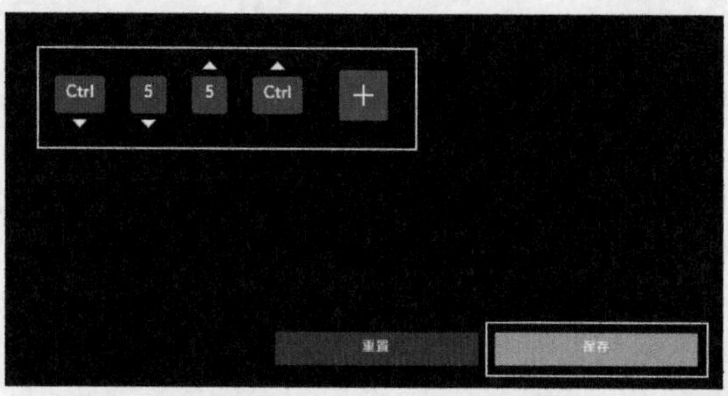

图 9-4-19 点击“保存”

图 9-4-20 鼠标宏创建完成

接着直接拖动这个新建的鼠标宏“ZD-VSC”，将它配置到自己想使用的按键下方就完成了鼠标宏的设置（图 9-4-21）。

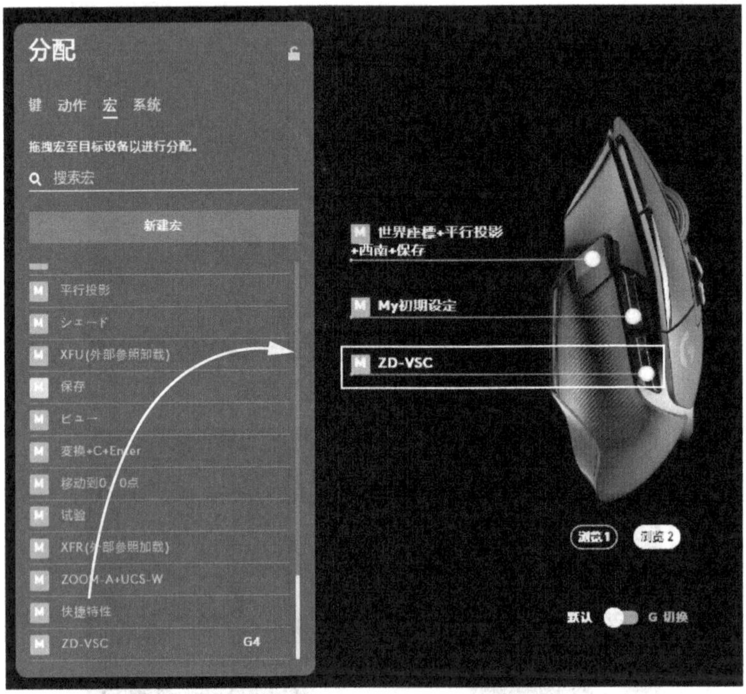

图 9-4-21　分配鼠标宏到按键

随着时代的发展，鼠标宏和键盘宏变得更加容易设置和使用，使得我们能够轻松利用这个工具来提高日常工作的效率。

总的来说，鼠标宏和键盘宏因其能显著提高工作和 AutoCAD 操作的效率而变得越来越普及。随着更多的软件和硬件提供对宏的支持，我们可以预见它们的应用范围将会继续扩展。

协同篇

唐代诗人李白在他的《行路难》里有这样一段话："长风破浪会有时，直挂云帆济沧海。"这句话表达了对未来的坚定信心和无畏精神，鼓励大家在面对困难时保持希望和勇气，坚信终能克服困难，实现理想。在当代工作环境中，这种精神同样适用于团队协同合作。如果结合团队协同来思考，就会发现团队协同是提高效率和生产力的关键。无论是大规模企业还是小型的团队，有效地共享资源和工具，都是确保项目顺利进行的重要因素。

本篇将深入探讨多种协同共享的方法，以帮助团队更好地协作，实现资源的最大化利用。首先，将介绍几种常见的协同共享方法，包括云端共享和 CUIX 文件共享。这些方法将帮助团队成员轻松访问和共享必要的程序和文件，确保工作流程的顺畅。

其次，将讨论 AutoLISP 文件夹的使用、自制图标命令的创建以及主自定义文件的管理。还将详细介绍如何创建和加载局部自定义文件，并添加自定义命令，以满足团队的特定需求。最后，将探讨传统文件夹共享和使用 Vault 进行文件共享的具体方法，帮助团队建立高效的共享体系。

另外，本章还将介绍如何通过 CUIX 文件改造提高操作效率，包括鼠标双击操作的自定义、右键单击的设置，以及创建专用的 CUIX 文件。通过这些改造，可以实现更快捷地操作，提高工作效率。

第 12 章将和大家一起探讨如何创建配置文件，通过 AutoLISP 程序切换配置文件，以及在电脑上直接启动特定的配置文件。这些技巧将帮助大家更灵活地管理工作环境，提高协同工作的效率。

通过对协同篇的学习，大家将掌握一系列实用的协同工具和方法，为团队协作提供坚实的技术支持。无论是团队领导者还是成员，这些知识都将帮助大家在协同工作中脱颖而出，推动项目的成功。

第 10 章

共享程序，打造团队协同

通过前面几章的内容，相信大家已经对自定义 AutoLISP 命令有了基本的认识和应用经验。然而，如果仅仅是个人使用这些自定义命令来提升工作效率，那么 AutoCAD 的强大潜力就没有被完全发挥出来。若能将这些个性化的设置和命令快速分享给团队其他成员，则不仅能实现个人工作的自动化和提高效率，还能大幅度提升团队整体的工作效能。集体使用优化后的工具和命令，充分利用 AutoCAD 的优势，可以实现高效且一致的工作流程。

在本章中，我们将逐步探讨如何利用这些方法优化设计流程，实现高效的协同共享。每一节都包含具体的操作步骤和技巧，帮助读者灵活应用于实际工作中。通过掌握这些方法，大家将能够更好地管理和共享设计文件，提高工作效率和团队合作水平。

10.1 协同共享的方法

团队协作和共享 AutoLISP 程序存在多样化的实施路径，即有多种方式可以实现这一目标。每条路径都各具特色和局限性，每种方法都有其优点和缺点。因此，根据实际情境和需求来定制选择是关键。从团队协同共享的视角来看，云端共享和 CUIX 文件共享是两种常用的方法（图 10-1-1）。

图 10-1-1 协同共享的两种方法

10.1.1 第一种方法：云端共享

第一种常见的做法是：将制作好的 AutoLISP 文件放置到云端网盘或者公司的内部服务器里面，大家加载 AutoLISP 文件的路径都统一指定，通过该路径来选择这个云端位置或者内部服务器的地址。

这种方法的优点有以下几点。

① 可以及时更新。由专人负责维护和更新 AutoLISP 文件，确保整个团队能够实时接触到最新版本。

② 便捷访问。团队成员无须在各自的工作站上保存多个版本，可直接通过网络加载所需文件。

③ 集中管理。所有的 AutoLISP 文件都存储在一个地方，方便管理和维护。

但是它也有缺点，具体如下。

① 网络依赖性强。这种方法高度依赖网络的稳定性。如果网络出现问题，可能会影响

到整个团队文件的加载和执行效率。

② 存在安全风险。如果文件存储在外部服务器上可能存在一定的安全隐患，需要确保网络和服务器的安全。

10.1.2 第二种方法：CUIX 文件共享

另一种策略是：利用 AutoCAD 的 CUI 命令创建 CUIX 文件，可以通过邮件或者 U 盘的形式，定期将最新的 CUIX 文件一起发送给大家

这种方法的优点如下。

① 模块化和定制化。可以根据不同项目或团队成员的需求，创建不同版本或模块的 CUIX 文件。

② 版本控制简单。由于 CUIX 文件是单一的，易于进行版本控制和分发。

③ 不依赖网络。一旦 CUIX 文件分发给团队成员，就可以离线使用，不受网络状况影响。

它的缺点如下。

① 更新不及时。每当有更新时，需要重新生成和分发 CUIX 文件，这一过程可能相对烦琐。

② 需要手动加载。团队成员需要手动加载最新的 CUIX 文件，有时可能会忘记执行这一步骤。

从我个人的角度，更倾向于采用第二种方法，即通过 AutoCAD 的 CUI 命令来创建 CUIX 文件这个策略。这种方法相对更为灵活和可靠，尤其在网络环境不稳定或需要高度定制化的场景中表现得更为出色。然而，最合适的方法应基于具体需求和资源来进行选择。有时，甚至可以考虑将两种方法结合使用，以实现最大的便利性和最高的效率。本章将主要围绕着第二种方法，来深入探讨通过 CUIX 文件进行共享的细节和操作步骤。

10.2 AutoLISP 文件夹

做好的各种文件如果想共享给团队的其他人员，第一步就是需要建立一个固定的文件夹。所有需要共享的文件都集中放置到这个文件夹里面，进行版本的更新和管理。

前面第 3 章已经讲解了创建 AutoLISP 专用文件夹的好处，这里就不再多叙述了。通过第 1 章、第 2 章的举例介绍，到目前为止在 D 盘里的 009_ZD 文件夹包含以下几个文件（图 10-2-1），每个文件的具体内容总结如表 10-2-1 所示。本书后面所讲解的例子等 AutoLISP 文件和共享的文件，都会保存在这个文件夹里面。

表 10-2-1　009_ZD 文件夹中的文件

AutoLISP 文件名称	文件的内容
acaddoc.lsp	启动文件
Library.lsp	库文件
ZD-Appload.lsp	调试用文件
ZD-C100-v1.lsp	在原点坐标处绘制圆的 AutoLISP 程序
ZD-P100-v1.lsp	在原点坐标处绘制正方形的 AutoLISP 程序

如果电脑里 AutoLISP 文件后面没有显示 .lsp 后缀，打开任意一个文件夹或者新建一个文件夹，点击右上方的三个点，然后继续点击下方的“选项”（图 10-2-2），就会弹出“文件夹选项”对话框。

图 10-2-1　009_ZD 文件夹

“文件夹选项”对话框里面，切换到“查看”选项板可以找到“隐藏已知文件类型的扩展名”，默认的是前面带对勾，将对勾去掉，然后点击下方的“确定”后（图 10-2-3），AutoLISP 文件的后缀就可以看到了。

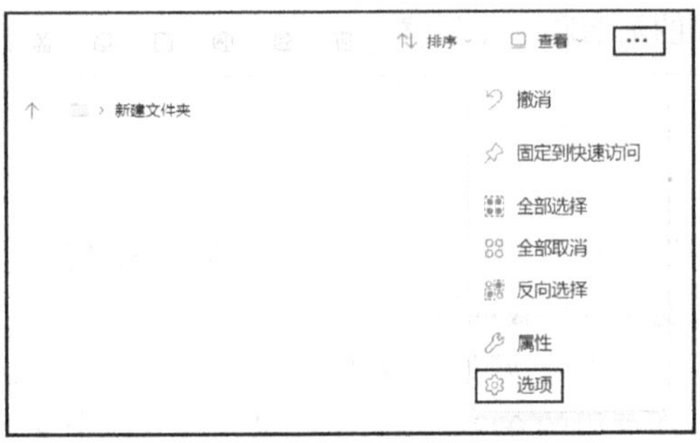

图 10-2-2　点击文件夹的“选项”

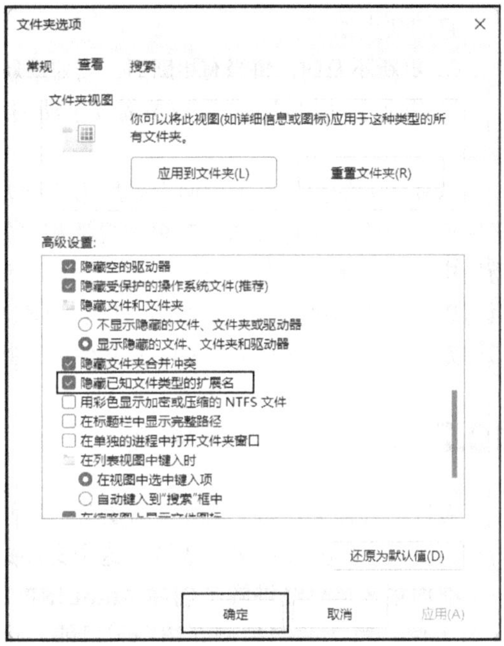

图 10-2-3　“文件夹选项板”对话框

为了减少团队成员之间的误操作和避免麻烦，建议所有成员将自己电脑中的 AutoLISP 专用文件夹路径统一，且文件夹名称保持一致。这样不仅能够减少由于路径和命名差异引发的问题，更能有效提升整个团队的工作效率和协作水平。

10.3　创建自制图标命令

通过命令行窗口直接输入自制的命令可以启动 AutoLISP 文件，但是将 AutoLISP 命令通过 CUI 命令添加到“自定义用户界面”的“命令列表”里面后，不但可以追加到菜单里面，甚至可以添加到右键点击的默认菜单里面来快速启动，从而实现更加快速和方便的启动方式。与使用键盘输入相比，无疑更加高效和实用。这不仅提高了工作效率，还增强了界面的互动性和可用性。

为了更好地让大家理解这一操作过程，下面一步一步来解析。

任意打开一个 DWG 文件，在命令行里面输入“CUI”（图 10-3-1），或者在“管理”选项板里面找到“自定义设置”面板里面的“用户界面”按钮（图 10-3-2），“自定义用户界面”对话框就会启动（图 10-3-3）。

图 10-3-1 输入“CUI”

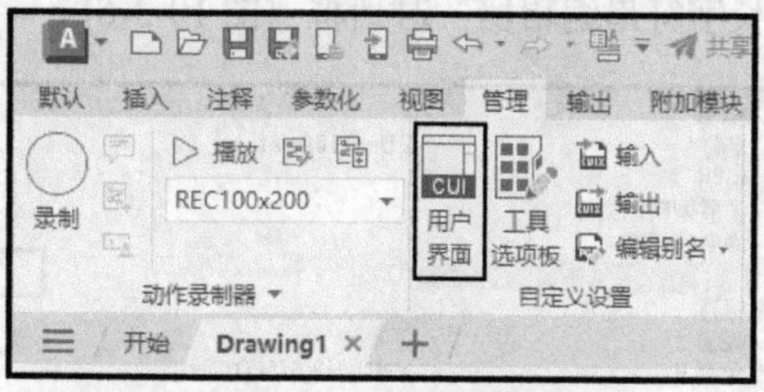

图 10-3-2 “用户界面”按钮

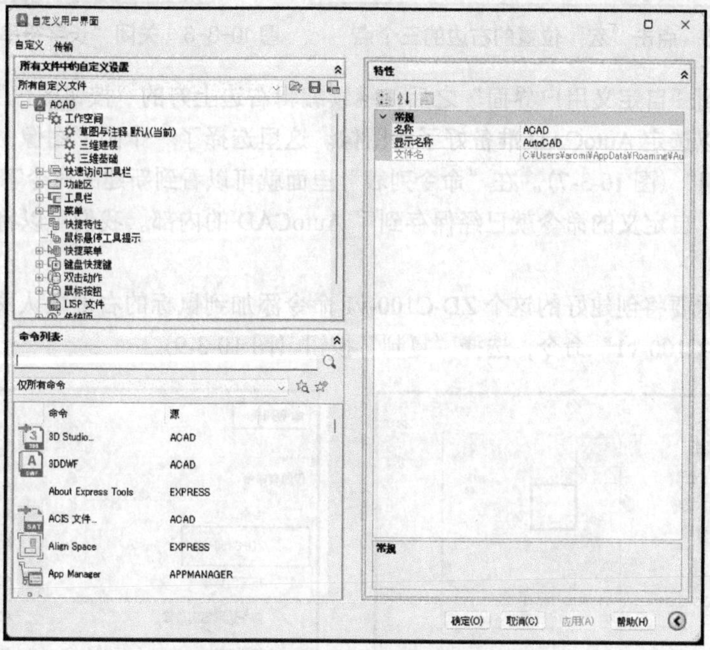

图 10-3-3 “自定义用户界面”对话框

点击左下部分“命令列表”处的创建新命令图标后，右边的“特性”部分就会显示出新建命令需要填写的部分（图 10-3-4）。

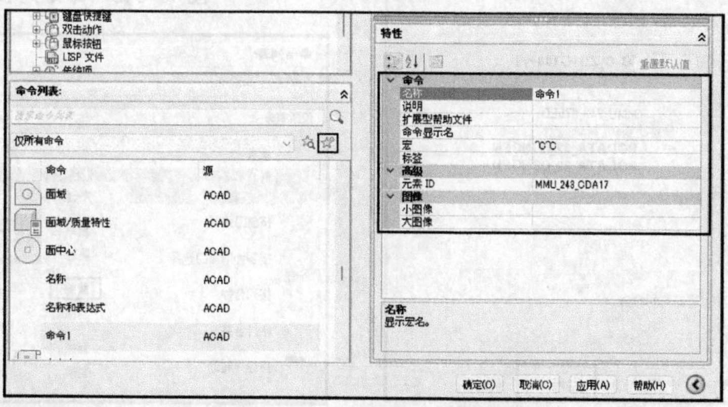

图 10-3-4 创建新命令图标

例如以程序 ZD-C100-v1.lsp 为例来新建一个图标命令，在“名称”的地方输入“ZD-C100-v1”，然后点击“宏”位置右边的三个点（图 10-3-5）。

“长字符串编辑器”对话框弹出来后，在这里输入“^C^C_ZD-C100-v1”，点击“确定”关闭“长字符串编辑器”对话框（图 10-3-6）。

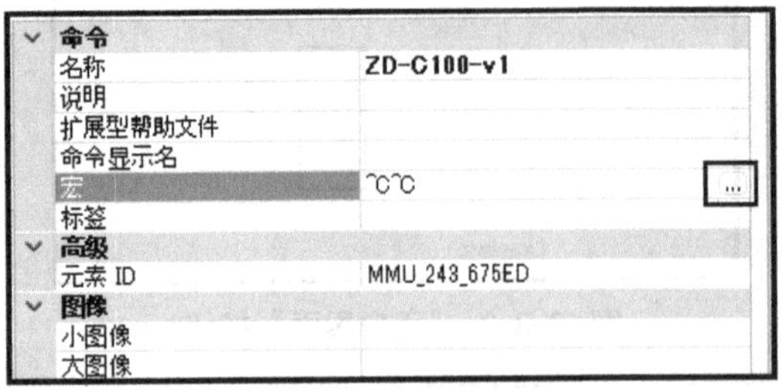

图 10-3-5　点击“宏”位置的右边的三个点

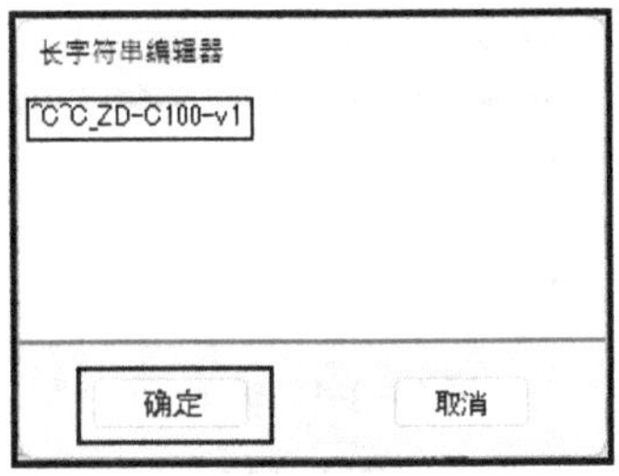

图 10-3-6　关闭“长字符串编辑器”对话框

画面返回到“自定义用户界面”之后，继续编辑右边上方的“按钮图像”，按钮图像可以编辑，也可以选定 AutoCAD 准备好了的图像。这里选择了一个圆形图像，然后点击右边最下方的“应用”（图 10-3-7）。在“命令列表”里面就可以看到新建的命令了（图 10-3-8）。

到这一步，自定义的命令就已经保存到了 AutoCAD 的内部。我们可以将它添加到自己需要的地方。

例如现在需要将创建好的这个 ZD-C100-v1 命令添加到鼠标的右键默认菜单当中。首先右键点击“ZD-C100-v1”命令，选择“复制”按钮（图 10-3-9）。

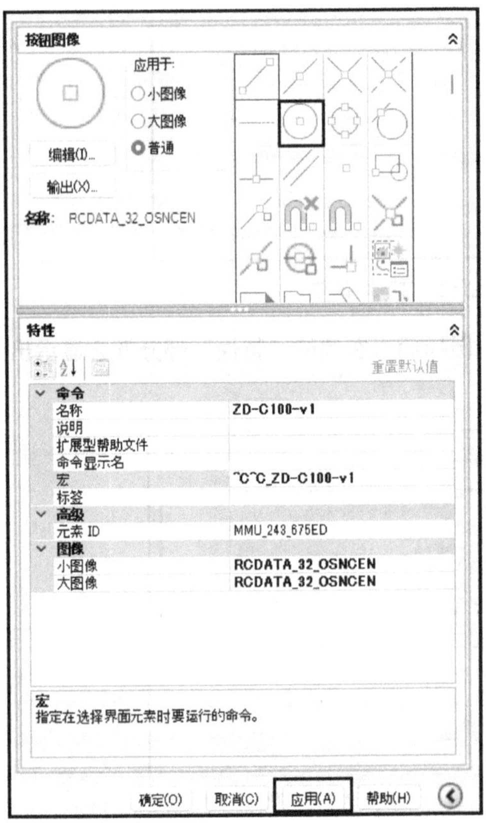

图 10-3-7　点击右边最下方的“应用”

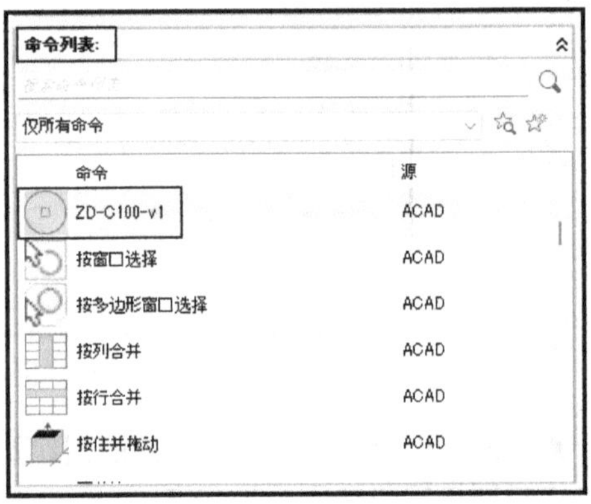

图 10-3-8　命令列表

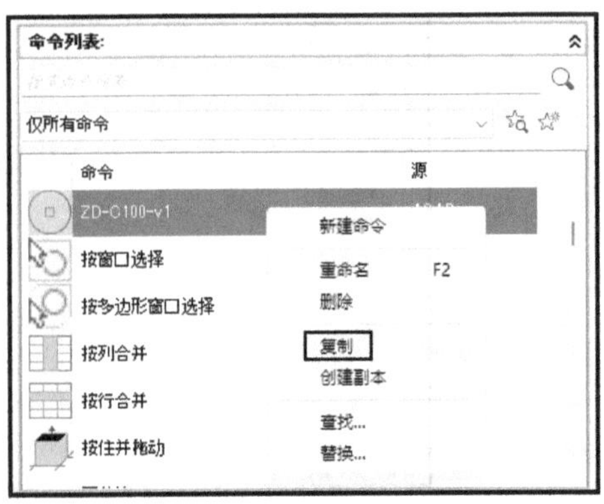

图 10-3-9　“复制”按钮

然后在“所有自定义文件”中找到“快捷菜单”里面的“默认菜单”，任意右键点击“默认菜单”中的任意一个菜单，选择“粘贴”（图 10-3-10）后，就可以看到 ZD-C100-v1 命令被追加到了“默认菜单”当中（图 10-3-11）。

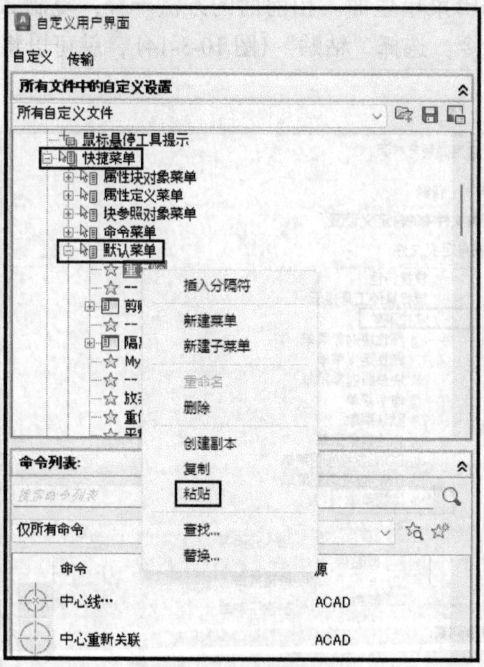

图 10-3-10 粘贴

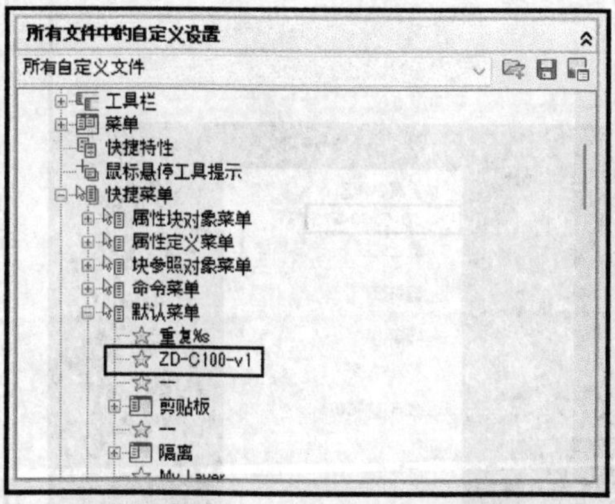

图 10-3-11 ZD-C100-v1 命令追加

至此创建图标命令的操作就结束了，点击“自定义用户界面”右下角的“确定”关闭对话框（图 10-3-12）。

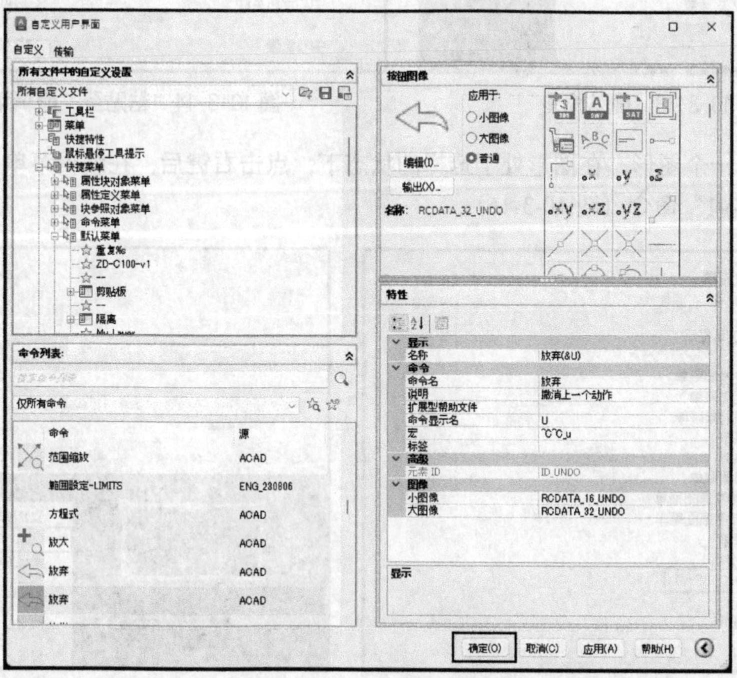

图 10-3-12 点击“确定”

返回 AutoCAD 的绘图界面，在空白处任意地方右键点击一下，就可以从菜单里面看到刚才添加的“ZD-C100-v1”这个自定义的命令了（图 10-3-13）。如果想调整“ZD-C100-v1”的位置顺序，返回“自定义用户界面”里面来调整即可。

同样道理，也可以将命令追加到 CUI 的编辑菜单里面。和前面的方法一样，复制 ZD-C100-v1 命令后，任意点击“编辑菜单”里的命令，选择“粘贴”（图 10-3-14），就可以将命令追加到编辑菜单中（图 10-3-15）。

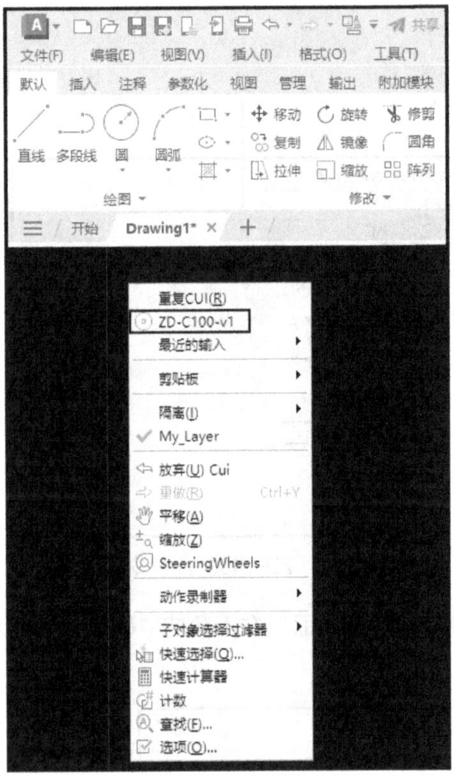

图 10-3-13 确认命令

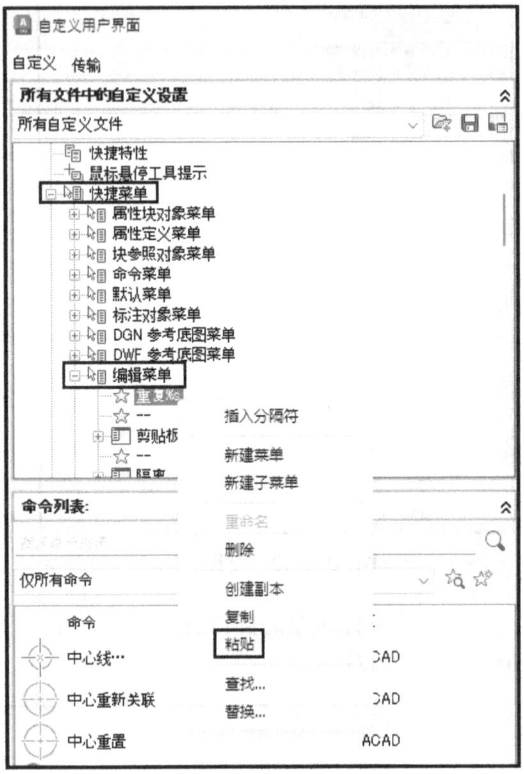

图 10-3-14 粘贴至“编辑菜单”

任意绘制一个图形，在图形处于选择的状态下，点击右键后，在编辑菜单里面就可以看到“ZD-C100-v1”命令（图 10-3-16）。

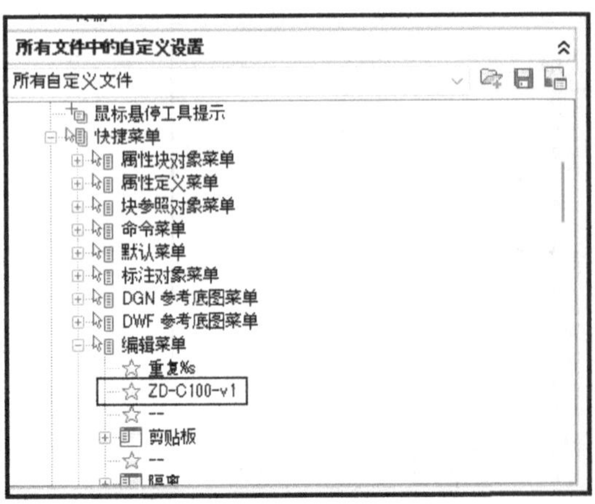

图 10-3-15 追加到“编辑菜单”中

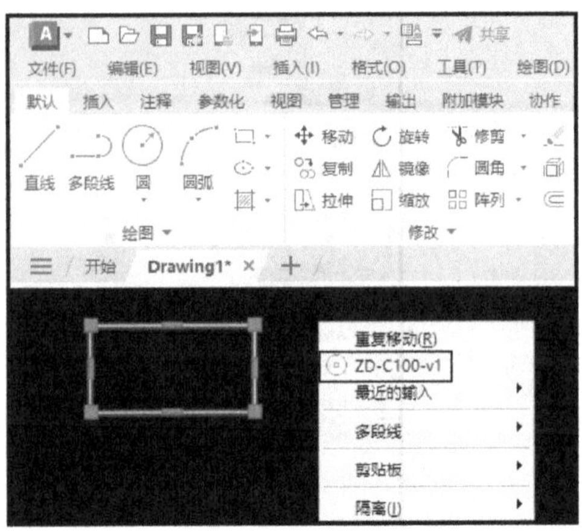

图 10-3-16 编辑菜单

通过本节介绍的这种方法，不仅可以轻松地将各种自定义命令集成到 AutoCAD 中，而且能够显著提升操作效率。这种自由度和灵活性对设计和绘图工作人员至关重要，它允许根据自己的习惯和工作需求来定制命令，从而更加快速、高效地完成复杂的设计任务。通过创建自制图标和命令，不仅优化了工作流程，还提高了整体的工作体验。

此外，这种自定义的方法还带来了更深层次的好处。它能让我们深入理解 AutoCAD 的内部机制，增强了我们解决问题的能力。随着对这些工具的熟练使用，我们能够在更短的时间内更高质量地完成工作，这对于任何希望在竞争激烈的设计领域中保持领先地位的专业人士来说，都是无价之宝。

10.4 关于主自定义文件

在上一节中详细探讨了如何创建图标来管理自定义命令，增强了 AutoCAD 工作流程的便捷性和个性化。这一节，将进一步深入了解一个至关重要的工具：CUIX（自定义界面，customization user Interface XML）文件。正如其名称所示，CUIX 文件是专门用于自定义用户界面的文件，其文件格式以 .cuix 为后缀。CUIX 文件承载了 AutoCAD 用户界面自定义设置的核心内容，涵盖了工具栏、菜单、快捷键等诸多界面元素的信息。

通过对 CUIX 文件的编辑和改造，我们能够在 AutoCAD 中创造一个完全按照个人需求和习惯定制的工作环境。这不仅提高了设计工作的效率，而且增加了操作的灵活性和舒适度。定制的界面和工作流程可以更好地适应特定的设计任务，无论是精细的建筑绘图还是复杂的机械设计，都能够得到有效的支持和优化。

在命令行里输入 CUI 后按回车键，可以启动“自定义用户界面”对话框，另外在“管理”选项板里面的“自定义设置”面板里面也可以看到“用户界面”按钮（图 10-4-1）。

打开“自定义用户界面”，在左上角我们可以看到“所有文件中的自定义设置”，默认显示的是“所有自定义文件”（图 10-4-2）。

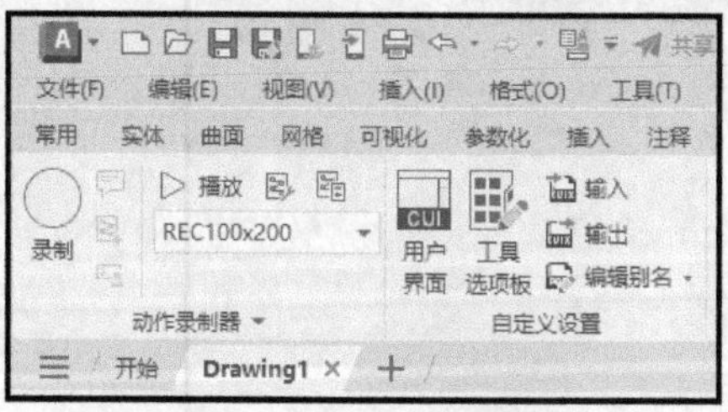

图 10-4-1　用户界面

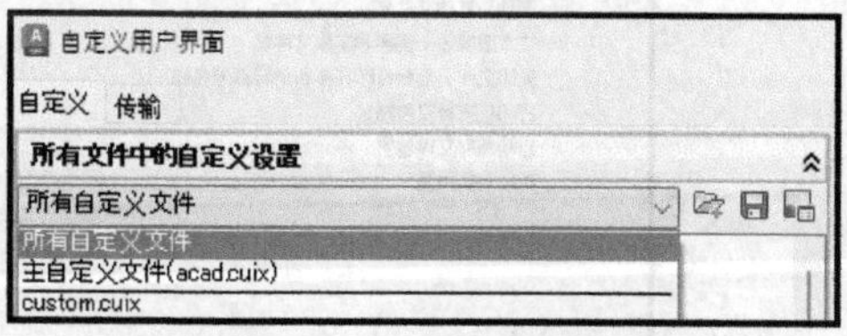

图 10-4-2　所有自定义文件

点击“所有文件中的自定义设置”右边的箭头，可以看到“主自定义文件（acad.cuix）”，点击后对话框如图 10-4-3所示。

AutoCAD 的 acad.cuix 文件是 AutoCAD 软件的核心组成部分，大部分的命令都保存在这个文件里面。通常不建议手动修改它，除非确切明白自己的操作含义。这个文件默认保存的位置如下：

```
C:\Users\用户名\AppData\Roaming\Autodesk\AutoCAD 2024\R24.3\chs\Support\acad.cuix
```

可以通过“选项”对话框，找到“自定义文件”中的“主自定义文件”（图 10-4-4），在这里可以修改它的保存路径。

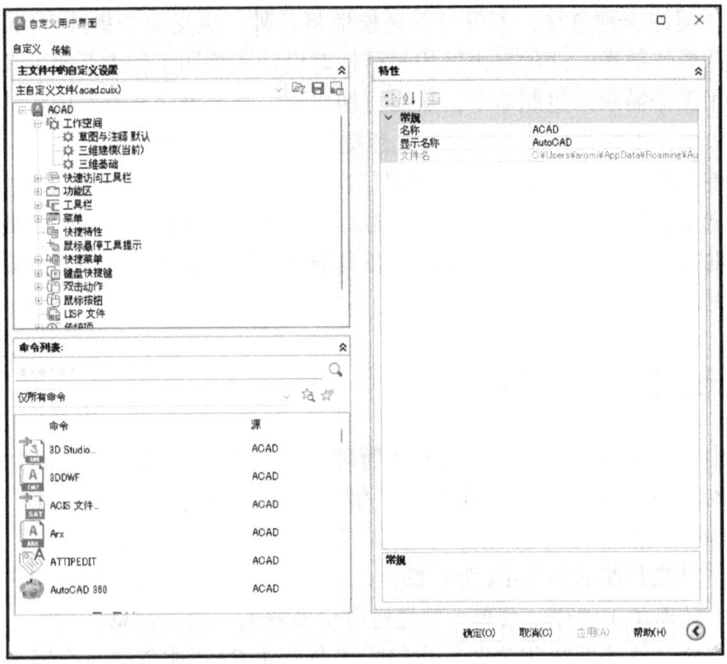

图 10-4-3　主自定义文件

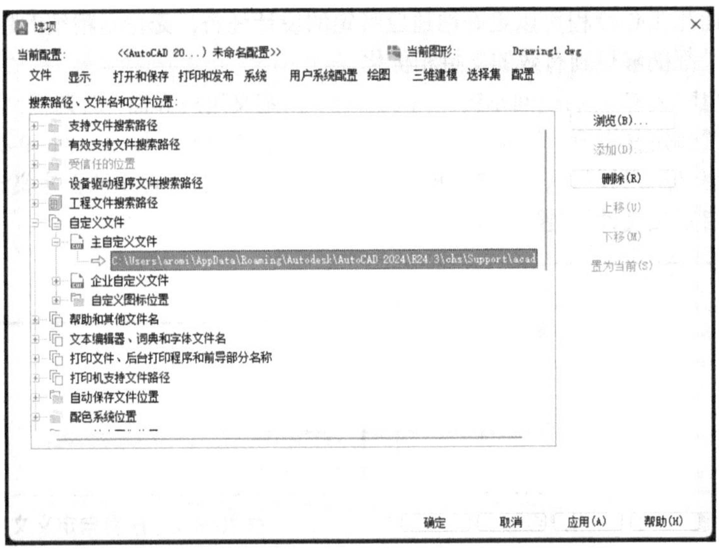

图 10-4-4　主自定义文件

acad.cuix 在 C 盘 Support 文件夹具体的位置如图 10-4-5所示。

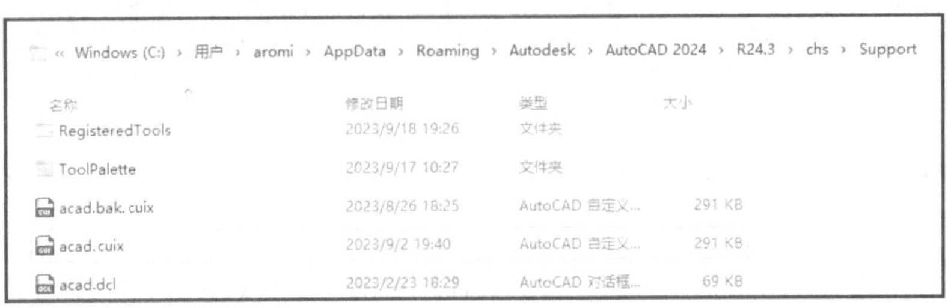

图 10-4-5　acad.cuix 的位置

acad.cuix 通常很复杂，因为它包含很多的设置和选项。在这里建议大家不要去修改 acad.cuix 文件，我们通过添加局部自定义文件来进行共享。

此外，掌握 CUIX 文件的使用和编辑，还意味着用户可以更深入地了解 AutoCAD 的内部机制，从而提高解决问题的能力和创新设计的可能性。因此，CUIX 文件不仅是一个简单的自定义工具，它还是连接用户需求与 AutoCAD 的桥梁，是提升设计效率和创新能力的关键。通过深入学习和应用 CUIX 文件，我们将能够更加自如地驾驭 AutoCAD，创造出更加精美、高效和创新的设计作品。

10.5 创建空白的局部自定义文件

在实现文件共享之前，需要创建一个空白的 CUIX 文件作为局部自定义文件。首先打开 AutoCAD 的“管理”选项板，并切换到“自定义设置”面板，可以在界面上找到“输出”这个按钮，如图 10-5-1 所示。或者，也可以通过在命令行窗口中输入 "CUIEXPORT" 来启动此过程。这将为我们提供一个空白的CUIX文件，可以用于配置和共享自定义的界面设置。

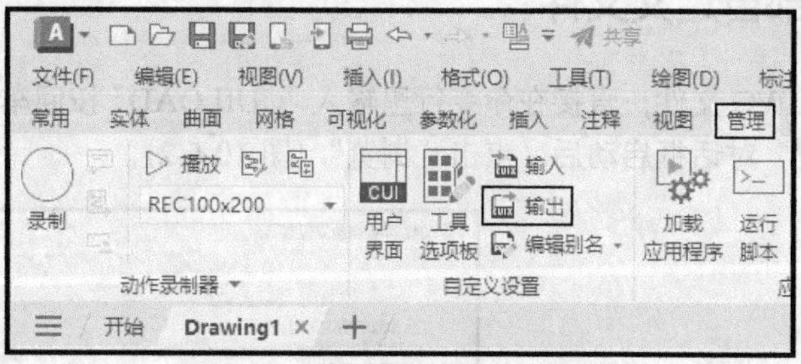

图 10-5-1 点击“输出”按钮

点击“输出”按钮，“自定义用户界面”对话框的“传输”面板就会弹出来。然后点击右边的创建新的自定义文件图标（图 10-5-2）。

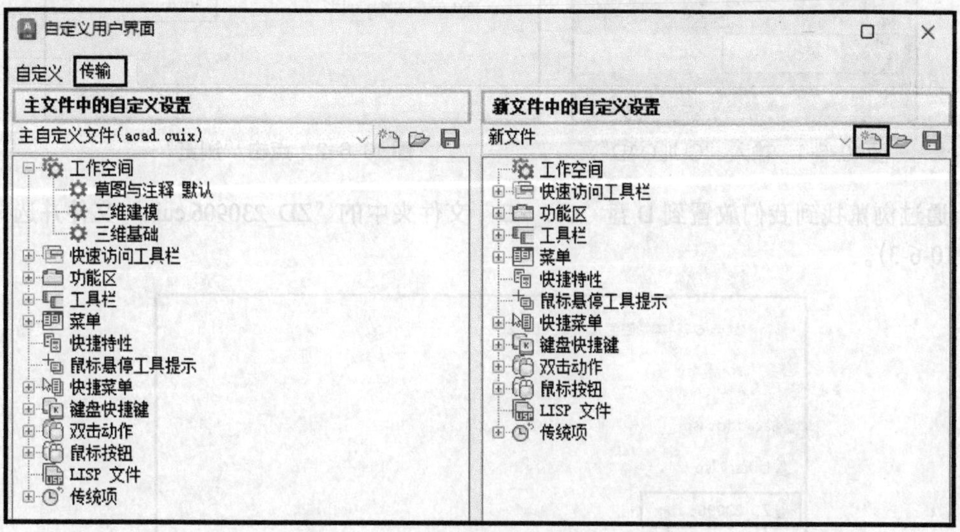

图 10-5-2 创建新的自定义文件图标

在“文件名”处填写名称，这里填写名称为“ZD_230906”，保存类型为默认的自定义文件，然后点击右下角的“保存”后，这样就创建好了一个空白的 CUIX 文件（图 10-5-3）。

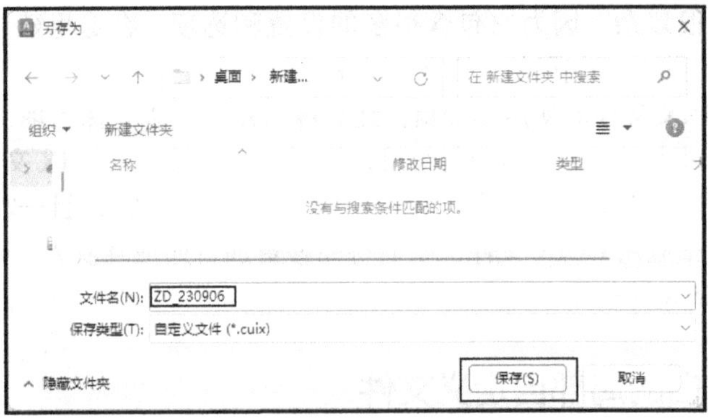

图 10-5-3　保存 ZD_230906 文件

需要将这个创建好的 CUIX 文件放置到“009_ZD”文件夹中。这样只需要共享“009_ZD”文件夹，CUIX 文件就会自动被共享。

10.6　加载局部自定义文件

打开任意一个 DWG 文件，直接在命令行里输入“CUILOAD”按回车键（图 10-6-1）。“加载 / 卸载自定义设置”对话框启动后，点击“浏览”（图 10-6-2）。

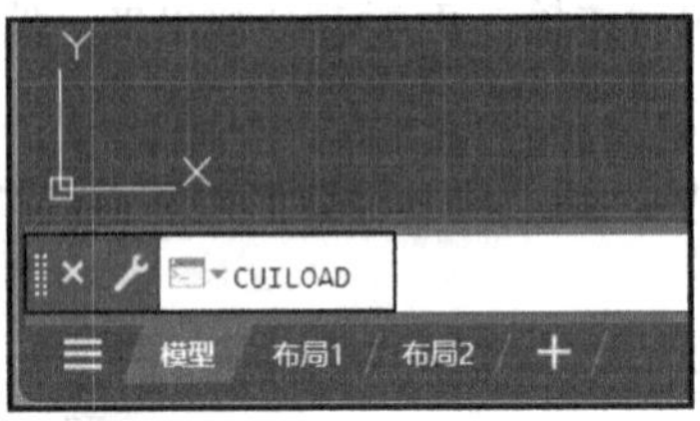

图 10-6-1　输入“CUILOAD”

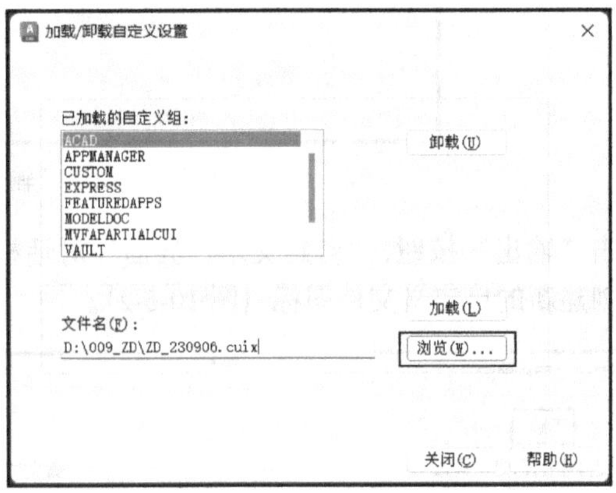

图 10-6-2　点击“浏览”

通过浏览找到我们放置到 D 盘“009_ZD”文件夹中的“ZD_230906.cuix”文件并选择它（图 10-6-3）。

图 10-6-3　选择“ZD_230906.cuix”文件

继续点击“加载”后，就可以看到上面“已加载的自定义组”里面会出现“ZD_230906”这样的文字，这就说明已经加载成功了。接着点击右下角的“关闭”，结束“加载/卸载自定义设置”对话框（图 10-6-4）。

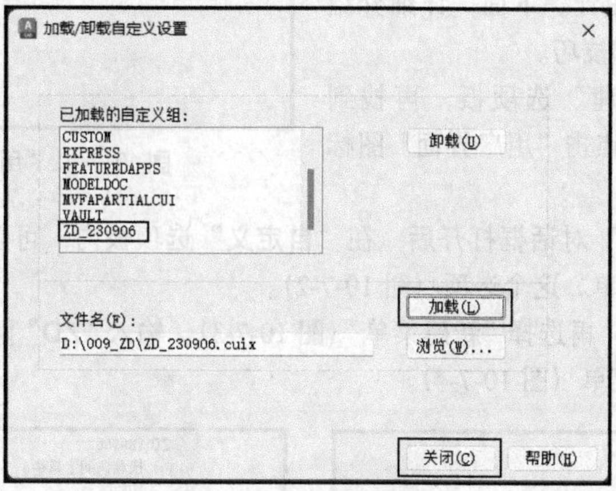

图 10-6-4　加载文件

以上就将自定义的文件添加完成了。

最后来确认一下保存的位置，在命令行里面输入“CUI”，打开“自定义用户界面”对话框，然后在“自定义”选项板中将“所有自定义文件”切换到“主自定义文件”（图 10-6-5）。找到“局部自定义文件”，将“局部自定义文件”展开后，就可以看到刚才添加的“ZD_230906”这个自定义文件了（图 10-6-6）。确认完之后，点击右下角的“确定”按钮，关闭“自定义用户界面”对话框。

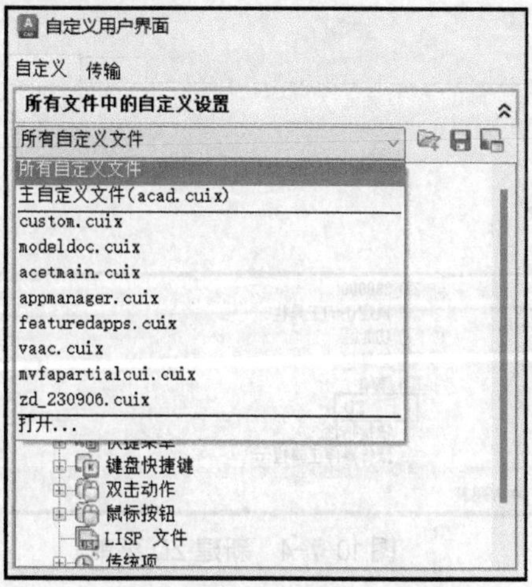

图 10-6-5　主自定义文件

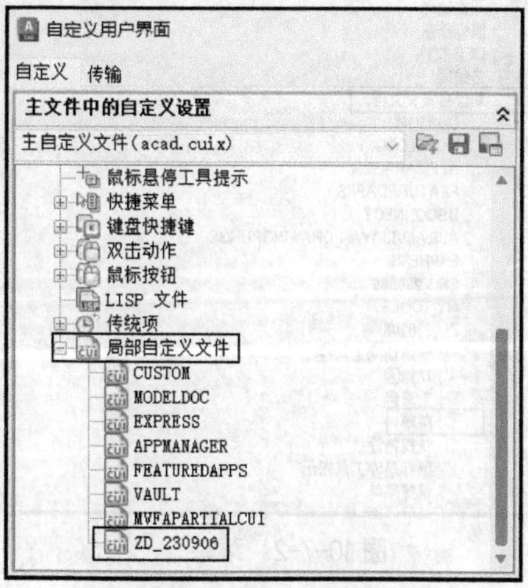

图 10-6-6　局部自定义文件

通过这种方法就建立好了一个局部自定义文件。ZD_230906 局部自定义文件将成为今后和团队协作的桥梁。

10.7 添加命令

在成功创建局部自定义文件之后，便有了一个个人定制的空间，我们可以随心所欲地将所需的命令添入其中。不论是我们之前创建的 ZD-C100-v1 这个自定义命令，还是 AutoCAD 默认的内置命令，都可以将其添加进去，来服务我们的设计。下面，详细介绍一下添加命令的步骤和技巧。

首先，找到“管理”选项板，再找到“自定义设置”面板，点击“用户界面”图标（图 10-7-1）。

图 10-7-1 “用户界面”图标

“自定义用户界面”对话框打开后，在“自定义”选项板内，可以看到“局部自定义文件”，展开后找到“菜单”这个选项（图 10-7-2）。

右键点击“菜单”，再选择“新建菜单”（图 10-7-3）。输入“ZD”两个字母，点击“确定”后就可以看到新建的菜单（图 10-7-4）。

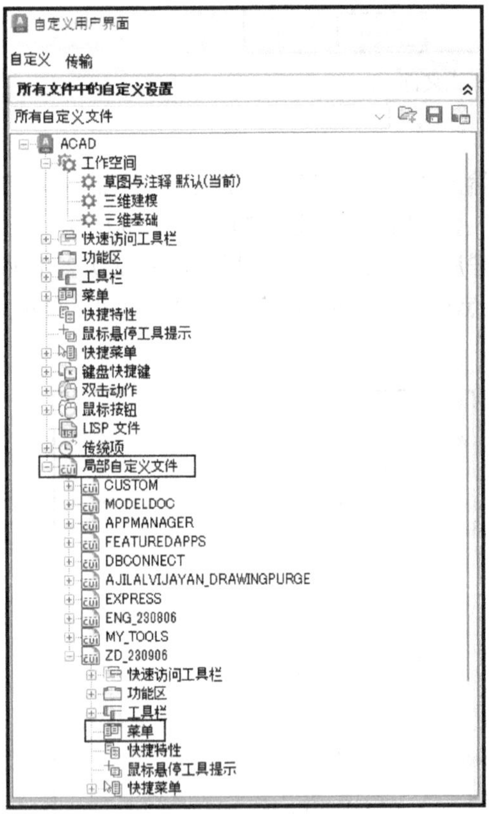

图 10-7-2 菜单

图 10-7-3 新建菜单

图 10-7-4 新建 ZD 菜单

然后来到“命令列表”，找到新建的“ZD-C100-v1”这个命令，右键点击后，选择“复制”（图 10-7-5）。当然，在这个步骤选择 AutoCAD 默认的命令也是没有问题的，后续操作方法一样。

这个时候再返回刚才新建 ZD 菜单的地方，右键点击“ZD”之后，选择“粘贴”（图 10-7-6），就可以看到“ZD-C100-v1”这个命令添加到了自制的“ZD”菜单里面（图 10-7-7）。

到此，命令就添加结束了。点击右下角的“确定”按钮，可以关闭“自定义用户界面”（图 10-7-8）。

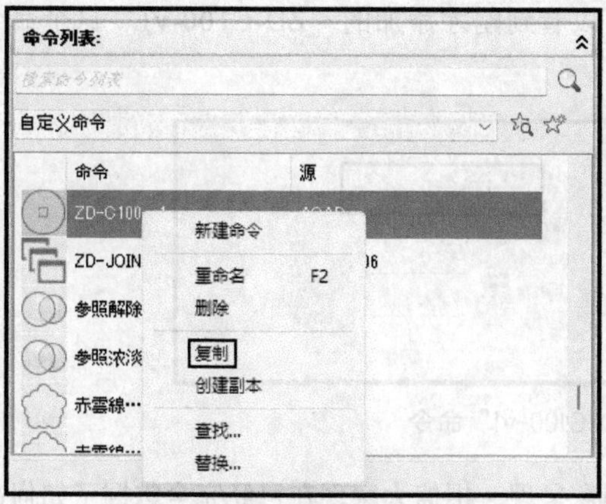

图 10-7-5 复制命令

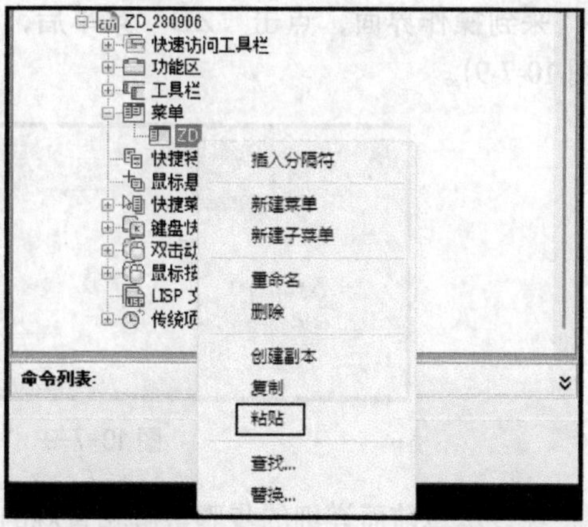

图 10-7-6 “粘贴”命令

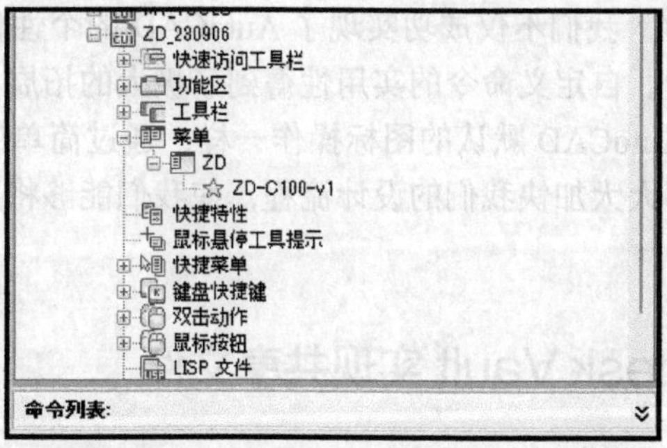

图 10-7-7 添加的“ZD-C100-v1”命令

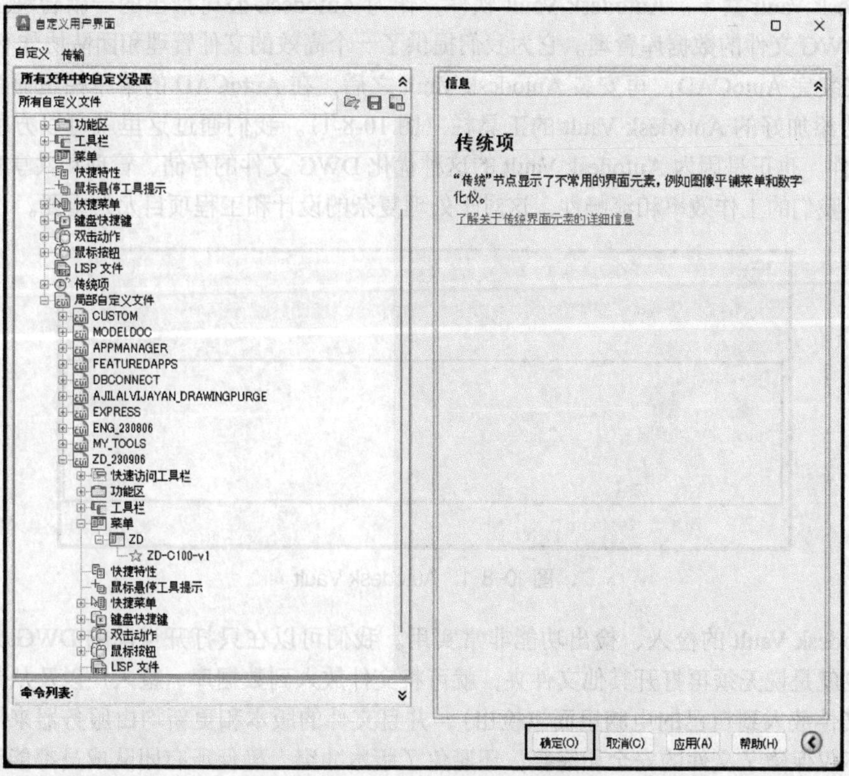

图 10-7-8 关闭“自定义用户界面”

来到操作界面，点击“ZD”菜单后，可以看到刚才添加的“ZD-C100-v1”这个命令（图 10-7-9）。

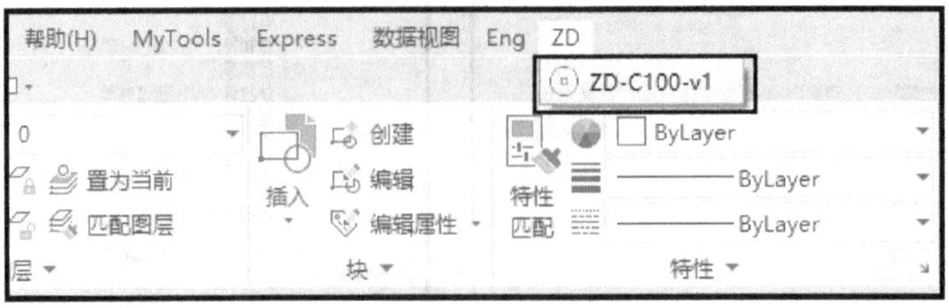

图 10-7-9 “ZD-C100-v1”命令

经过本章前面详细的步骤讲解和直观的图像呈现，相信大家现在已经完全掌握了如何高效地在局部自定义文件中加入自定义和内置命令。

在这一系列的操作中，我们不仅成功实现了 AutoCAD 的个性化定制，更在实用和便捷性上达到了一个新的高度。自定义命令的实用性得到了极大的拓展，无须再依赖于命令行的输入，我们可以像使用 AutoCAD 默认的图标操作一样，通过简单的鼠标点击即可启动自定义命令。这一改进无疑将大大加快我们的设计流程，使我们能够将更多的精力投入创造性的设计工作中。

10.8 使用 Autodesk Vault 实现共享文件

前面 10.1 节介绍了共享文件的方法。在这里和大家简单聊一下共享的另外一种方法，使用 Autodesk Vault 共享。Autodesk Vault 软件，作为 Autodesk 公司推出的一款管理工具，特别擅长 DWG 文件的数据库管理。它为我们提供了一个高效的文件管理和团队协作平台。

当安装完 AutoCAD，再安装 Autodesk Vault 之后，在 AutoCAD 的菜单栏里面就可以看到被自动添加好的 Autodesk Vault 的工具栏（图 10-8-1）。我们通过这里就可以方便地管理 DWG 文件。也正是因为 Autodesk Vault 的这种优化 DWG 文件的存储、管理和共享功能，显著提高了我们的工作效率和流畅性，这对于处理复杂的设计和工程项目尤为重要。

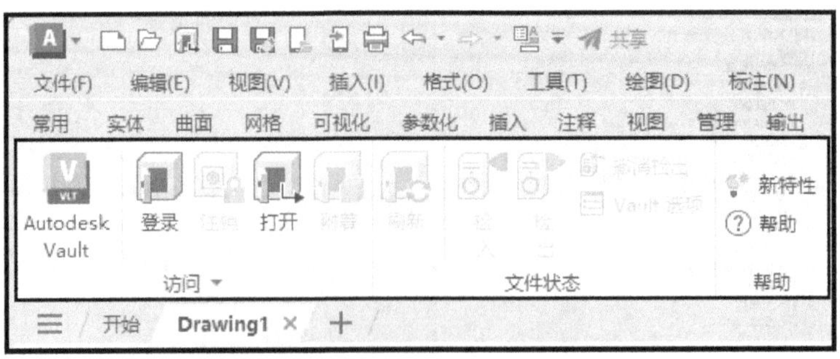

图 10-8-1 Autodesk Vault

Autodesk Vault 的检入、检出功能非常实用。我们可以在只打开当前的 DWG 文件的前提下，也就是说无须再打开其他文件夹，就可将文件放入到数据库（检入）以及从数据库里面提取文件放入到自己的电脑里面（检出），并且文件的版本和更新均由服务器来控制。这种机制不仅保障了文件的安全和完整，还避免了版本冲突，确保所有团队成员都能访问到最新、最准确的文件版本。这对于确保设计的一致性和准确性至关重要，尤其是在大型项目和多人协作的环境中。

Autodesk Vault 的这一优势，可以帮助大家极大地简化 CUIX 文件的加载和管理。也就是说，我们使用 Autodesk Vault 可以轻松共享和管理 CUIX 文件，使工作流程更加灵活和高效，加快项目的进展。结合 Autodesk Vault 的管理功能，CUIX 文件的管理和共享变得前所未有的简单，极大地促进了团队之间的紧密合作。如果条件允许的话，强烈建议大家使用 Autodesk Vault 来管理 CUIX 文件。

另外，Autodesk Vault 还提供了强大的搜索功能，使我们能够快速地找到所需的文件和数据，大大节省了时间和提高了工作效率。同时，它还支持访问控制和权限管理，确保只有授权的人员才能访问敏感或关键的文件，增强了项目的安全性。

Autodesk Vault 不仅是一款高效的文件和数据管理工具，它通过整合资源、优化工作流程，并通过其检入检出功能、CUIX 文件管理以及强大的搜索和权限控制功能，确保了团队协作的无缝对接，帮助团队在各种项目中实现最高的生产效率和工作质量。Autodesk Vault 的应用让团队成员能够更紧密地协作，共同推进项目的成功。

第 11 章

鼠标点击大改造

对于一些自己常用的命令，可以利用鼠标的双击动作来启动和操作。如果我们再激活“打开计时右键单击”设定，大部分常用的操作就只需要利用鼠标即可完成。这是一个高效但鲜为人知的操作流程，这一章将围绕着这个操作流程来和大家详细讲解一下。

通过使用鼠标的按键，我们能够快速地访问和执行常用命令。这不仅提高了工作效率，还减少了键盘输入的频率，使工作更加流畅和直观。激活“打开计时右键单击”设定后，单击右键可以实现“确定”和“重复”，能进一步简化我们的操作步骤。

这一章将结合具体的命令来和大家一起设置一下。另外，本章所使用的所有文件，均可通过扫描前言中的二维码进行下载。

11.1 鼠标的双击操作

首先，先解释一下什么是双击。我们绘图操作中使用鼠标进行双击的动作一般有两种，一种是鼠标的左键连续按两次，另一种是鼠标的中间滚轮连续按两次。在大多数情况下，常用的是鼠标的左键快速点击对象物两次，称为双击。在 AutoCAD 的默认设定中，根据对象物的不同，双击动作后所触发的操作菜单也是不一样的。下面是一些常用双击动作的效果（表 11-1-1）。

表 11-1-1　常用双击动作的效果

对象物	双击的效果
点	双击后打开“快捷属性”对话框
直线、圆、圆弧	双击后打开“快捷属性”对话框
文字和标注尺寸	双击后打开“文字编辑器”功能
图案填充	双击后打开“快捷属性”对话框
多段线，矩形	双击后打开“编辑多段线”功能
块文件	双击后打开“编辑块定义”对话框
组文件	双击后打开“快捷属性”对话框

打开“自定义用户界面”（CUI）后，在“所有自定义文件”中，可以找到“双击动作”（图 11-1-1）。默认的所有双击设定都可以从这里查阅到（图 11-1-2）。

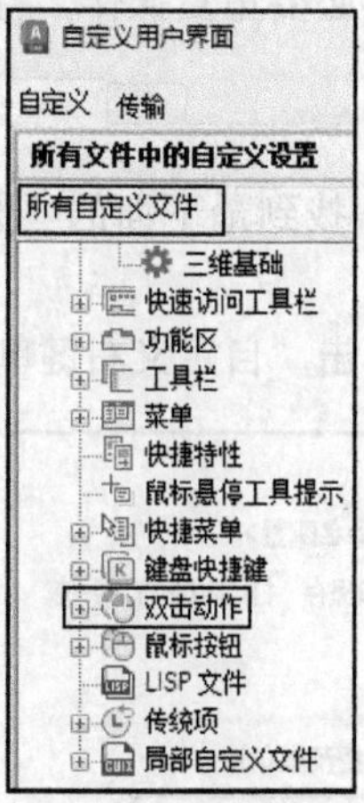

图 11-1-1 所有自定义文件

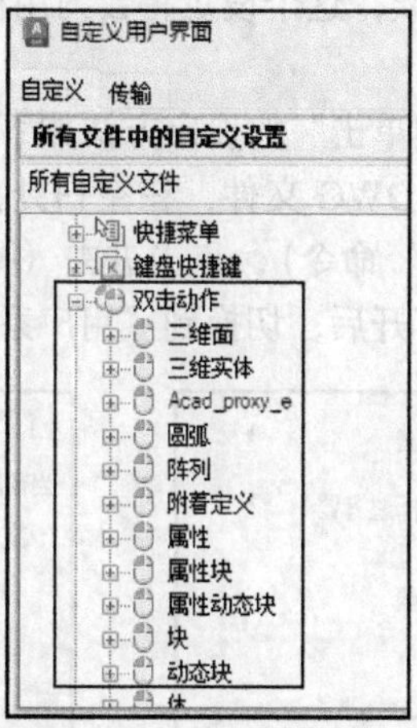

图 11-1-2 默认双击动作

此外，系统变量 DBLCLKEDIT 可以控制双击动作的执行（图 11-1-3）。默认变量为 1，我们通过命令行将其值改为 0 之后，AutoCAD 在双击动作后不会执行任何操作。这在某些情况下非常有用，例如当我们不希望在工作过程中意外触发编辑功能时。

图 11-1-3 DBLCLKEDIT变量

通过合理利用双击操作和自定义设置，可以提高在 AutoCAD 中的工作效率，同时避免不必要的操作失误。

11.2 自定义右键单击

在平时的绘图操作中，当一个命令操作完成后需要结束时，一般有两种常见方法：一是点击鼠标右键并选择“确认”选项（图 11-2-1）；二是使用键盘快捷键，通过按下“Enter”回车键或空格键来结束命令。

如果我们在“选项”里面设定了“自定义右键单击”这个功能（图 11-2-2），将会很大程度上减少操作步骤，实现高效率绘图。

图 11-2-1 “确认”选项

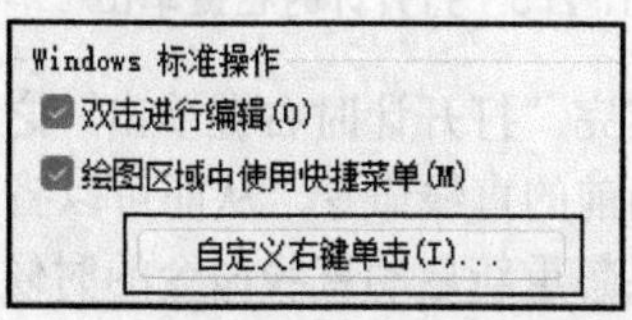

图 11-2-2 自定义右键单击

设置自定义右键单击可以给我们提供两个功能，一个是取代键盘的“Enter”键（或者菜单里面的“确认”按钮），另一个就是可以让我们快速再次进入之前结束的命令。特别是长时间绘图操作的时候，这个设定将会为用户节省很多不必要重复操作，将用户从烦琐的操作和疲惫中解放出来。

“打开计时右键单击”的设定方法如下。

新建任意一个DWG文件，在空白处点击右键后，找到最下面的“选项”（或者通过键盘输入“OPTIONS”命令），点击进去（图11-2-3）。

“选项”面板打开后，切换到“用户系统配置”，点击“自定义右键单击”（图11-2-4）。

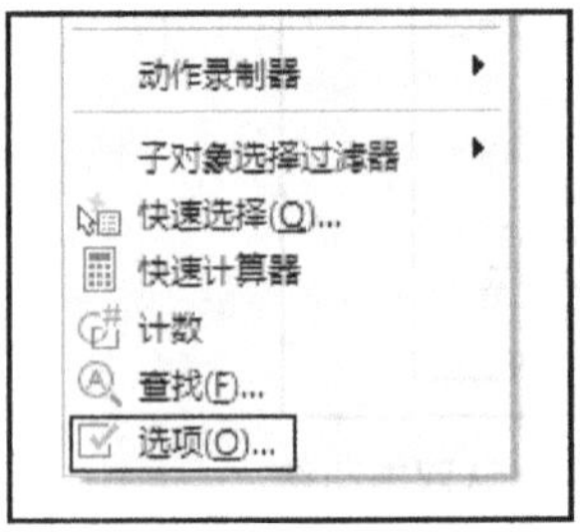

图11-2-3　选项

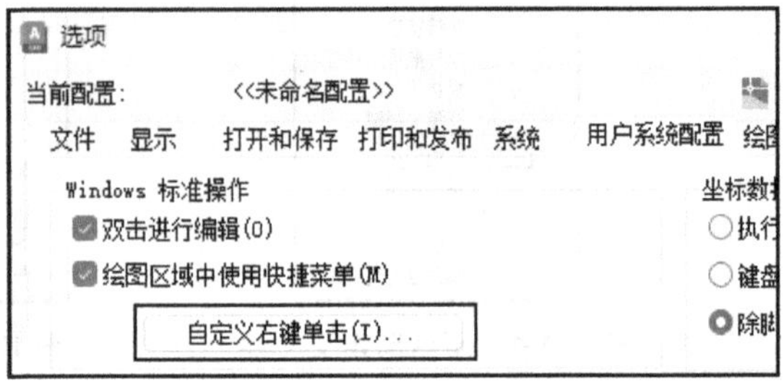

图11-2-4　自定义右键单击

然后在“打开计时右键单击”的前面添加对勾，将“打开计时右键单击”这个功能处于激活的状态（图11-2-5）。再点击最下面的“应用并关闭”结束设定。在这里，其他地方的设置可以按照默认来执行。

最后返回“选项”面板点击最下面的“确定”后，设定就结束了。

自定义右键点击的使用方法也很简单。例如使用LINE命令（快捷键“L”）任意绘制一条直线，如果没有按照前面的说明设定“打开计时右键单击”，想结束当前直线的命令，就需要在空白处点击一下右键，然后再选择“确认”，执行两步才能结束当前的命令（图11-2-6）。

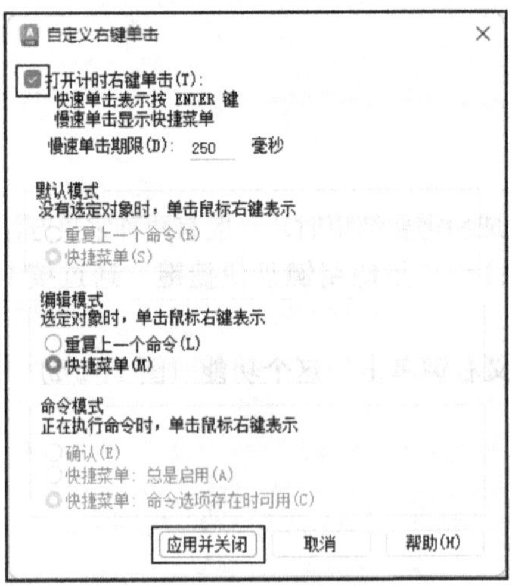

图11-2-5　打开计时右键单击

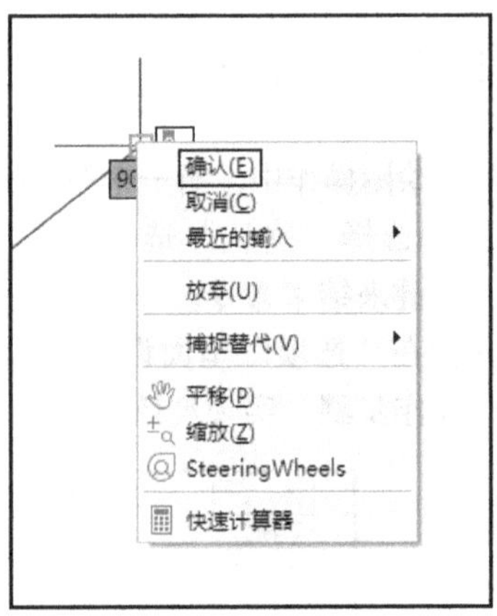

图11-2-6　确认

但是如果设定完“打开计时右键单击”之后，想结束当前的操作，直接在空白处点击一下右键即可结束当前的直线命令，从而可以省去右键面板里面选择“确认”这一步。

在这里，如果想重新启动直线命令的时候，无须其他任何操作，只需要再点击一下右键就又进入到了直线命令。这就是此设定的最大的好处。

另外，在设置“打开计时右键单击”之前，点击鼠标右键，如图 11-2-6 这样右键菜单就会弹出来。当设置完“打开计时右键单击”之后，如果按住右键不是马上松开，稍微延迟一段时间后再松开的话，你会发现这个右键的菜单同样能弹出来。

这是因为在前面图 11-2-5 设定的时候，默认设定为延迟 250 毫秒后启动右键菜单的结果（图 11-2-7）。这也是这个设定的名字为“打开计时右键单击”的含义所在（延迟的时间也可以根据自己的需要来修改）。

图 11-2-7　慢速单击期限

通过“自定义右键单击”功能，可以大幅提升 AutoCAD 的绘图效率，减少重复操作，让大家专注于设计本身。这一设定既简化了操作流程，又保留了传统右键菜单的调用方式，为我们提供了灵活便捷的使用体验。

11.3 创建双击专用 CUIX文件

设置完自定义右键单击，参阅 10.5 节的介绍，还需要创建一个双击动作专用的 CUIX 文件。当然，直接使用第 10 章中创建的这个 ZD_230906.cuix 文件也是可以的，但为方便管理和共享，建议大家再单独创建一个文件，这里创建“ZD_240625.cuix”作为双击动作专用的 CUIX 文件。

大家无须重新创建，扫描前言中的二维码，可以获得 ZD_240625.cuix 这个文件。

在命令行对话框里面输入“CUILOAD”打开“加载 / 卸载自定义设置”对话框，通过“浏览”，将下载的 ZD_240625.cuix 文件加载到自定义组中（图 11-3-1），然后点击右下角的“关闭”结束对话框。

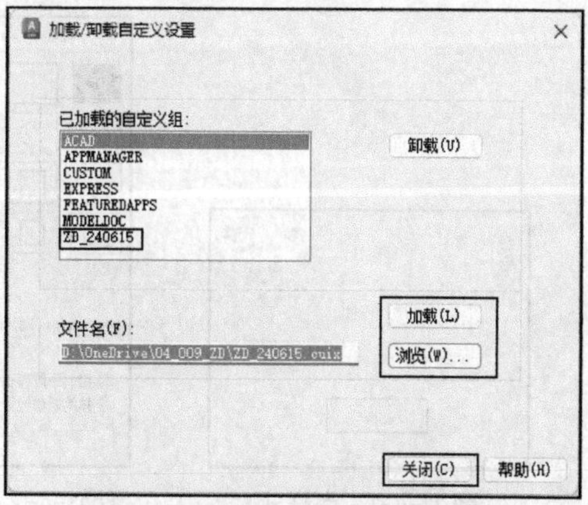

图 11-3-1　加载 / 卸载自定义设置

接着通过 CUI 命令打开自定义用户界面对话框，找到“局部自定义文件”（图 11-3-2）。

打开它，可以看到加载进去的“ZD_240625”，本章后面所解说的各种双击动作操作设置，都将加载到该文件下面的“双击动作”中（图 11-3-3）。

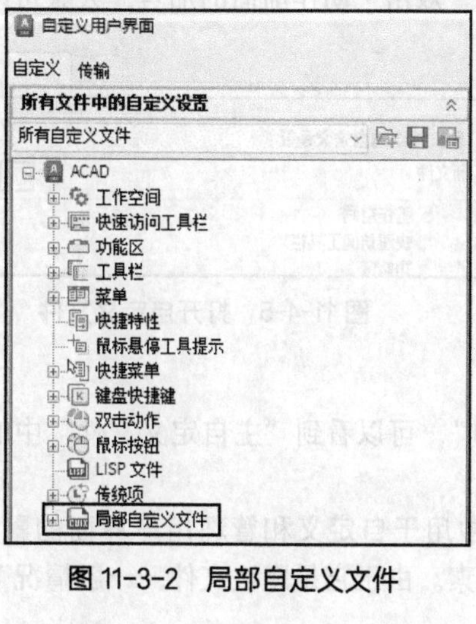

图 11-3-2　局部自定义文件

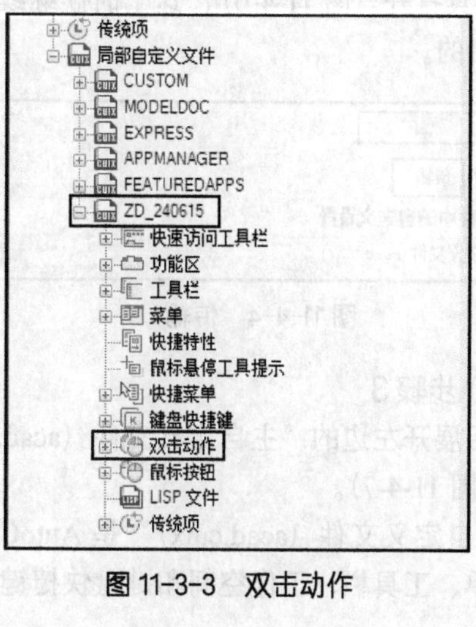

图 11-3-3　双击动作

加载到“ZD_240625”文件下的“双击动作”，将会自动取代AutoCAD默认的“双击操作”。

到此所有的准备工作就结束了。通过设置右键单击自定义和创建双击动作专用的CUIX文件，不但能够显著提升AutoCAD的操作效率，更便于管理和共享数据。

11.4 双击：启动点样式

首先先看一下点样式。点样式的命令为PTYPE，它没有快捷键。在“实用工具”面板里面可以找到它的图标（图11-4-1）。

平常切换点样式的时候，需要通过“点样式”面板来进行选择和切换（图11-4-2）。这里通过点的双击动作来启动“点样式”面板的操作步骤如下。

（1）步骤1

首先需要将点的双击动作放置到“ZD_240615”里面，因为前面第11.3节创建的ZD_240615.cuix还是一个空白文件。任意打开一个DWG文件，在“管理”选项卡里面找到“自定义设置”面板里面的“输出”并点击它（图11-4-3）。“自定义用户界面”对话框将会弹出来，而且会直接显示“传输”选项卡（图11-4-4）。

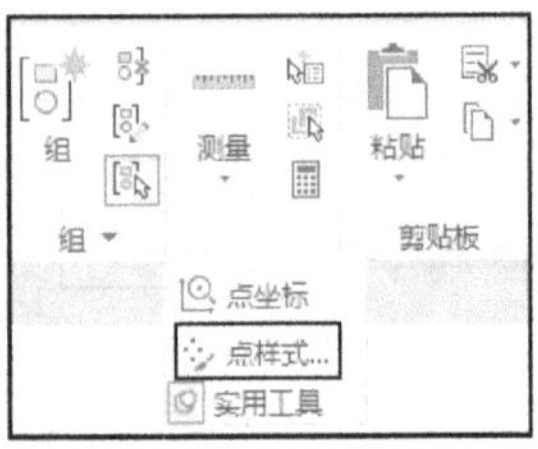

图11-4-1 点样式

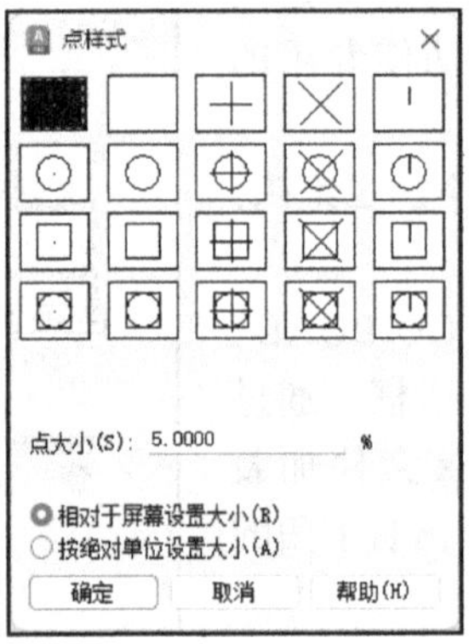

图11-4-2 “点样式”面板

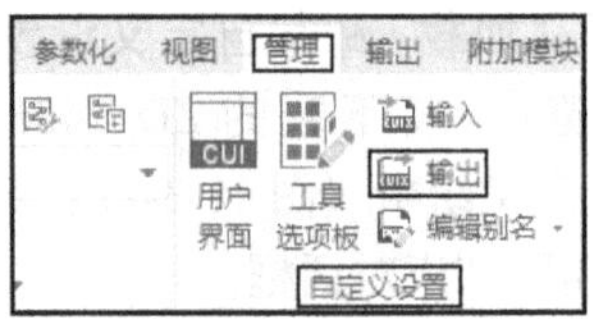

图11-4-3 输出

（2）步骤2

在“新文件中的自定义设置”这里点击打开自定义文件图标（图11-4-5）。找到“ZD_240615.cuix”将其打开（图11-4-6），这个时候继续点击“双击”动作前面的加号，大家可以确认里面是空白的。

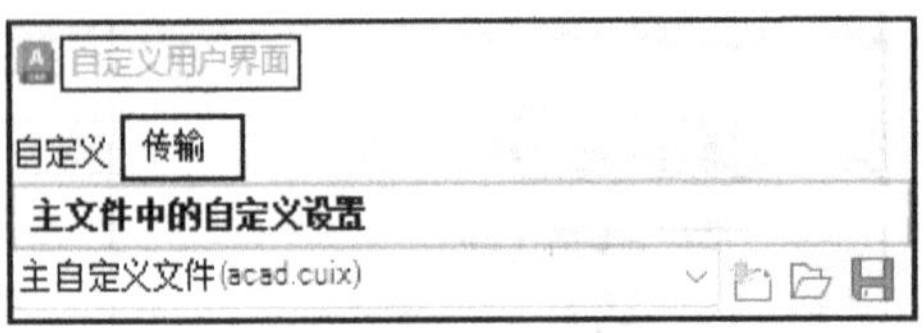

图11-4-4 传输

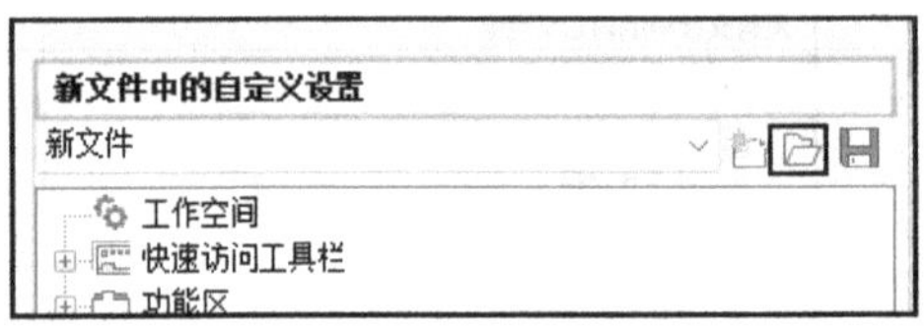

图11-4-5 打开自定义文件

（3）步骤3

然后展开左边的“主自定义文件（acad.cuix）”，可以看到“主自定义文件”中的“双击动作”（图11-4-7）。

“主自定义文件（acad.cuix）”是AutoCAD中用于自定义和管理用户界面的默认文件，包含菜单、工具栏、工作空间和键盘快捷键等元素。由于它是默认文件，一般情况下，我们

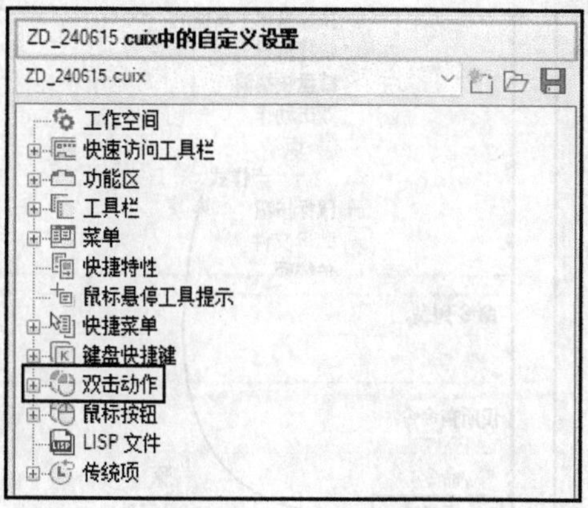

图 11-4-6　双击动作

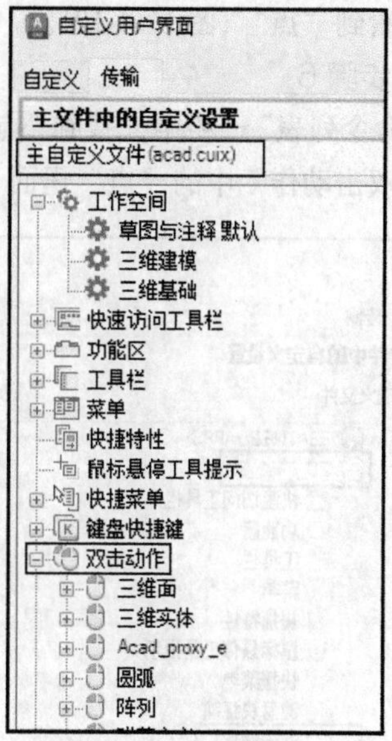

图 11-4-7　主自定义文件

不会直接修改它，而是创建和使用自己的自定义文件（例如 ZD_240615.cuix），以便在不影响默认设置的情况下进行自定义。

（4）步骤 4

在“主自定义文件”的“双击动作”里面可以找到“点”，然后将这个“点”拖拽到“ZD_240615.cuix”的“双击动作”里面（图 11-4-8）。

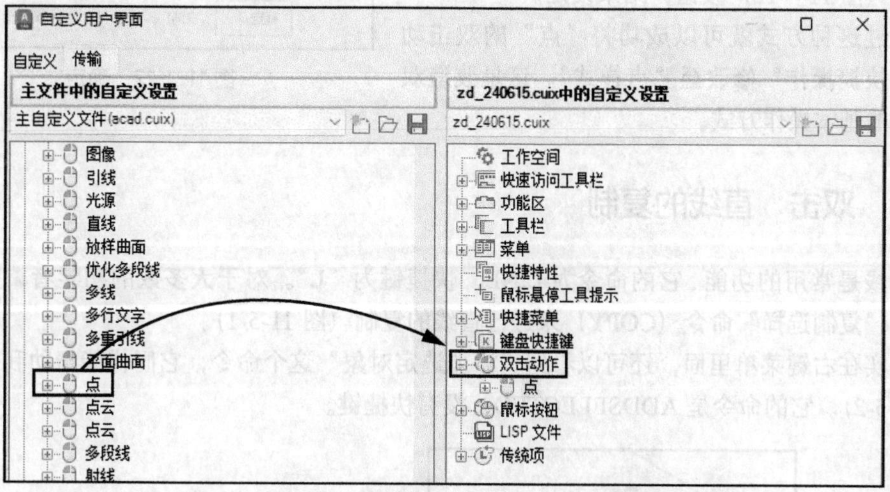

图 11-4-8　拖拽“点”到“ZD_240615.cuix”下的“双击动作”

通过这种方法，可以自由自在为 CUIX 文件添加各种功能。

（5）步骤 5

将“自定义用户界面”中的“传输”选项卡切换到“自定义”选项卡（图 11-4-9）。在下方打开“所有自定义文件”，在“ZD_240615”里面的“双击动作”

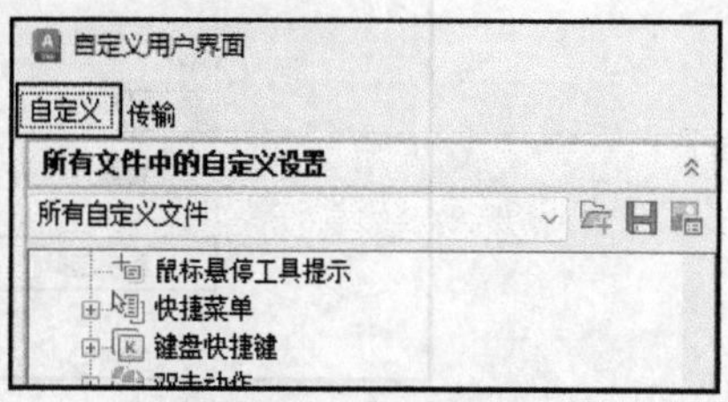

图 11-4-9 “自定义”选项卡

中就可以看到“点”(图 11-4-10)。

(6)步骤6

在“命令列表”一栏中，找到“点样式”命令，通过拖拽的方式将它添加到“ZD_240615”里面的“双击动作”中的“点”里面（图 11-4-11），就完成了对“点”命令的双击动作改造。

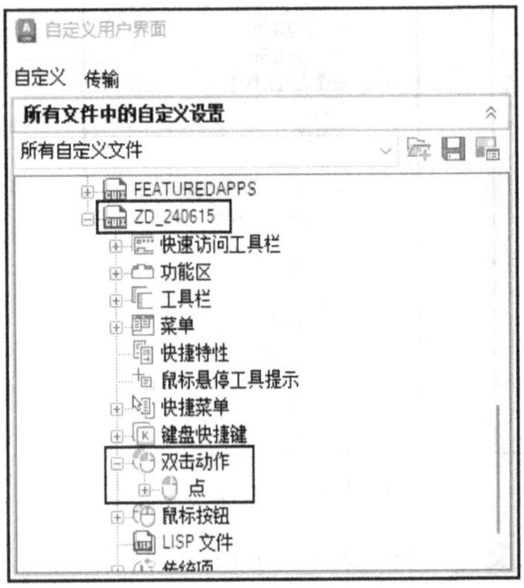

图 11-4-10 “双击动作”中的“点”

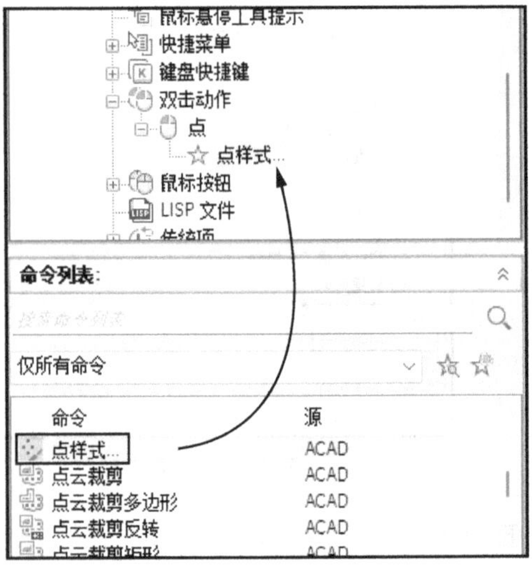

图 11-4-11 添加“点样式”

(7)步骤7

最后点击“自定义用户界面”对话框右下角的“确定”(图 11-4-12) 按钮，结束设定。

图 11-4-12 确定

通过这种方式就可以成功将“点”的双击动作从“快捷操作”修改至“点样式”。这是改造双击动作的基本操作方式。

11.5 双击：直线的复制

直线是常用的功能，它的命令为 LINE，快捷键为“L”。对于大多数的初学者，大家都会使用“复制选择”命令（COPY）来进行直线的复制（图 11-5-1）。

其实在右键菜单里面，还可以看到“添加选定对象”这个命令，它同样能帮助我们复制（图 11-5-2）。它的命令是 ADDSELECTED，没有快捷键。

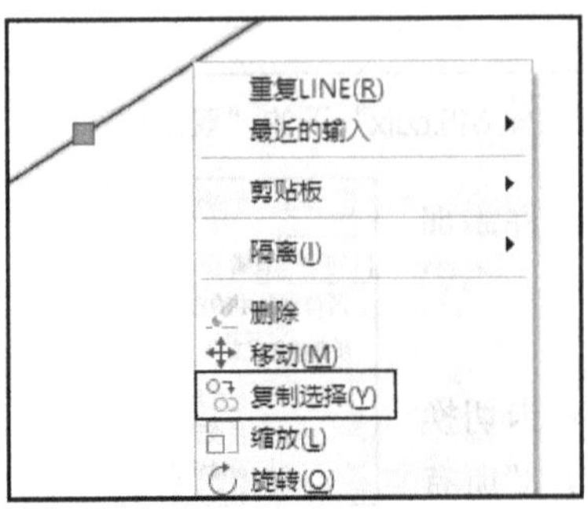

图 11-5-1 复制选择

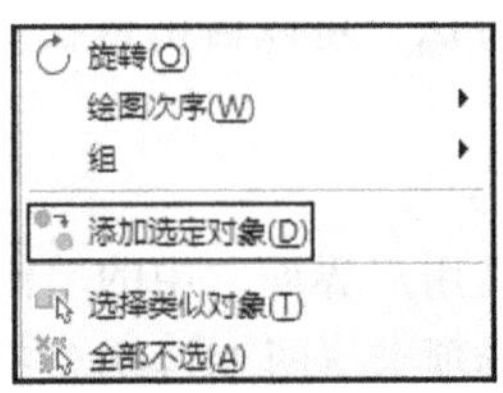

图 11-5-2 添加选定对象

ADDSELECTED 命令用于在绘图操作中创建一个新的对象，这个新对象与我们所选择的现有对象类型和属性相同，但几何值不同。也就是说使用这个命令，我们就可以快速复制并调整对象，而无须重新设置属性。

例如，利用 ADDSELECTED 命令选择一个圆形后，大家可以创建一个新的圆形，这个新的圆形与原来的圆形颜色和图层相同，但它的几何值，如中心点和半径，可以不同。不同类型的对象还支持特定的属性复制，如文本的样式和高度，或者表格的样式。这个功能大大简化了设计和修改过程，提高了工作效率，可以帮助我们节省时间和精力。

活用 ADDSELECTED 命令的这个功能，并将它捆绑到直线的双击动作中，对复制直线操作将会有简化作用。

（1）步骤 1

参阅第 11.4 节中步骤 1 到步骤 4 的解说，在“自定义用户界面”的“传输”选项卡，从“主自定义文件”的“双击动作”中找到“直线”，将它拖拽到“ZD_240615”文件中的“双击动作”中（图 11-5-3）。

（2）步骤 2

切换到“自定义”选项卡，在“命令列表”里面找到“添加选定对象”命令，将它拖拽到刚才创建的“ZD_240615”文件中“双击动作”里面的“直线”下方（图 11-5-4）。

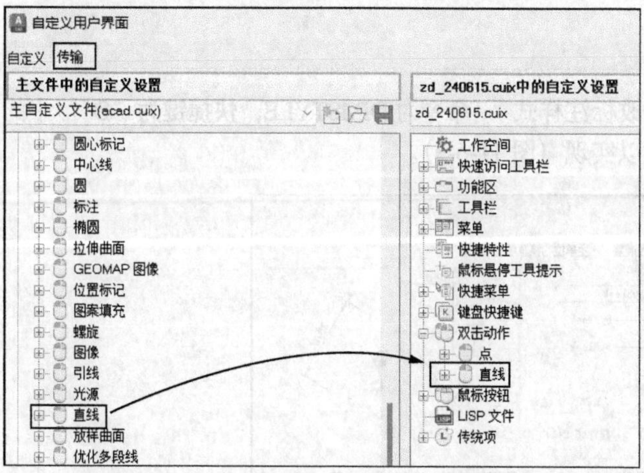

图 11-5-3　拖拽到“ZD_240615”文件中

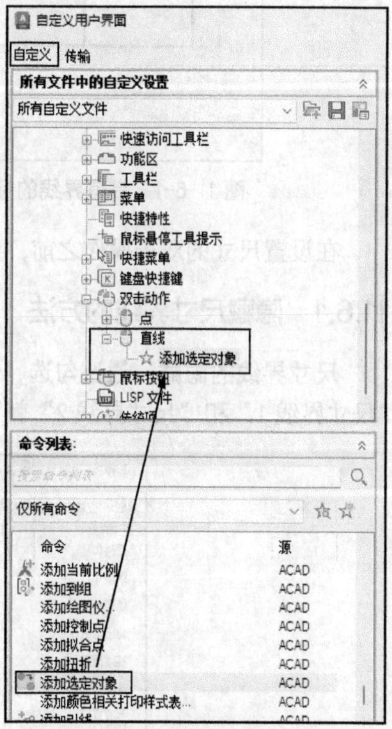

图 11-5-4　拖拽“添加选定对象”到“双击动作”

最后点击“自定义用户界面”对话框右下角的“确定”按钮，关闭对话框，结束设定。

例如现在有一条红色的直线，如果想快速复制它，有两种方式通。过表 11-5-1 的对比，可以明显看到，传统方式需要 6 个步骤才能实现的操作，本节所介绍的双击方式只需要 3 步即可完成。双击方式对高效率绘图将会有非常大的帮助。

表 11-5-1　复制直线两种方式的对比

步骤	传统方式	双击方式	步骤	传统方式	双击方式
1	单击直线	双击直线	4	在任意地点粘贴直线	
2	右键打开菜单		5	调整直线长度	绘制同样属性的直线
3	选择复制命令		6	结束操作	结束操作

11.6　双击：隐藏尺寸界线

前面 11.4 节和 11.5 节中对双击动作的改造操作中，使用的都是 AutoCAD 所默认的命令。本节和大家一起探讨一下怎样将 AutoLISP 自定义的命令也添加到双击动作中。

以尺寸的标注为例，标注的命令为 DIM，它没有快捷键。例如图 11-6-1 所示的矩形。在某些时候，需要隐藏尺寸的界线（图 11-6-2），或者想批量修改尺寸的颜色，通过 AutoLISP 就可以非常快捷方便地来实现。

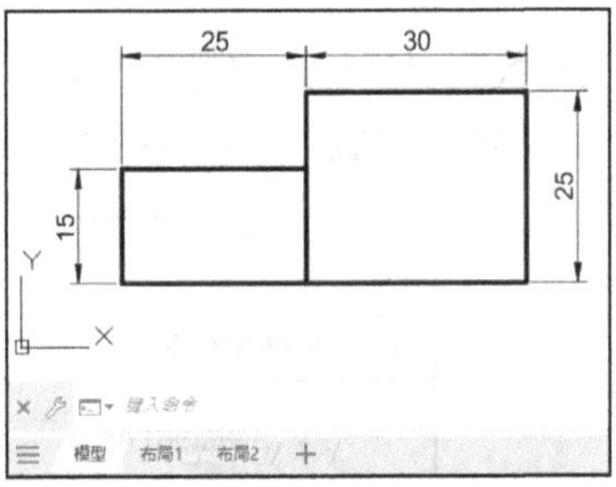

图 11-6-1　带有界线的标注尺寸

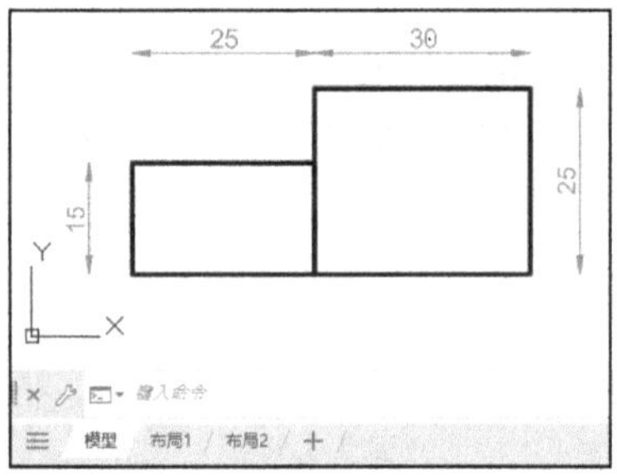

图 11-6-2　没有界线的标注尺寸

在设置尺寸的双击操作之前，先介绍一下隐藏尺寸界线的 AutoLISP 程序。

11.6.1　隐藏尺寸界线的方法

尺寸界线的隐藏，通过勾选“修改标注样式”（命令为 DIMSTYLE，快捷键为“D”）中的“尺寸界线 1”和“尺寸界线 2”就可以实现（图 11-6-3）。

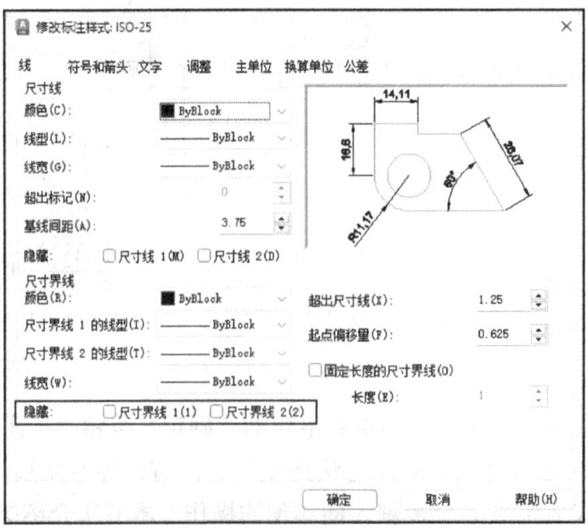

图 11-6-3　修改标注样式

它们在 AutoCAD 中的变量名称为 DIMSE1 和 DIMSE2，通过这两个变量来编写 AutoLISP 就可以实现隐藏尺寸界线，编程如下：

```
(defun c:ZD-DIM (/ ss)          ; 创建自定义命令 ZD-DIM，并设置局部变量 ss
   (if (setq ss (ssget '((0 . "DIMENSION"))))
 ; 获取所有 DIMENSION 对象，如果成功则执行下面的代码
     (progn                     ; 代码块 progn 开始
       (if (not (tblsearch "layer" "DIM"))
 ; 检查是否存在图层 DIM，如果不存在则执行下面的代码
           (progn               ; 代码块 progn 开始
             (command "_.layer" "_make" "DIM" "_color" "1" "" "")
                                ; 创建图层，名称为 "DIM"，颜色为红色
           )                    ; 代码块 progn 结束
       )                        ; if 函数结束
       (command "_.layer" "_set" "0" "")      ; 设置当前图层为 0 图层
       (command "_.chprop" ss "" "_layer" "DIM" "")
                                ; 将选择的尺寸对象移动到 DIM 图层
       (command "_.dimoverride" "DIMSE1" "_on" "" ss "")
                                ; 设置 DIMSE1 尺寸界线不显示
       (command "_.dimoverride" "DIMSE2" "_on" "" ss "")
                                ; 设置 DIMSE2 尺寸界线不显示
     )                          ; 代码块 progn 结束
     (princ "\nNo dimensions selected.")
                                ; 如果没有选择到尺寸对象，输出提示信息
 )                              ; if 函数结束
 (princ)                        ; 函数运行结束，确保函数不留下任何多余的命令行输出
)                               ; 自定义命令 ZD-DIM 运行结束
```

通过扫描本书二维码可以下载到 ZD-DIM.lsp 这个文件。

11.6.2 双击动作标注的设定

为能在双击动作中使用到 AutoLISP 程序，需要通过 CUI 命令，将这个自定义函数 ZD-DIM 添加到“用户自定义界面”里面。

（1）步骤 1

任意新建一个 DWG 文件，在“命令列表”里面，找到创建新命令的图标（图 11-6-4）。

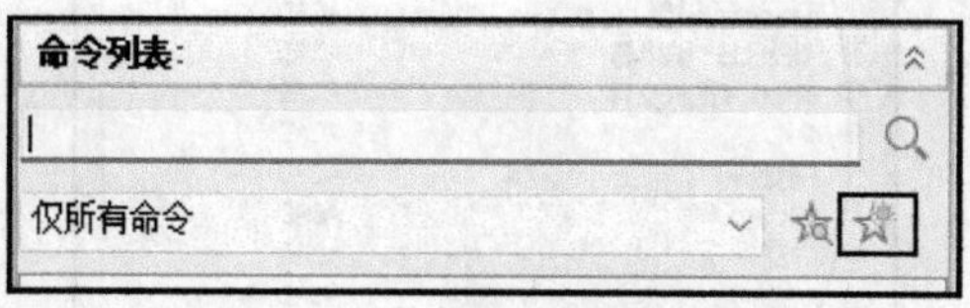

图 11-6-4　创建新命令图标

（2）步骤 2

然后新命令的“特性”面板将会显示出来（图 11-6-5），将名称填写为“ZD-DIM”，宏

的地方请按照以下代码来填写：

```
^C^C_SELECT;_ZD-DIM
```

这里需要说明一下，如果宏的地方按照“^C^C _ZD-DIM”来填写，设定好的双击动作也可以运行，但是无法实现批量修改，只能修改双击的尺寸线。

（3）步骤 3

接着参照 11.4 节中步骤 1 到步骤 4 的解说，在“自定义用户界面”的“传输”选项卡，从“主自定义文件”的“双击动作”中找到“标注”，将它拖拽到 ZD_240615 文件中的“双击动作”中（图 11-6-6）。

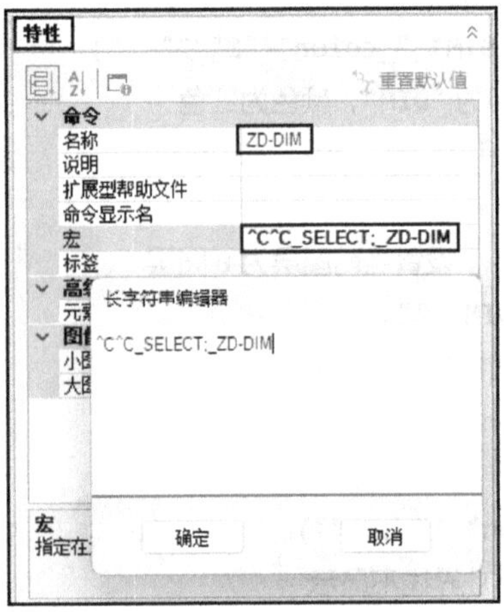

图 11-6-5 “特性”面板

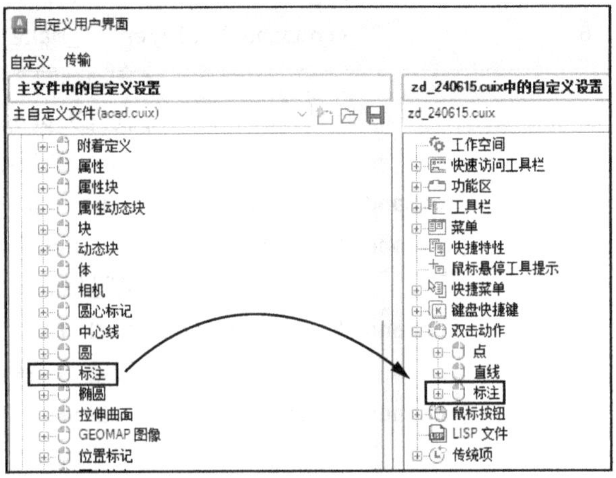

图 11-6-6 添加“标注”双击动作

（4）步骤 4

然后切换到“自定义”选项卡，在命令列表里面找到步骤 2 创建的 ZD-DIM 命令，将它拖拽到刚才创建的 ZD_240615 文件中“双击动作”里面的“标注”下方（图 11-6-7）。

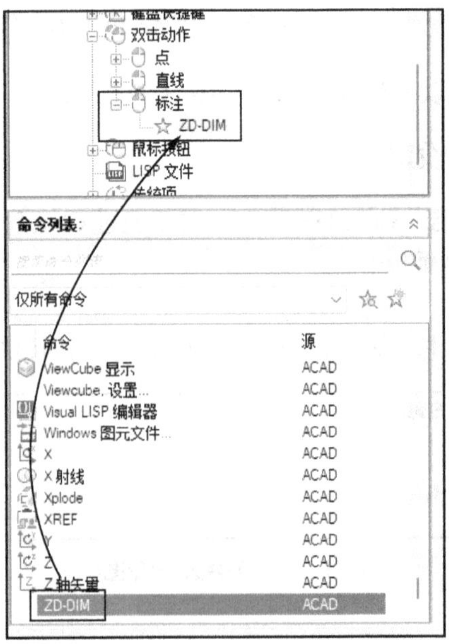

图 11-6-7 修改“标注”的双击动作

最后点击右下角的“确定”，关闭“自定义用户界面”窗口，设置到这里就结束了。通过这种方式，AutoLISP 文件所创建的自定义命令也可以被我们设定到双击动作中来。

11.7 双击：创建中心线

AutoCAD 有一个为圆形添加中心线的标准命令 CENTERMARK（图 11-7-1），但是这个命令存在线型不能自由设定、线的颜色也不能修改等诸多不便。

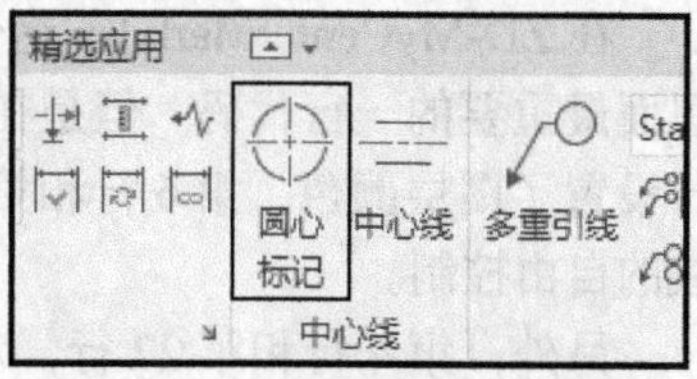

图 11-7-1 CENTERMARK 命令

这里就利用 CENTERMARK 命令来自制一个 AutoLISP 脚本，结合脚本文件来实现在添加中心线的时候，进行线型的切换和颜色的自动添加。脚本程序如下：

```
(defun c:MyCenterMark  ( / ss) ; 创建自定义命令 MyCenterMark，并设置局部变量 ss
  (cond                     ; cond 函数开始
      ((setq ss (ssget '((0 . "CIRCLE,ARC"))))
; 获取选择集 ss，选择所有圆圈和弧线
        (setvar "cmdecho" 0)      ; 关闭命令回显
        (if (not (tblsearch "LTYPE" "Center2"))
; 检查线型 Center2 是否存在，如果不存在，则从 acadiso.lin 加载
           (command "_.linetype" "_load" "Center2" "acadiso.lin" "")
; 加载线型 Center2
        )                   ; if 函数结束
        (if (not (tblsearch "LAYER" "CEN"))         ; 检查图层 CEN 是否存在
           (progn           ; progn 函数开始
             (command "_.-layer" "_make" "CEN" "") ; 创建图层 CEN
             (command "_.-layer" "_color" "1" "CEN" "")
                            ; 设置图层 CEN 的颜色为 1（红色）
             (command "_.-layer" "_ltype" "Center2" "CEN" "")
                            ; 设置图层 CEN 的线型为 Center2
             (command "_.-layer" "") ; 结束图层命令
          )                 ; progn 函数结束
        )                   ; if 函数结束
        (setvar "CENTERLAYER" "CEN") ; 设置当前图层为 CEN
        (command "._undo" "_begin") ; 开始撤销操作
        (foreach Ent (vl-remove-if 'listp (mapcar 'cadr (ssnamex ss)))
                            ; 对选择集中的每个对象进行处理
           (command "_.centermark" (list Ent '(0 0 0)) "")
                            ; 对每个对象添加中心标记
        )                   ; foreach 函数结束
        (command "._undo" "_end")     ; 结束撤销操作
        (setvar "cmdecho" 1)          ; 恢复命令回显
        (setvar "CLAYER" "0")         ; 恢复到图层 0
```

```
24    )                                   ; cond 表达式的第一个条件块的结束
25   )                                    ; cond 函数结束
26   (princ)                              ; 函数运行结束，确保函数不留下任何多余的命令行输出
27 )                                      ; 自定义命令 MyCenterMark 运行结束
```

在 ZD-MyCenterMark.lsp 这个程序里面，第 19 行实现了对中心线的添加，这是这个程序里面最重要的一行代码。但是在添加中心线之前，第 10 行创建了中心线专用的图层，第 11 行设置了图层颜色，第 6 行和第 12 行对线型进行了预设，这样将很大程度方便我们对中心线的自由控制。

另外，第 4 行和第 22 行，对命令的回显进行了暂时的退避；第 17 行和第 21 行，活用 UNDO 命令对撤销操作进行了强化，这些操作使整个程序运行起来更加高效和智能化。

利用这个自建的 MyCenterMark 命令，我们就可以实现双击创建特定的中心线。接下来将它添加到圆形的双击动作中（图 11-7-2），在 MyCenterMark 命令的“特性”面板里面（图 11-7-3），填写“^C^C_MyCenterMark”宏命令即可。

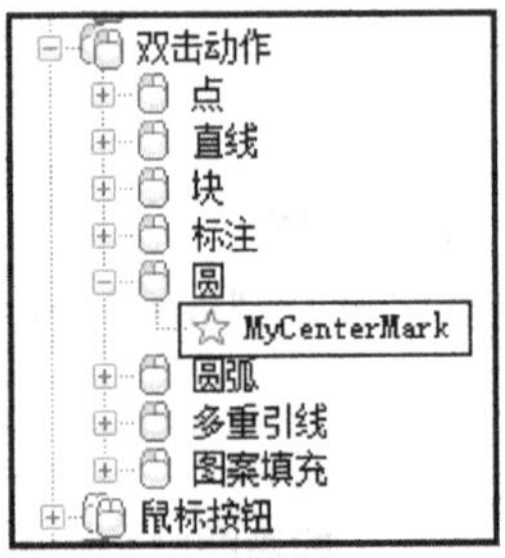

图 11-7-2　圆形的双击动作

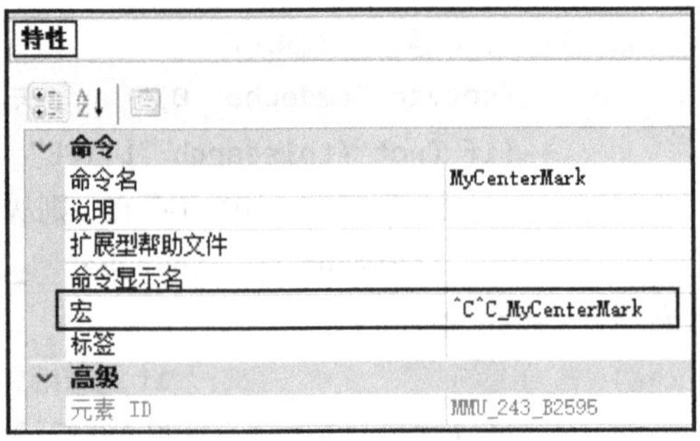

图 11-7-3　MyCenterMark 命令的“特性”面板

具体详细的设定方法这里就不再叙述，可参阅前面几节的详细介绍。

11.8　块的复制和图案填充

关于活用双击命令的改造，其他常用的还有块的复制、图案填充等，这里就不再一一详细地介绍了，本节将它们的重点部分总结如下，以供大家参照和自行设定。

11.8.1　块的复制

双击动作来实现块的复制，也需要使用到 11.5 节介绍的 ADDSELECTED 这个命令。并且还需要单独为它创建一个 AutoLISP 程序：

```
(defun c:MyAddselectedBlock (/) ; 创建自定义命令 MyCenterMark
  (command "_.addselected" pause pause """""")
  ; 执行命令 "_.addselected"
  ; 该命令将选择的对象添加到当前块定义中
  ; "pause" 用于暂停以便用户选择对象
  (princ)                              ; 函数运行结束，确保函数不留下任何多余的命令行输出
)                                      ; 自定义命令 MyAddselectedBlock 运行结束
```

将自建的 MyAddselectedBlock 命令捆绑到“块”的下面（图 11-8-1），“特性”面板里的命令宏请参阅下述代码书写即可使用：

```
^C^C_select;_MyAddselectedBlock
```

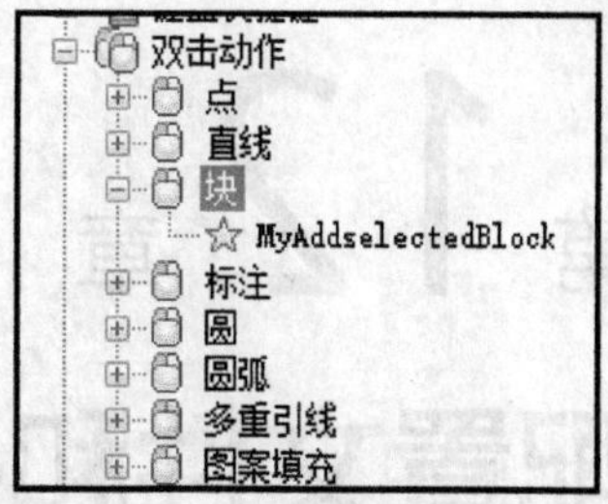

图 11-8-1 “双击动作”的“块”

11.8.2 图案填充

图案填充命令的双击改造，这里采用了 HATCHEDIT 命令中的关联（AS）子命令（图 11-8-2），另外对图案填充自定义命令的“特性”面板里的命令宏，大家可以参照下述代码来填写，具体的操作这里就不再详细叙述了。宏命令代码为：

```
^C^C_-hatchedit AS \;
```

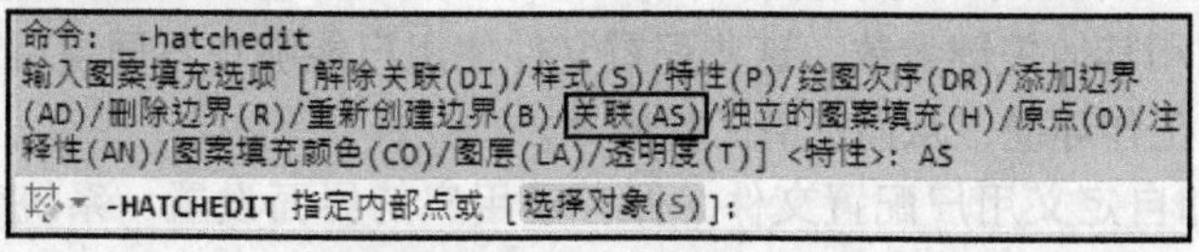

图 11-8-2 HATCHEDIT

以上关于双击改造的操作就全部介绍完毕了。本章主要对绘图过程中常用的点、直线、尺寸以及块和图案填充这些命令，进行了改造操作的说明，希望本章的操作内容可以为大家提供帮助，大家可以根据自己工作环境的需要来自行添加和改造适合自己的双击动作的命令。

第 12 章

配置文件和共享

AutoCAD 配置文件是用户在使用 AutoCAD 软件时进行个性化设置和优化工作流程的重要工具。通过配置文件，用户可以保存并管理工作环境设置、工具栏和菜单定制、图层管理设置、打印样式和其他关键参数。这些配置文件使用户能够在不同项目或设备之间快速切换，并保持一致的工作环境，从而提高工作效率。

ARG 文件，即自定义用户配置文件，保存了用户的界面设置、系统变量、工具栏和菜单配置。通过导入和导出 ARG 文件，用户可以在不同计算机和 AutoCAD 版本之间轻松迁移个性化设置。此外，LIN 文件和 PAT 文件分别用于定义线型和填充图案，用户可以创建和使用自定义的线型样式和填充效果，以适应特定项目需求。CUS 文件包含了用户自定义的菜单、快捷键和工具栏设置，帮助用户优化工作流程，提高设计效率。

配置文件的管理和使用非常简便。用户可以通过 AutoCAD 的"选项"对话框创建和保存配置文件，以备后续使用或共享给其他团队成员。导入配置文件可以帮助用户快速切换到特定的工作环境，适应不同项目的需求。定期备份配置文件则可以避免因系统崩溃或软件升级导致的设置丢失，能够快速恢复到原有工作状态。

总之，配置文件在 AutoCAD 中的应用，使用户能够定制和优化他们的设计环境，提升工作效率和设计质量。通过合理使用和管理配置文件，用户可以轻松适应不同项目的需求，并保持高效一致的工作流程。

本章所使用的所有文件，均可通过扫描前言中的二维码进行下载。

12.1 配置文件的创建

在 AutoCAD 中，"配置"是"选项"对话框中的一个重要功能。这个功能主要用于管理和维护用户界面和环境设置的集合。通过配置文件，可以保存特定的软件设置，如工具栏布局、命令设置、系统变量等，从而在不同的工作场景下快速切换所需的工作环境。

为方便大家对"配置"功能的理解，以切换绘图工作区域的背景颜色为例来详细说明一下怎样使用它。

（1）步骤1

新建任意一个文件，打开"选项"对话框并切换到最后的"配置"选项卡（图 12-1-1），可以看到当前就只有一个默认的"《未命名配置》"。

（2）步骤2

点击右边的"添加到列表"（图 12-1-2），"添加配置"对话框弹出来后，"配置名称"填写"WhiteBack"，然后点击下面的"应用并关闭"，结束当前的对话框。这样就添加了一个新的配置 WhiteBack（图 12-1-3）。

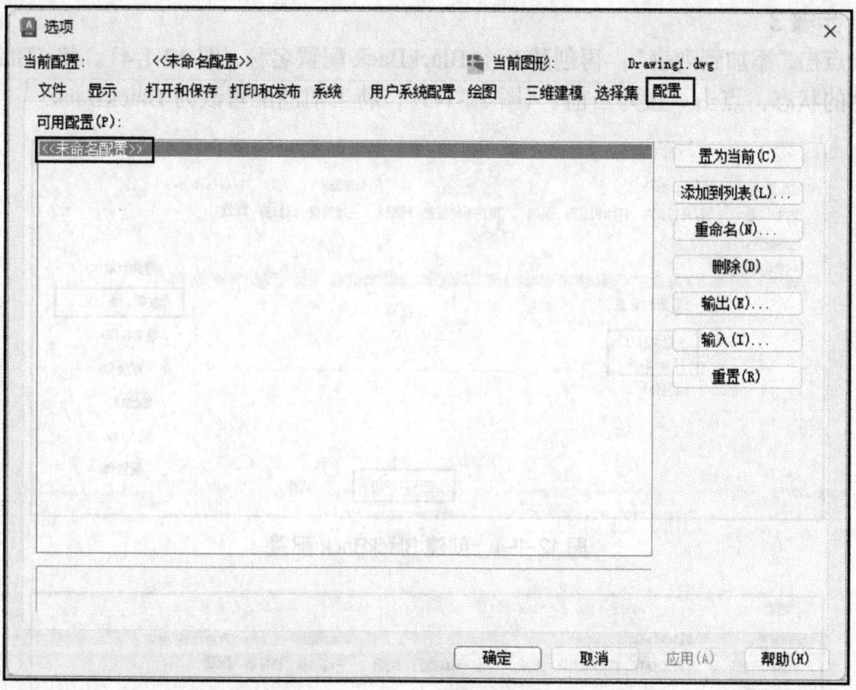

图 12-1-1 “配置”选项卡

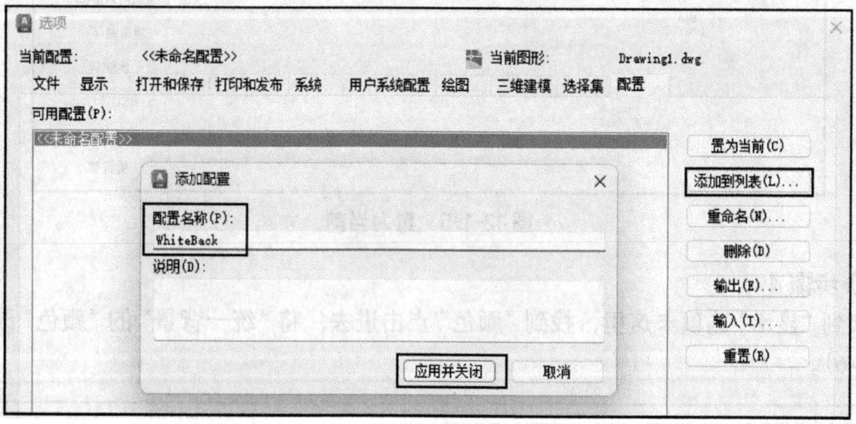

图 12-1-2 添加到列表

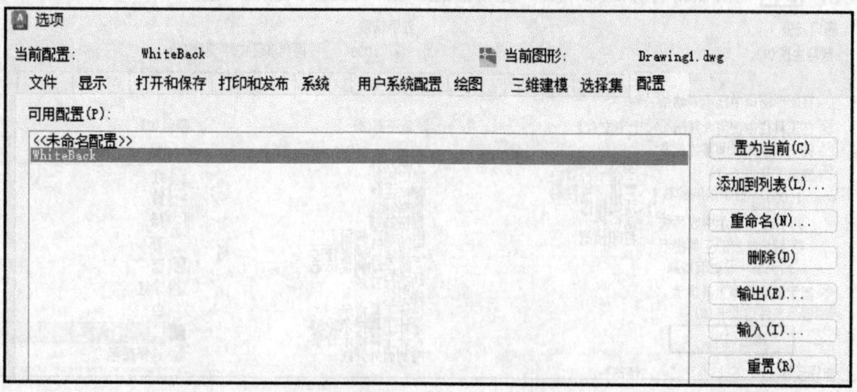

图 12-1-3 WhiteBack 配置

（3）步骤3

继续点击“添加到列表”，再创建一个BlackBack配置名称（图12-1-4）。将“BlackBack”处于选择的状态，点击“置为当前”（图12-1-5），将当前的配置改为BlackBack。

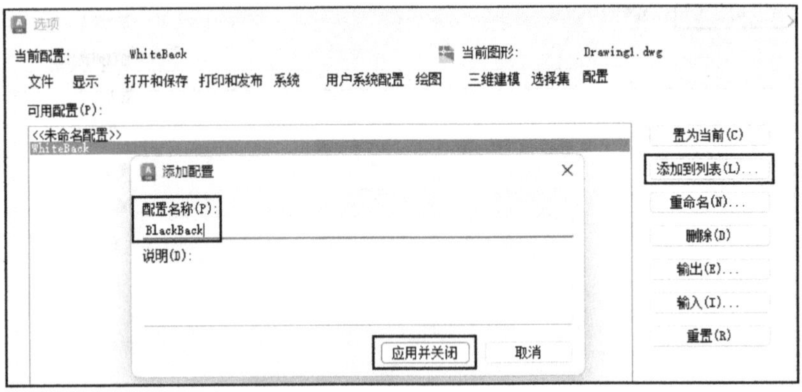

图12-1-4　创建BlackBack配置

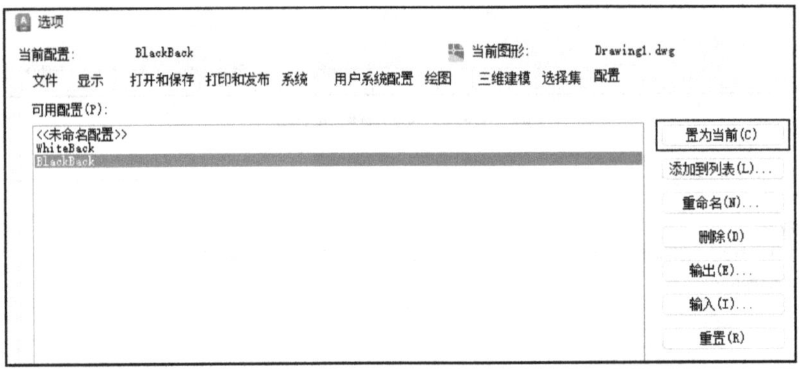

图12-1-5　置为当前

（4）步骤4

切换到“显示”选项卡这里，找到“颜色”点击进去，将“统一背景”的“颜色”改为“黑”（图12-1-6）。

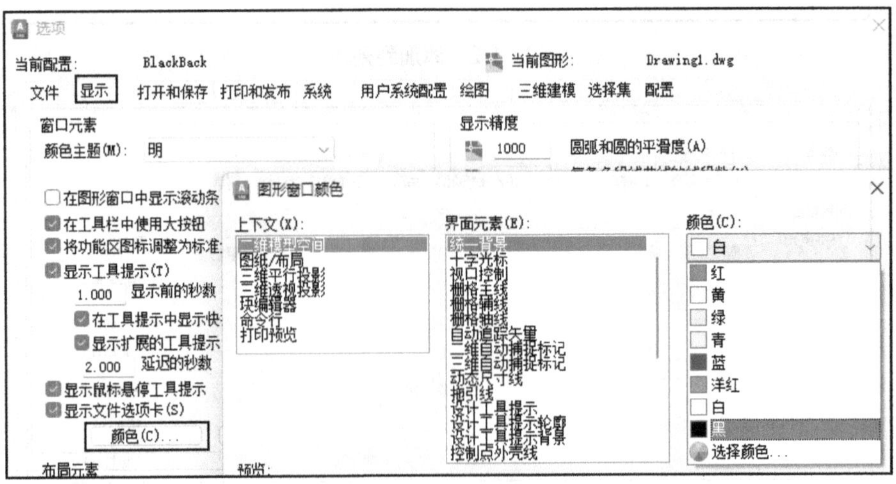

图12-1-6　改为黑色背景

再返回到“配置”选项卡，在当前配置为 BlackBack 的状态下点击“应用”，再点击“确定”关闭“选项”对话框（图 12-1-7）。

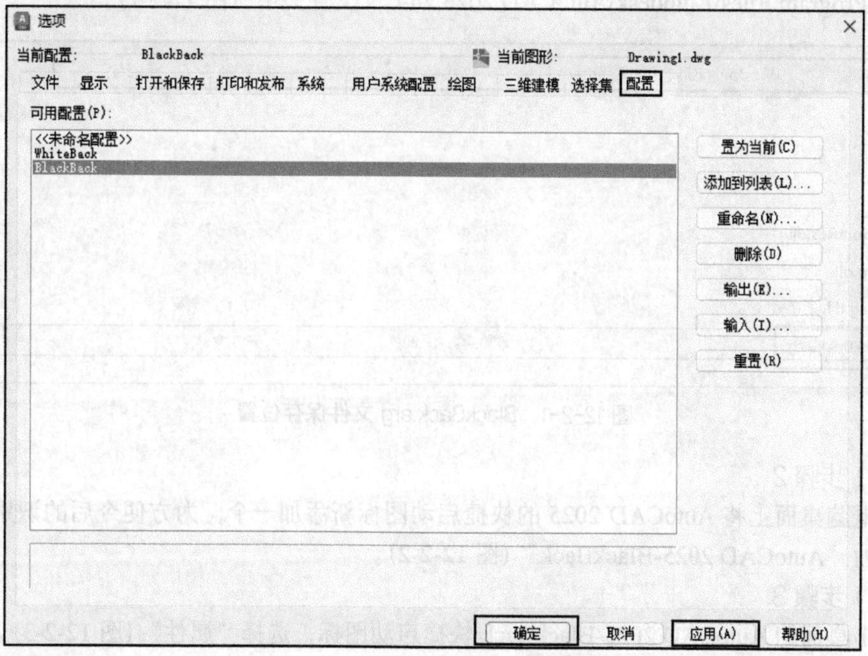

图 12-1-7　点击“应用”和“确定”

到此设置就结束了。双击“WhiteBack”，绘图界面的背景颜色就会变为白色，再双击“BlackBack”，绘图界面就会切换为黑色。

在后续的 12.3 节里面，还介绍了使用 AutoLISP 来快速切换配置文件的方法，感兴趣的读者可参阅 12.3 节的介绍。

以上就是通过活用配置文件来切换背景颜色的方法。这种方法，可以为需要在不同类型的项目之间切换的用户，如建筑绘图和机械绘图，创建不同的配置文件。

另外还可以通过输入和输出功能（图 12-1-8），将设定好的配置生成一个格式为“.arg”的文件，这样既可以在不同的计算机或不同的成员之间迁移和加载这些配置文件，确保操作环境的一致性，又可以快速加载相应的设置，无须每次手动调整，提高工作效率。

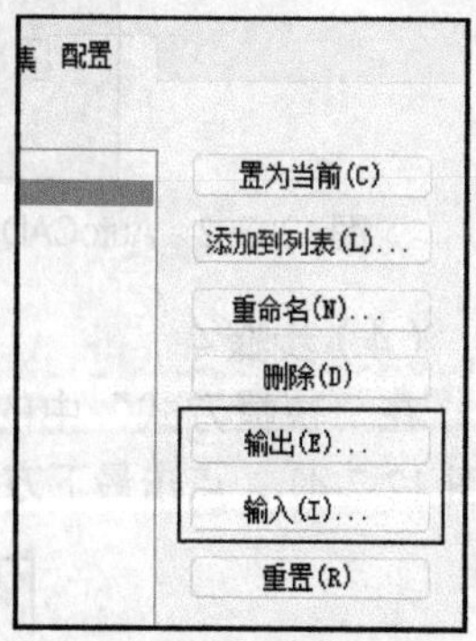

图 12-1-8　输出和输入功能

在团队协作中，通过配置文件可以确保所有成员的 AutoCAD 界面和设置保持统一和标准化，特别是在多用户、多设备或多项目类型的工作场景中，这种方式，能够让我们更好地管理自己的工作环境。

12.2 电脑直接启动特定的配置文件

上一节介绍配置文件可以输出为“.arg”的文件，我们可以利用这个文件来改造自己电脑桌面的软件启动图标，从而达到直接启动自己特定的配置文件的目的。这里以 AutoCAD 2025 为例，具体的操作方法如下。

（1）步骤1

首先参阅上一节的内容，将黑色背景的配置文件输出为 BlackBack.arg 文件，并将它保存到 C:\Program Files\Autodesk\AutoCAD 2025\zh-CN 文件夹中（图 12-2-1）。

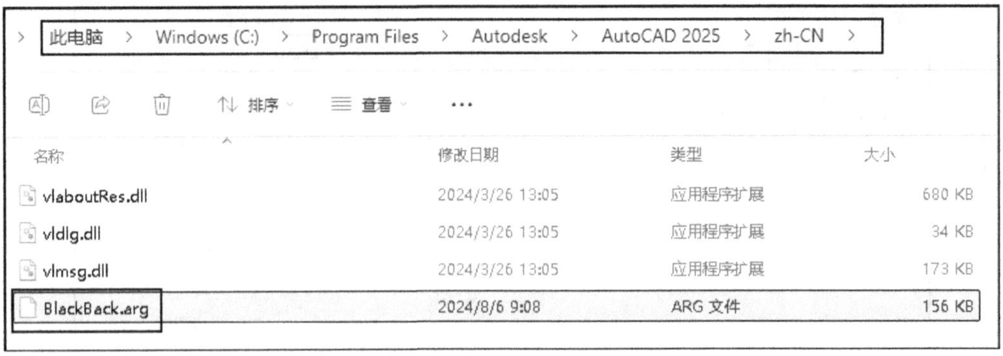

图 12-2-1　BlackBack.arg 文件保存位置

（2）步骤2

在电脑桌面上将 AutoCAD 2025 的快捷启动图标新添加一个，为方便今后的识别，新图标名称为“AutoCAD 2025-BlackBack”（图 12-2-2）。

（3）步骤3

右击桌面的 AutoCAD 2025-BlackBack 快捷启动图标，选择“属性”（图 12-2-3）。

图 12-2-2　AutoCAD 2025-BlackBack 快捷图标

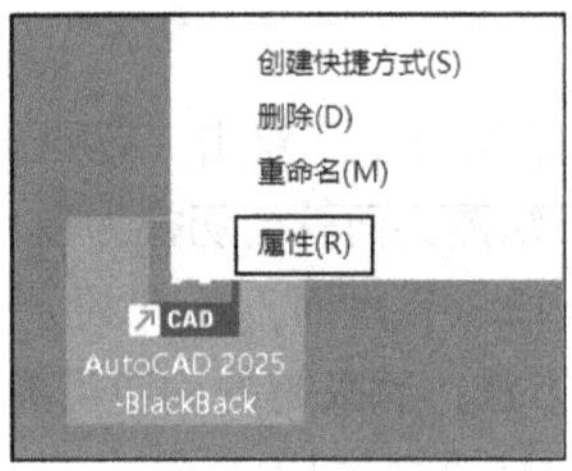

图 12-2-3　属性

（4）步骤4

在“快捷方式”中的“目标”输入框的最后面添加“/p "BlackBack"”这样的字样后（图 12-2-4），点击最下方的“确定”来完成操作。

图 12-2-4　改造目标地址

这样，今后只要双击 AutoCAD 2025-BlackBack 这个快捷图标，就可以直接进入 BlackBack 的配置里面了。

12.3 通过 AutoLISP 程序切换配置文件

除了上一节所说明的通过自制启动文件来切换配置的方法以外，也可以利用 AutoLISP 来更方便地控制配置功能。这里还是以 12.1 节所创建的配置为例，自定义一个命令“ZD-MyProfiles”，来实现快速切换配置功能，AutoLISP 脚本程序如下：

```
(defun c:ZD-MyProfiles ()      ; 创建自定义命令 ZD-MyProfiles
  (setq acadObj (vlax-get-acad-object))      ; 获取 AutoCAD 对象
  (setq preferences (vla-get-preferences acadObj)) ; 获取首选项对象
  (setq profiles (vla-get-profiles preferences))   ; 获取配置文件对象
  (setq currentProfile (getvar "cprofile")) ; 获取当前活动的配置文件名称
  (cond                              ; 判断当前配置文件并进行切换
    ((= currentProfile "WhiteBack")
 ; 如果当前配置文件为 WhiteBack，则切换到 BlackBack
      (vla-put-activeprofile profiles "BlackBack")  ; 执行切换操作
      (princ "\nSwitched to profile: BlackBack")      ; 输出切换后的配置文件名称
   )                                  ;WhiteBack 判断结束
   ((= currentProfile "BlackBack")
 ;如果当前配置文件为 BlackBack，则切换到 WhiteBack
      (vla-put-activeprofile profiles "WhiteBack")  ; 执行切换操作
      (princ "\nSwitched to profile: WhiteBack")      ; 输出切换后的配置文件名称
   )                                 ;BlackBack 判断结束
   (T                                ; 如果当前配置文件不是 WhiteBack 或 BlackBack
   (princ "\nNo profile switch needed. Already on the correct profile.")
 ; 输出当前配置文件不需要切换的消息
  )                                  ; T 判断结束
 )                                   ; cond 函数结束
 (princ "\nZD-MyProfiles loaded. Use 'ZD-MyProfiles' to switch profiles.")
 ; 输出命令加载成功的消息
 (princ)                             ; 函数运行结束，确保函数不留下任何多余的命令行输出
)                                    ; 结束自定义命令 ZD-MyProfiles
```

在 ZD-MyProfiles.lsp 使用 BlackBack 和 WhiteBack 命令之前，请参阅第 12.1 节介绍的步骤，在“选项”对话框里面将 BlackBack 和 WhiteBack 这两个配置提前创建好（图 12-3-1）。

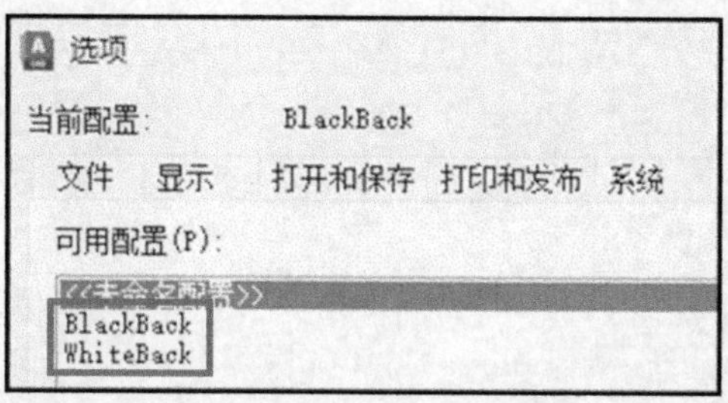

图 12-3-1　创建配置 WhiteBack 和 BlackBack

在上面的程序中，使用了 COND 函数来判断当前的配置进而实现了切换。其中最关键的两行代码是第 8 行和第 12 行。这两行代码是执行配置文件切换的核心。

在 AutoLISP 中，COND 函数是用于条件判断的一个常用函数，它允许我们根据不同的条件执行不同的代码块。它的工作原理类似于其他编程语言中的 IF-ELSE 这样的语句。

第 7 行到第 10 行，对当前的配置是否为 WhiteBack 进行判断，如果不是则切换为 BlackBack。反之，第 11 行到第 14 行对当前的配置是否为 BlackBack 进行判断，如果不是则切换为 WhiteBack。从而实现了反复切换配置的操作。

本节通过一个单一的 AutoLISP 命令简便快捷地实现了在两种背景颜色之间切换，希望大家能举一反三，例如 2D 和 3D 操作模式之间的切换，不同工具栏的切换，等等。我们可以创建不同的配置文件，然后根据需要来使用 AutoLISP 文件快速切换，应用于不同的设计任务。这种切换可以极大地提高操作的便捷性和效率。

应用篇

唐代诗人王之涣在《登鹳雀楼》中写道："欲穷千里目，更上一层楼。"想要看到更远的景色，就必须登上更高的楼层。学习 AutoLISP 编程也是同理，学习多种实例和应用，不但能够拓宽我们的视野，提升能力，更能帮助我们达成更高的成就。

第 13 章将深入探讨 AutoLISP 的实际应用，通过具体实例和实用技巧，帮助您在项目中灵活运用 AutoLISP，提升工作效率和图形处理能力。还将介绍经典的 AutoLISP 实例，如 StripMtext 的使用、点样式的切换、批量图层操作等，提供具体操作的方法和实用技巧。

第 14 章将探讨命令宏的基本概念及其应用，学习如何利用 Visual LISP 表达式创建自定义命令宏。还将展示如何将这些宏集成到菜单中，并提供多个实例，如在坐标原点自动创建圆、保存为 DXF 文件等，展示命令宏在实际操作中的灵活性和实用性。

第 15 章将介绍编程过程中需要注意的事项，包括如何暂时退避、简化命令行显示、处理中断错误和清空变量等。这些技巧将帮助您更好地管理和优化 AutoLISP 代码，提升编程效率和代码的可维护性。最后，将讲解使用 Visual LISP 编译文件和加密文件的技术，帮助您保护和优化代码。

通过对应用篇的学习，您将掌握 AutoLISP 的高级应用和脚本编写技术，为您的 AutoCAD 使用提供更加专业和高效的支持。无论是初学者还是有经验的用户，这些内容都将为您在实际项目中的应用带来实质性的帮助和提升。

第 13 章 AutoLISP 实例

通过对本书前面 12 个章节的学习，相信大家对 AutoLISP 有了一定程度的理解。我根据自己实际工作中的经验，以举例的形式，分享几个 AutoLISP 程序，希望对大家能有所帮助。

本章所有的 AutoLISP 文件，均可通过扫描前言中的二维码下载使用。

13.1 StripMtext

StripMtext 是一个在 21 世纪初期由几位专业人士创作的高效多行文字处理工具，AutoCAD 2000 以后的版本均可使用。这个工具非常强大，它专门用于快速、批量地清除多行文字（MTEXT）、多重引线（MLEADER）、标注尺寸（DIM）和表格（TABLE）等具有多行属性的对象中不必要的或者杂乱的文字格式。从而简化文本处理流程，使得文档管理变得更加高效、清晰，易于管理并提升了工作效率和准确性。

StripMtext 是一款免费的工具。我们可以在 GitHub 网站免费获取这个 AutoLISP 文件。

打开 GitHub 的网页之后，找到如图 13-1-1 所示的下载符号，点击之后就可以将其下载到自己的电脑里。

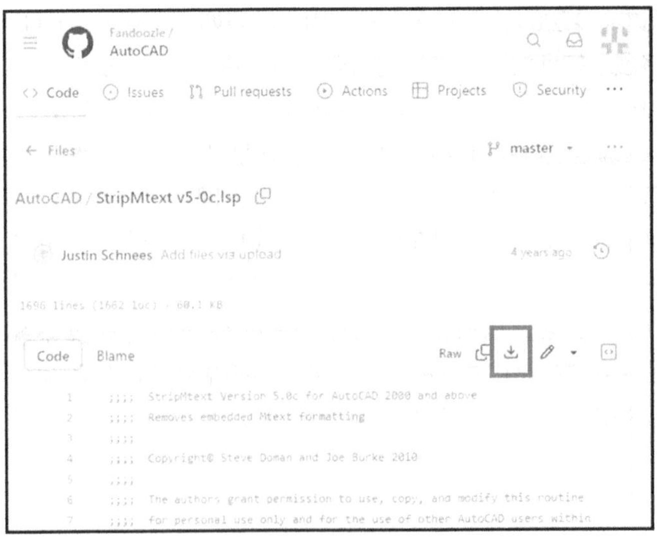

图 13-1-1 StripMtext v5-0c.lsp 下载符号

参阅第 3 章关于 AutoLISP 文件使用方法的介绍，将下载后的 StripMtext v5-0c.lsp 文件加载以后，在命令行中输入“SMT”就可以使用它了。

在使用这个StripMtext的时候，有一个主要的对话框（图13-1-2），这个对话框将可以删除和处理的属性都罗列了出来，根据需要来选择使用即可。具体英文的含义如表13-1-1所示。

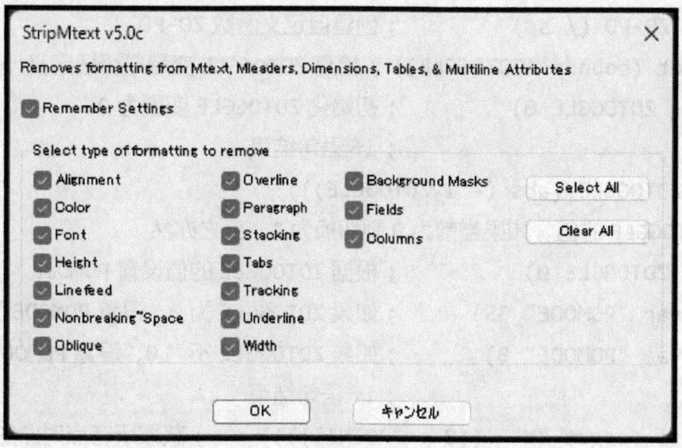

图13-1-2　StripMtext v5.0c对话框

表13-1-1　StripMtext v5.0c可删除的属性的含义

属性	中文	属性	中文
Alignment	对正	Stacking	堆叠
Color	颜色	Tabs	Tab键的间隔
Font	字体	Tracking	文字间隔
Height	高度	Underline	下线
Linefeed	换行	Width	宽度
Non-breaking Space	不间断空格	Background Masks	背景遮罩
Oblique	倾斜角度	Fields	字段
Overline	上线	Columns	列
Paragraph	段落		

StripMtext不仅为我们节省了宝贵的时间，还确保了设计文档的整洁和专业性，是AutoCAD用户处理复杂文本时的得力助手。此外，StripMtext的用户界面直观易用，即使是初学者也能迅速上手，将其无缝整合进我们的工作流程中。

这里大家注意，StripMtext这个工具不能在macOS系统上运行。

13.2　切换点样式

9.2节介绍了视觉样式切换的编程方法。利用这一方法也可以实现点样式的切换操作。这一节进一步扩展这一方法，给大家演示如何实现三个功能切换的脚本。

13.2.1　两种点样式的循环切换

关于点样式的解说和活用，可参阅8.4节的说明，切换点样式的时候，默认的操作是通过“实用工具”面板的“点样式”图标来切换（图13-2-1）。但是如果使用AutoLISP脚本切换的话，

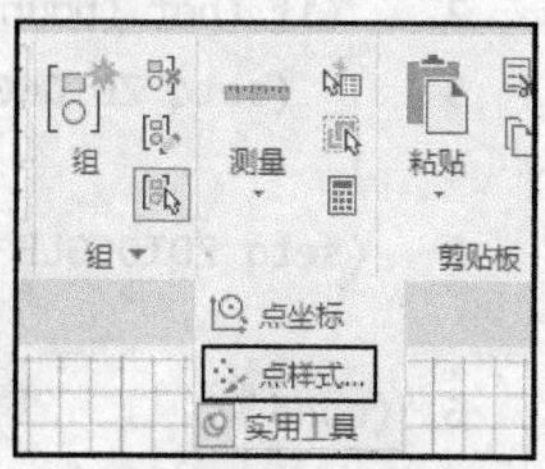

图13-2-1　点样式

将会更加方便和快捷。

两种点样式循环切换程序如下：

```
1  (defun c:ZD-PD (/ ss)           ; 创建自定义函数 ZD-PD
2    (if (not (boundp 'ZDTOGGLE)) ; 检查 ZDTOGGLE 变量是否已定义
3      (setq ZDTOGGLE 0)           ; 初始化 ZDTOGGLE 变量为 0
4    )                             ; if 语句结束
5    (setq ZDTOGGLE (abs (- 1 ZDTOGGLE)))
   ; 切换 ZDTOGGLE 的值，如果当前为 0 则切换为 1，反之亦然
6    (if (= ZDTOGGLE 0)            ; 根据 ZDTOGGLE 的值设置 PDMODE
7      (setvar "PDMODE" 35)        ; 如果 ZDTOGGLE 为 0，设置 PDMODE 为 35
8      (setvar "PDMODE" 0)         ; 如果 ZDTOGGLE 不为 0，设置 PDMODE 为 0
9    )                             ; if 语句结束
10   (setq ss (ssget "X" '((0 . "POINT"))))    ; 获取所有点对象的选择集
11   (if ss                        ; 如果选择集中有点对象
12     (repeat (sslength ss)       ; 遍历选择集中的所有点对象
13       (entmod                   ; 修改点对象的实体列表
14          (subst                 ; 替换点对象的 PDMODE 值
15           (cons 40 (if (= ZDTOGGLE 0) 35 0))
                                   ; 创建新的列表项 (40 为新的 PDMODE 值 )
16           (assoc 40 (entget (ssname ss 0))) ; 获取点对象中现有的 PDMODE 条目
17           (entget (ssname ss 0))      ; 获取点对象的实体列表
18         )                       ; subst 函数结束
19       )                         ; 使用 entmod 更新点对象的 PDMODE 值
20     )                           ; repeat 语句结束
21   )                             ; if 语句结束
22   (princ)                       ; 函数运行结束，确保函数不留下任何多余的命令行输出
23 )                               ; 结束自定义函数命令
```

ZD-PD.lsp 这段程序中，最重要的一段是第 5 行到第 9 行，这里设置了点样式的变量值为 0 和 35，让整个程序在这两个点样式之间实现了循环切换。

13.2.2 三种点样式的循环切换

对上一节的 ZD-PD.lsp 这个程序进行修改，也可以实现三种点样式的循环切换。

```
(defun c:ZD-PD-v2 (/ ss)        ; 创建自定义函数 ZD-PD-v2
  (if (not (boundp 'ZDTOGGLE)) ; 检查 ZDTOGGLE 变量是否已定义
    (setq ZDTOGGLE 0)           ; 初始化 ZDTOGGLE 变量为 0
  )                             ; if 语句结束
  (setq ZDTOGGLE (mod (+ ZDTOGGLE 1) 3))
                                ; 切换 ZDTOGGLE 的值，循环范围从 0 到 2
  (cond                         ; 根据 ZDTOGGLE 的值设置 PDMODE
  ((= ZDTOGGLE 0)               ; 如果 ZDTOGGLE 为 0
```

```
        (setvar "PDMODE" 35))           ; 设置 PDMODE 为 35
        ((= ZDTOGGLE 1)                 ; 如果 ZDTOGGLE 为 1
        (setvar "PDMODE" 0))            ; 设置 PDMODE 为 0
        ((= ZDTOGGLE 2)                 ; 如果 ZDTOGGLE 为 2
        (setvar "PDMODE" 10))           ; 设置 PDMODE 为 10(可以根据需要更改为其他模式)
    )                                   ; cond 语句结束
    (setq ss (ssget "X" '((0. "POINT"))))     ; 获取所有点对象的选择集
   (if ss                               ; 如果选择集中有点对象
      (repeat (sslength ss)             ; 遍历选择集中的所有点对象
         (entmod                        ; 修改点对象的实体列表
            (subst                      ; 替换点对象的 PDMODE 值
              (cons 40 (cond            ; 根据 ZDTOGGLE 的值设置点对象的 PDMODE
                  ((= ZDTOGGLE 0) 35)    ; 如果 ZDTOGGLE 为 0，设置 PDMODE 为 35
                  ((= ZDTOGGLE 1) 0)     ; 如果 ZDTOGGLE 为 1，设置 PDMODE 为 0
                  ((= ZDTOGGLE 2) 1)
                                        ; 如果 ZDTOGGLE 为 2，设置 PDMODE 为 1
                      ))                ; 创建新的列表项 (40 为新的 PDMODE 值)
           (assoc 40 (entget (ssname ss 0))) ; 获取点对象中现有的 PDMODE 条目
           (entget (ssname ss 0))        ; 获取点对象的实体列表
        )                               ; subst 函数结束
     )                                  ; 使用 entmod 更新点对象的 PDMODE 值
    )                                   ; repeat 语句结束
  )                                     ; if 语句结束
  (princ)                               ; 函数运行结束，确保函数不留下任何多余的命令行输出
)                                       ; 结束自定义函数命令
```

ZD-PD-v2.lsp 这个程序可以在 0、1 和 35 这三种点样式之间进行循环切换。当然也可以根据需要更改为其他数值的点模式。

13.3 批量打开和解冻图层

在前面第 5 章介绍了与图层相关的多种 AutoLISP 创建技巧。对于创建后的图层，我们可以对它们进行打开和关闭操作，也可以对它们进行冻结和解冻操作。打开 / 关闭图层的命令为 LAYON，解冻 / 冻结图层的命令为 LAYTHW，通过 AutoLISP 脚本，可以简单地同时控制它们，脚本程序如下：

```
(defun c:ZD-Layon ()                 ; 创建新的自定义函数 ZD-Layon
  (command "LAYON" "")               ; 打开所有图层并使它们可见
  (command "LAYTHW" "")              ; 解冻所有图层并使它们可见
  (command "SETBYLAYER" "ALL" "" "Y" "Y" "")  ; 将所有对象的特性设置为按图层
  (command "LAYER" "set" "0" "")     ; 将当前图层设置为 0 图层
  (command-s "._UCS" "_W")           ; 恢复为世界坐标
```

```
7    (princ "\nLayers on, objects set to ByLayer.")   ；提示用户操作完成
8    (princ)                          ；函数运行结束，确保函数不留下任何多余的命令行输出
9  )                                  ；结束自定义函数 ZD-Layon 的运行
```

ZD-Layon.lsp 不但可以帮助我们将所有的图层从非显示变为显示（第 2 行），从冻结变为解冻（第 3 行），还可以将当前 DWG 文件的图形的特性，通过 SETBYLAYER 命令更改为和图层一样的特性（第 4 行），并在操作结束后，帮助我们将当前图层回归为默认的 0 图层（第 5 行），最后将 UCS 坐标恢复为世界坐标，结束程序的运行。大家可以根据自己的需求来更改这些功能。

13.4 打开计时右键单击

“打开计时右键单击”这个功能是我最喜欢的 AutoCAD 操作功能之一。每次新安装 AutoCAD 之后，首先要去设置的操作就是它（图 13-4-1）。但是为了激活或取消这个功能，每次都需要打开“选项”对话框，找到“用户系统配置”选项卡，再打开“自定义右键单击”后才能进行设置（图 13-4-2），步骤烦琐。

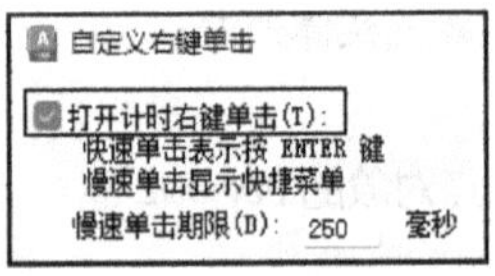

图 13-4-1 打开计时右键单击

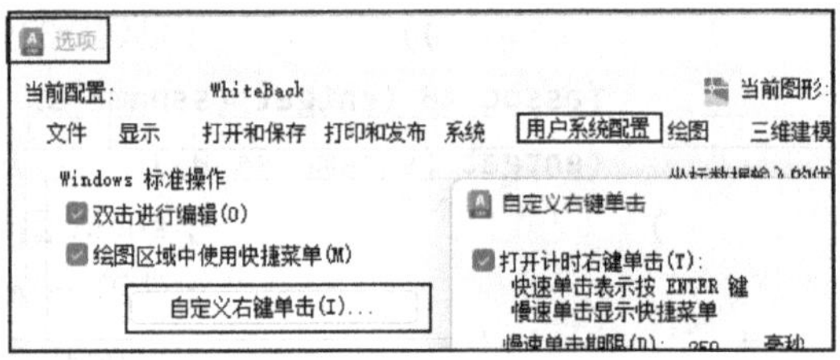

图 13-4-2 “选项”对话框

“打开计时右键单击”这个功能是由环境变量 ContextMenus 所控制，活用这个变量，通过 AutoLISP 脚本文件也可以快速激活或取消它。脚本程序如下：

```
(defun c:ZD-RightClick ()
；创建自定义命令 ZD-RightClick 来设置环境变量 ContextMenus
  (setq contextMenus (getenv "ContextMenus"))
；获取环境变量 ContextMenus 的当前值
(if contextMenus                      ；检查环境变量是否存在
   (progn                             ；progn 函数开始，按顺序执行以下程序
      (setq contextMenusInt (atoi contextMenus))
                                      ；将环境变量值从字符串转换为整数
      (setq newContextMenusInt (boole 6 contextMenusInt 16))
                                      ；执行异或位操作，用于切换特定位的状态
      (setenv "ContextMenus" (itoa newContextMenusInt))
                                      ；将结果转换回字符串并设置回环境变量
      (princ "\nThe 'ContextMenus' environment variable has been successfully
toggled.")                            ；添加成功信息到命令行
   )                                  ；progn 函数结束
```

```
  (princ "Error: Environment variable 'ContextMenus' not found.")
                                   ; 错误提示
 )                                 ; if 函数结束
 (princ)                           ; 确保函数在执行后返回一个简洁的提示
)                                  ; 结束自定义命令
```

通过利用环境变量 ContextMenus 并结合 AutoLISP 脚本，可以大大简化“打开计时右键单击”功能的设定过程，实现快速的功能激活或取消。这种方法不仅节省了时间，也提高了工作效率。

13.5 批量为图层名称添加前缀

当需要批量更改图层的名称时，尤其是在需要为多个图层的名称添加前缀的情况下，手动逐个修改不仅耗时而且容易出错。在这时候，借助 AutoLISP 脚本文件将会极大地提高效率和准确性。AutoLISP 脚本能够自动化这一过程，从而节省大量的时间和精力。

本节将介绍两种高效的批量为图层添加前缀的方法。第一种方法可以将所有图层（除 AutoCAD 默认的特殊图层以外）的名称全部添加前缀，这种方法适合需要快速解决问题的用户。第二种方法则使用定向的方法，让我们可以有选择性地更新图层。这种方法提供了自定义选项，适合那些需要灵活调整图层名称的用户。

接下来，将详细介绍这两种方法的实现步骤，进行实际应用示例。

13.5.1 无定向添加前缀

首先介绍的是 ZD-LayerPre.lsp 这个程序，它可以帮助我们将创建的所有图层，全部批量添加一个前缀：

```
(defun c:ZD-LayerPre (/ KW LB LN PRE)
;定义函数 ZD-LayerPre，并声明局部变量 KW、LB、LN、PRE
  (setq KW ""                  ; 设置关键字 KW 为空字符串，以匹配所有图层名称
        PRE "ZD-"              ; 设置前缀 PRE 为 "ZD-"
        LB(tblnext "layer" T)) ; 从图层表中获取第一个图层对象并赋值给 LB
(defun rename-layer (LN)       ; 定义重命名函数 rename-layer，参数为 LN
   (command-s "-rename" "la" LN (strcat PRE LN)))
;使用 -rename 命令将图层 LN 重命名为 PRE 加上原图层名
(while LB                      ; 循环遍历图层表
   (setq LN (cdr (assoc 2 LB)))           ; 获取当前图层的名字并赋值给 LN
   (if (and (/= LN "0")                   ; 检查图层名称是否为 0
            (/= LN "Defpoints")           ; 检查图层名称是否为 Defpoints
            (wcmatch LN (strcat "*" KW "*")))
                               ; 如果图层名称不是 0 和 Defpoints，并且匹配关键字 KW
     (rename-layer LN))        ; 调用 rename-layer 函数，重命名符合条件的图层
   (setq LB (tblnext "layer"))            ; 获取下一个图层对象并赋值给 LB
 )                             ; while 函数结束
```

```
15  (princ)                   ; 函数运行结束，确保函数不留下任何多余的命令行输出
16 )                          ; 结束自定义函数
```

运行 ZD-LayerPre.lsp 后，当前 DWG 文件的所有图层名称前面将会自动添加“ZD-”这样的字样（图 13-5-1）。

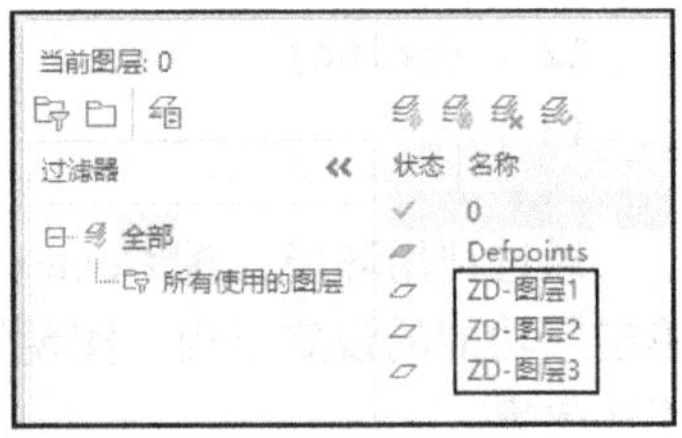

图 13-5-1 为图层名称添加前缀

但是对由 AutoCAD 自身创建的 0 图层和 Defpoints 图层，将不会修改它们的名称。因为在 AutoCAD 中，0 和 Defpoints 图层是系统自动创建的特殊图层。这些图层有特殊用途，通常用于系统内部或绘图的默认设置。因此，在 ZD-LayerPre.lsp 程序中的第 9 行到第 11 行，排除了这两个特殊图层，不对它们进行重命名。

此程序中最关键的步骤是第 5 行 rename-layer 函数的调用，并通过第 6 行“-rename”命令将符合条件的图层名称前缀改为 PRE 变量，即“ZD-”。从而实现对图层名称的修改。

另外如果想更改前缀的名称“ZD-”，请修改第 3 行。

13.5.2 定向添加前缀

我们还可以有选择性地添加图层名称。也就是说，可以通过下面这个 LISP 脚本 ZD-LayerPre-v2.lsp 设置关键词，对与关键词一致的或者包含关键词的图层名称才添加前缀。

具体的程序如下。

```
1 (defun c:ZD-LayerPre-v2 (/ KW LB LN PRE)
  ;定义函数 c:ZD-LayerPre-v2，并声明局部变量 KW, LB, LN, PRE
2   (setq KW "Main"              ; 设置关键字 KW 为 "Main"
3         PRE "ZD-"              ; 设置前缀 PRE 为 "ZD-"
4         LB(tblnext "layer" T)) ; 从图层表中获取第一个图层对象并赋值给 LB
5 (defun rename-layer (LN)       ; 定义重命名函数 rename-layer，参数为 LN
6     (command-s "-rename" "la" LN (strcat PRE LN)))
  ;使用 -rename 命令将图层 LN 重命名为 PRE 加上原图层名
7   (while LB                    ; 循环遍历图层表并重命名符合条件的图层
8     (setq LN (cdr (assoc 2 LB)))     ; 获取当前图层的名称并赋值给 LN
9 (if (wcmatch LN (strcat "*" KW "*"))
  ; 如果图层名称包含关键字 KW，则调用 rename-layer 函数重命名该图层
10      (rename-layer LN))       ; 调用 rename-layer 函数重命名符合条件的图层
11    (setq LB (tblnext "layer")); 获取下一个图层对象并赋值给 LB
12  )                            ;while 函数结束
13  (princ)                      ; 函数运行结束，确保函数不留下任何多余的命令行输出
14 )                             ; 结束自定义函数
```

ZD-LayerPre-v2.lsp 这个程序在第 2 行设置了关键词“Main”，对名称为 Main 的图层或者包含 Main 字样的图层才会添加前缀。图 13-5-2 为运行 ZD-LayerPre-v2.lsp 程序后的结果。

以上两种方法都能有效地提高工作效率，并确保图层名称的一致性。希望大家能够尝试和活用它们。

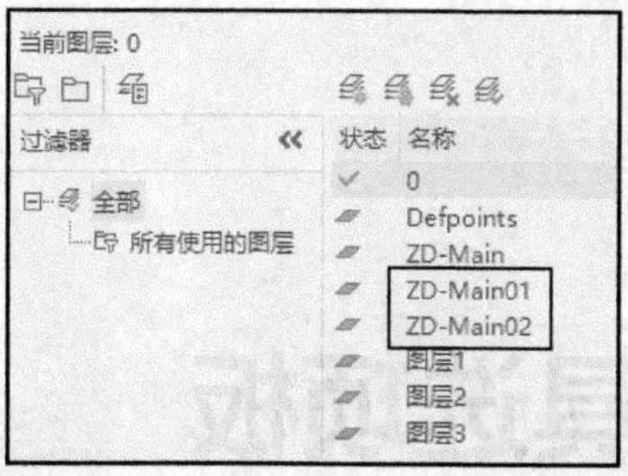

图 13-5-2　为含关键词 Main 的图层名称添加前缀

13.6　快速打开项目文件夹

在日常工作中，大多数人都会使用文件夹来管理和分类 DWG 文件，例如按项目或年份分类等。在绘图工作中，经常需要打开当前项目的文件夹进行文件更新、图纸参照确认以及浏览相关文件。然而，每次通过启动文件夹浏览器，一层层地寻找项目文件，既低效又容易让人感到疲惫。对此，可以利用 AutoLISP 程序轻松解决这一问题。具体代码如下：

```
1  (defun c:ZD-OpenDrawing()            ; 创建自定义命令 ZD-OpenDrawing
2    (if (getvar "dwgprefix")           ; 使用 if 命令来判断
3      (startapp "explorer" (getvar "dwgprefix"))
                                        ; 如果成功获取到文件路径，则打开文件夹
4      (princ "\nError: Unable to retrieve drawing path.")
                                        ; 如果未能获取到文件路径，显示错误信息
5    )                                  ; if 函数结束
6    (princ)                            ; 函数运行结束，确保函数不留下任何多余的命令行输出
7  )                                    ; 结束自定义命令 ZD-OpenDrawing
```

这里需要注意，运行 ZD-OpenDrawing.lsp 有一个前提条件：当前正在使用的 DWG 文件是已经保存的文件。当 DWG 文件没有被保存的时候，执行此命令将会打开电脑中的“我的文件”(Documents) 这个文件夹。

另外，如果需要打开某一个固定的文件夹，不需要打开当前项目的文件夹，例如想一直固定打开 D 盘里面的“009_ZD”这个文件夹，只需要将 ZD-OpenDrawing.lsp 这个程序的第 3 行更换为以下代码，其他保持不变即可。

```
3      (startapp "explorer" "D:\\009_ZD")
```

具体程序这里不再全部展示，请下载并参阅 ZD-OpenDrawing.lsp-v2.lsp。

第 14 章

命令宏和工具选项板

前面介绍了 AutoLISP，但是在很多情况下，使用性能简单的 SCR 脚本命令来工作也是非常有意义的。

如果经常使用 AutoCAD，“命令宏”将是一个非常有用的工具。它的英文名为 Macro，它允许自定义命令，简化重复的绘图任务。通过配置和使用命令宏，可以大大提高工作效率，使 AutoCAD 真正成为我们绘图的得力帮手。

设想一下，绘制图 14-0-1 所示的长圆孔。在 AutoCAD 中通常需要逐步输入一系列的命令和坐标。但如果使用命令宏，整个过程可以被简化为单一的点击或者用键盘输入一个快捷键，长圆孔就会自动呈现在图面上，而无须手动地逐步绘制。这不仅节省了时间，还避免了因重复手动输入而可能导致的错误。

图 14-0-1　长圆孔

14.1　命令宏是什么

命令宏是一种脚本语言。1982 年，AutoDESK 发布了 AutoCAD1.0，并在随后的 AutoCAD2.0 里面公开了宏录制功能，这就是命令宏的诞生。

命令宏所使用的语言主要是 AutoCAD 自身的各种命令，然后再结合一些特殊的操作字符。AutoCAD 的帮助文件提供了很多命令宏的实例和资料，通过参考这些资料可以很快掌握命令宏的编写和使用。

命令宏通常是由字符或字符串结合 AutoCAD 的命令来完成的、命令宏的操作字符和字符串见表 14-1-1。

表 14-1-1　命令宏的操作字符和字符串

字符和字符串	功能
/（反斜杠）	等待输入
*（星号）	重复命令
;（分号）	输入回车键

续表

字符和字符串	功能
.（句号）	使用标准的定义命令
_（下划线）	让 AutoCAD 知道这是英文的名称或者命令
（空格）	输入空格键，和回车键等效
^C	取消执行，相当于按 ESC 键
^M	输入回车键
^O	正交限制光标的开关
^B	对象捕捉的开关
^G	图形格栅的开关
^D	动态 UCS 的开关

例如创建一个自动绘制半径为 100 的圆的命令宏，编写如下：

```
^C^C_CIRCLE;0,0;100
```

这段宏的含义可参考 14.3 节的详细解说，这里不再多述。命令宏不仅适用于简单的命令组合，还可以通过巧妙地使用操作字符，编写出复杂的自动化脚本。

命令宏和 AutoLISP 一样，能够帮助我们缩短操作流程。学习时先从简单的命令宏入手，如从表 14-1-1 的字符和字符串开始，然后逐步掌握更高级的技巧，如条件判断、循环操作等，使其在 AutoCAD 中的应用更加广泛和灵活。

14.2 活用 VisualLisp 表达式

在工具选项板里面可以找到“命令工具样例”这个选项板，在里面可以看到“VisualLisp 表达式”这个图标（图 14-2-1）。活用这个图标就可以运行我们自作的 AutoLISP 表达式或者命令宏。

活用工具选项板来使用命令宏的具体操作步骤如下。

【步骤 1】首先选择“Visual Lisp 表达式”图标，然后右击后选择复制，如图 14-2-2 所示。

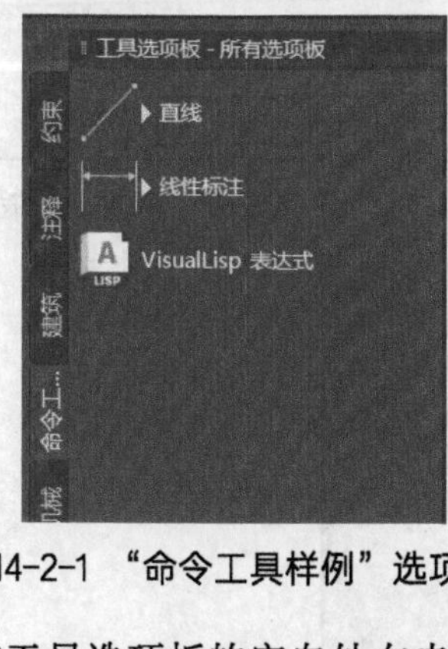

图 14-2-1 “命令工具样例”选项板

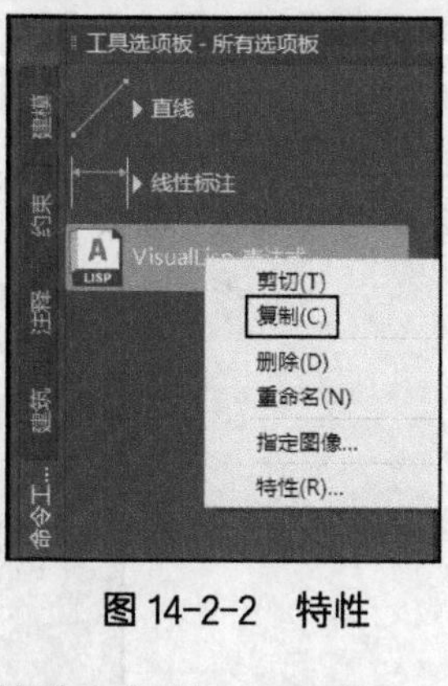

图 14-2-2 特性

【步骤 2】在工具选项板的空白处右击，选择粘贴，如图 14-2-3所示，就可以完全复制出一个同样的“VisualLisp 表达式”图标（图 14-2-4）。

通过复制出来的这个图标，就可以改造它为新的表达式。

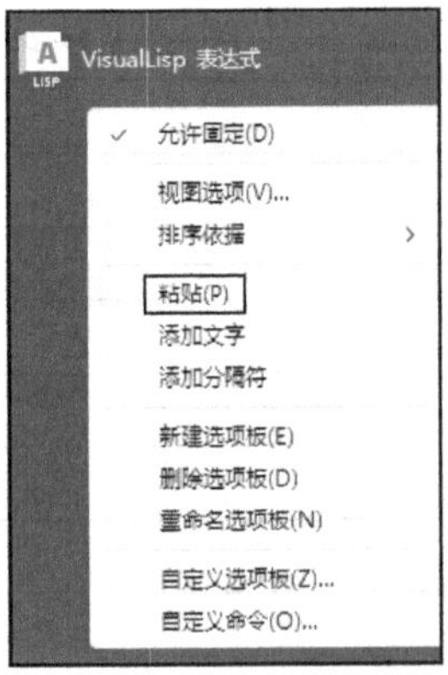

图 14-2-3　粘贴

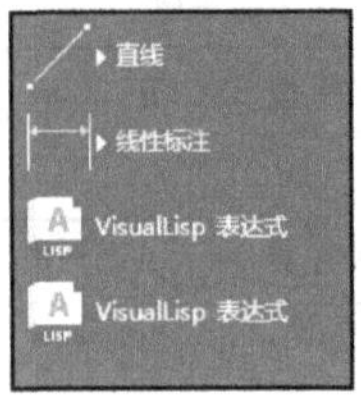

图 14-2-4　复制 VisualLISP 表达式

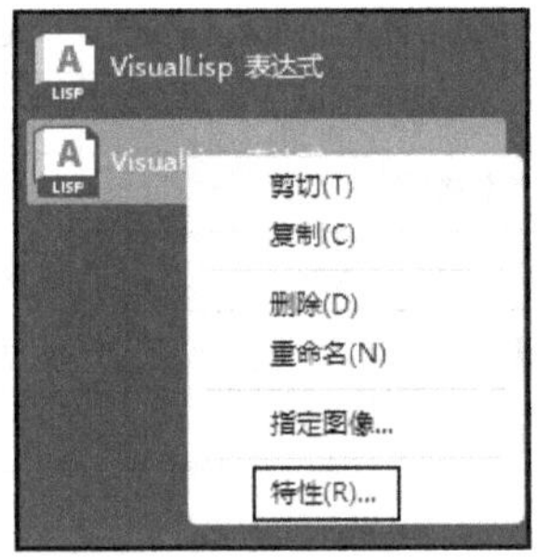

图 14-2-5　特性

【步骤 3】右击复制的图标，选择特性（图 14-2-5）。在弹出的“工具特性”面板中将“名称”和“命令字符串”这两个地方更换为我们自己的内容就可以使用了（图 14-2-6）。

例如下面这段自动绘制一个半径为 100 的圆形的命令宏：

```
^C^C_CIRCLE;0,0;100
```

按照【步骤 3】中的说明，将“名称”改为“半径为 100 的圆”，将上面的命令宏输入到“命令字符串”里，点击“确定”（图 14-2-7），就创建好了一个名称为“半径为 100 的圆”的新的表达式（图 14-2-8）。

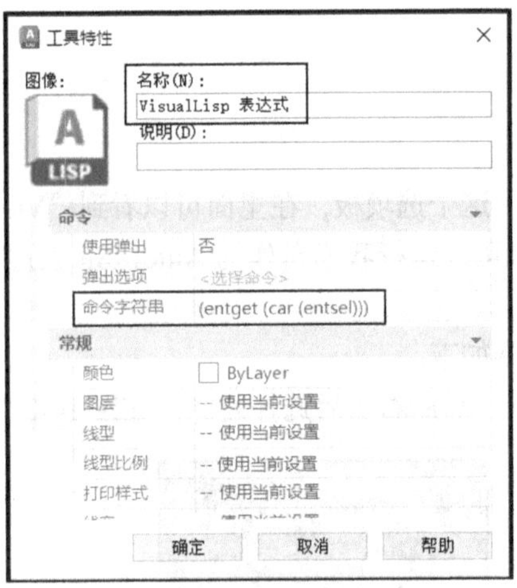

图 14-2-6“工具特性”面板

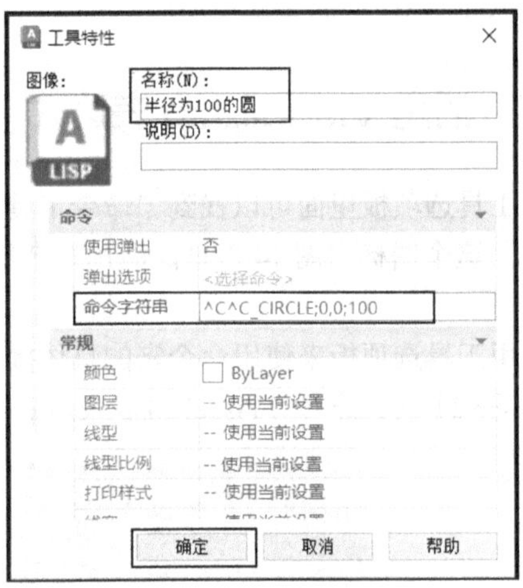

图 14-2-7　修改工具特性

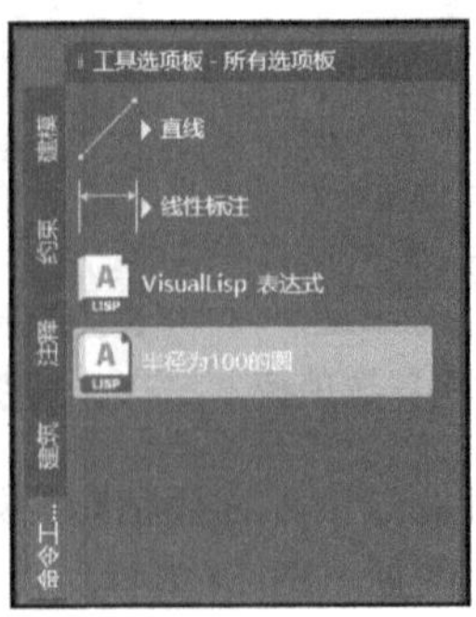

图 14-2-8　半径为 100 的圆的表达式

点击“半径为 100 的圆”这个图标，然后在绘图区域的空白处任意点击一下，就可以自动创建出一个半径为 100 的圆形（图 14-2-9）。

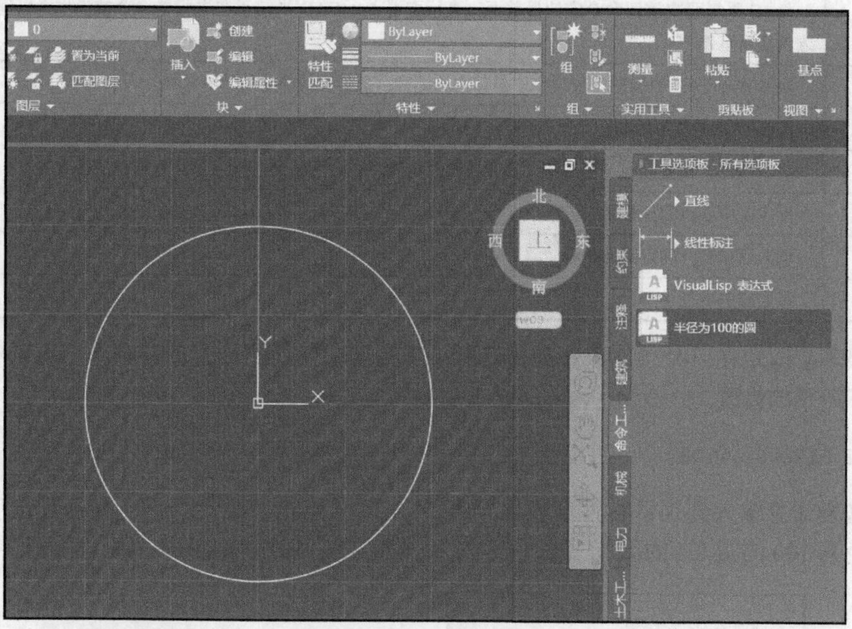

图 14-2-9　绘制圆形

对创建出来的圆形，点击“VisualLisp 表达式”图标，可以在命令行里确认这个圆形的各种数据（图 14-2-10）。

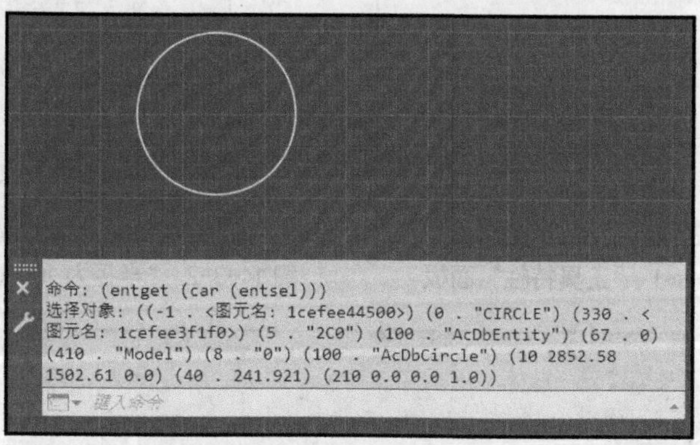

图 14-2-10 运行 VisualLisp 表达式

通过以上方法，活用“VisualLisp 表达式”图标，就可以快速简单地将各种宏命令放置到工具选项板，对高效率绘图将会有非常大的帮助。

14.3　利用命令宏在任意处创建圆

下面这段宏命令可以实现在坐标（0，0）点上绘制一个半径为 100 的圆形。

```
^C^C_CIRCLE;0,0;100
```

这一段宏命令的详细含义如表 14-3-1 所示。

表 14-3-1　命令宏的含义

元素	含义
^C^C	将 ^C 重复两次放到命令宏的最前面，表示取消 AutoCAD 当前正在进行的命令或操作，以确保该命令宏的正常运作
_	表示 AutoCAD 下面的一段命令不是其他的语言，是英文的命令
CIRCLE	AutoCAD 的圆形绘制命令
;	表示确定，和键盘的“回车键”具有同样的功能。在这里将分号换为半角空格也是等效的
0,0	指定圆中心点的坐标为（0,0）
;	输入回车键，确定圆的坐标
100	指定圆的半径

如果不想固定在（0，0）点处创建圆形，想实现在任意的地方创建圆形，可以对命令宏进行如下所示的修改。

```
^C^C_CIRCLE; \100
```

将这段命令输入到工具特性面板里（图 14-3-1），点击“确定”后，在工具选项板处创建“半径为 100 的圆 2”的图标（图 14-3-2），实现在任意处创建圆形（图 14-3-3）。

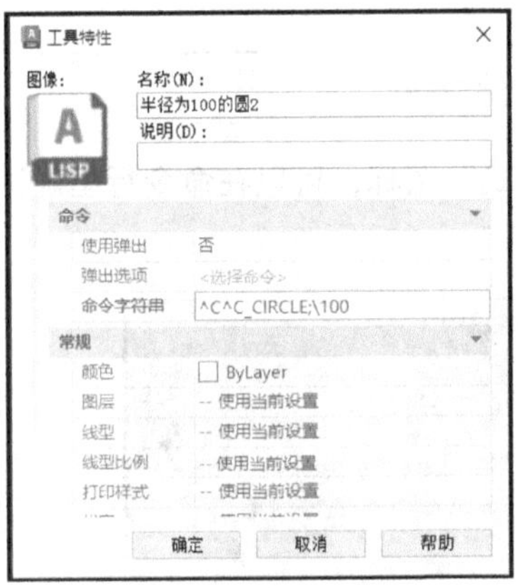

图 14-3-1 “工具特性”面板

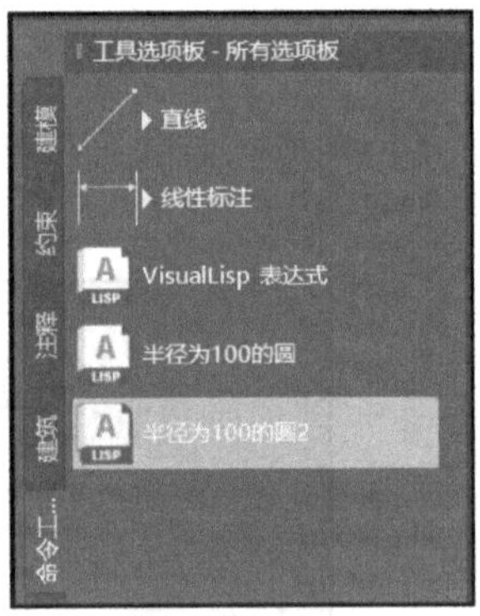

图 14-3-2 “半径为 100 的圆 2”的图标

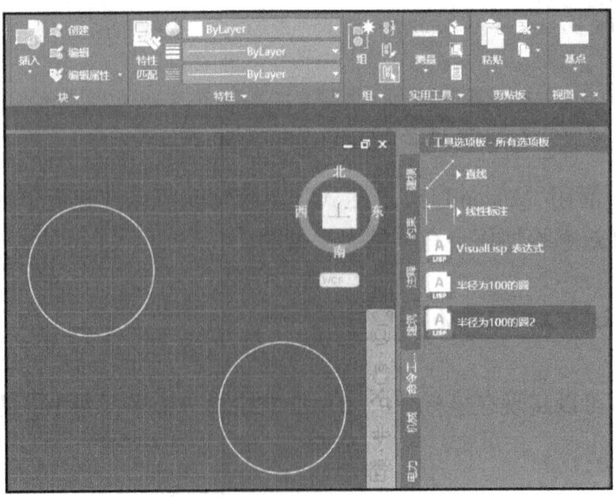

图 14-3-3　在任意处创建圆形

通过上述命令宏的实际修改操作，相信大家能够清楚地理解命令宏的基本用法。将命令宏和工具选项板相结合的方法，将会大大提高工作效率。

14.4 将自制的命令宏放置到菜单栏

除了将命令宏放置到工具选项板以外，还可以将它放置到菜单面板里。默认选项板的绘图面板里面，我们可以看到各种圆的图标（图 14-4-1），下面介绍将“半径为 100 的圆 2”这个命令宏放置到圆的图标里面的方法。

【步骤 1】首先打开任意一个 DWG 文件，在命令行处输入 CUI（图 14-4-2），然后按回车键。

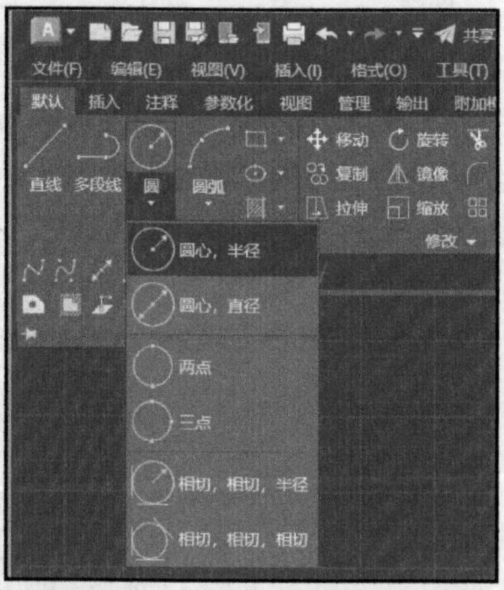

图 14-4-1 圆形的各种图标

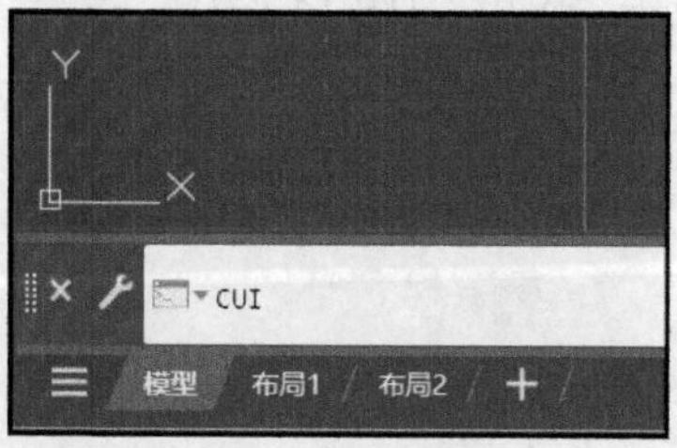

图 14-4-2 在命令行处输入 CUI

【步骤 2】“自定义用户界面”启动之后，在左下方位置（图 14-4-3），可以找到“创建新命令”图标（图 14-4-4）。点击这个图标，在打开的特性面板里面（图 14-4-5），在“名称”后方输入“半径为 100 的圆 2”。

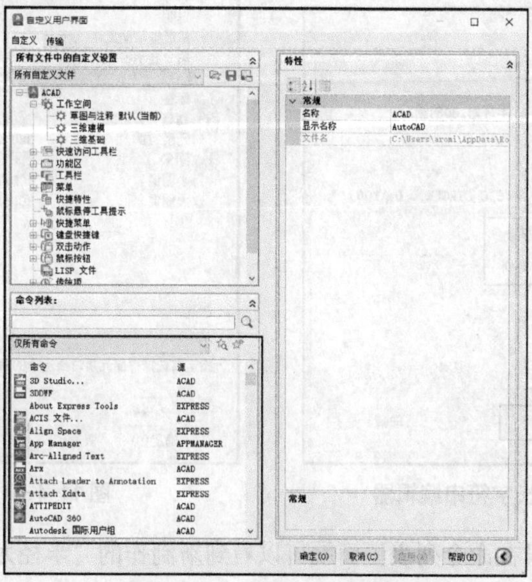

图 14-4-3 自定义用户界面

图 14-4-4 创建新命令

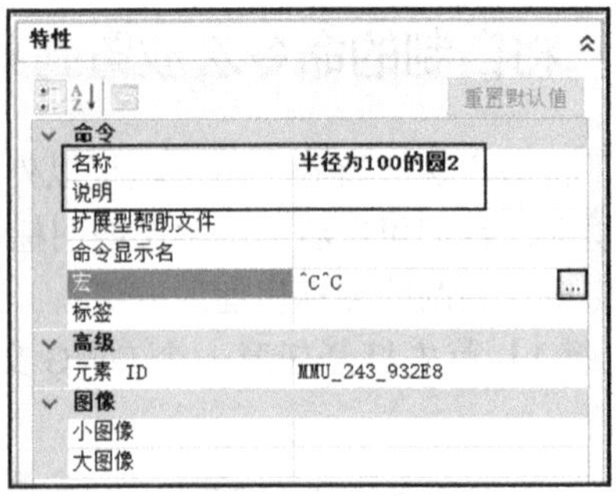

图 14-4-5 特性面板

然后点击“宏”的最右方的…图标，弹出“长字符串编辑器”对话框（图 14-4-6），将命令宏代码“^C^C_CIRCLE; \100”输入进去，然后点击下方的“确定”关闭此对话框。

接着在“按钮图像”选项框中选择一个图像作为命令“半径为 100 的圆 2”的图像，在最下方处点击“应用”（图 14-4-7）。

图 14-4-6 长字符串编辑器

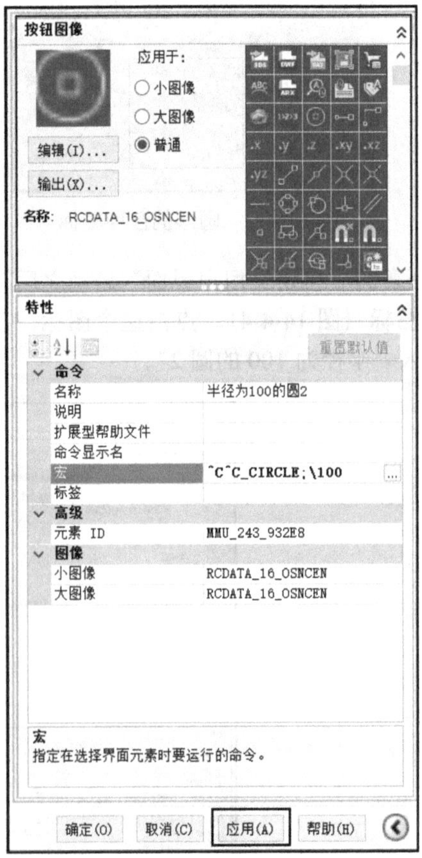

图 14-4-7 应用

【步骤 3】这个时候在命令列表里面就可以看到新制作的“半径为 100 的圆 2”这个命令了（图 14-4-8）。

【步骤 4】选中“半径为 100 的圆 2”这个命令，右击选择“复制”（图 14-4-9）。

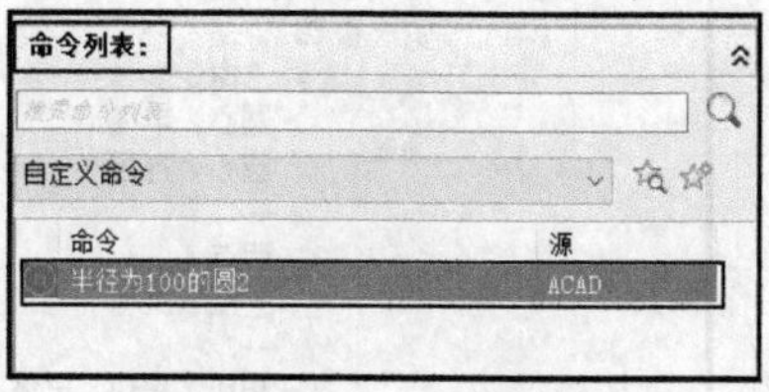

图 14-4-8　命令列表

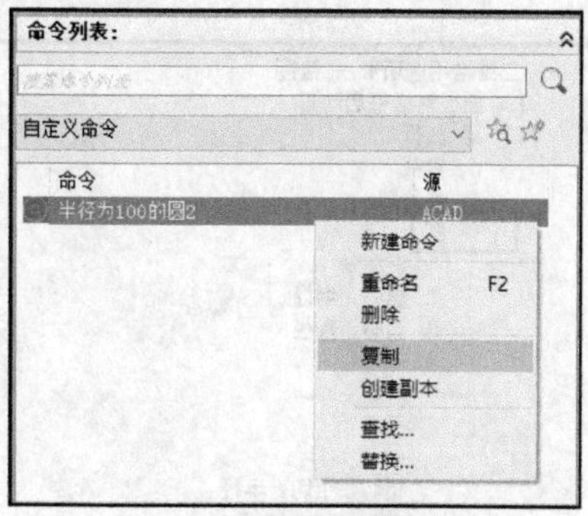

图 14-4-9　复制

在“所有自定义文件”下方“功能区”的“面板”里面，打开“二维常用选项卡 - 绘图”（图 14-4-10），找到“圆”里面的“相切，相切，相切”，右击选择“粘贴”（图 14-4-11）。

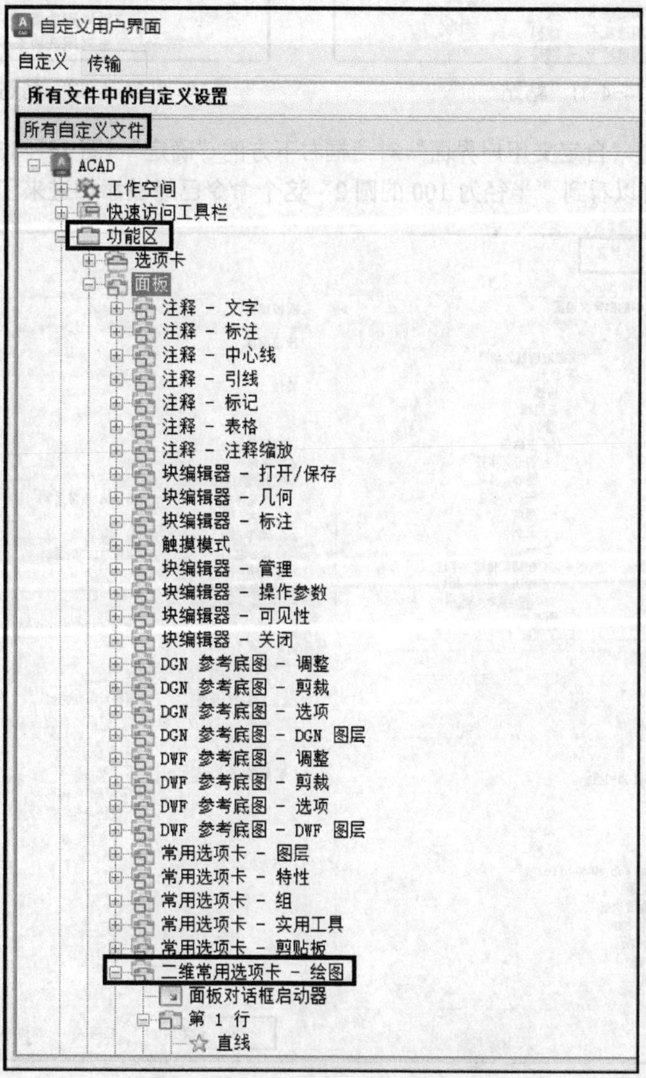

图 14-4-10　二维常用选项卡 - 绘图

可以看到，刚才复制的“半径为 100 的圆 2”这个命令被粘贴到了这里（图 14-4-12）。

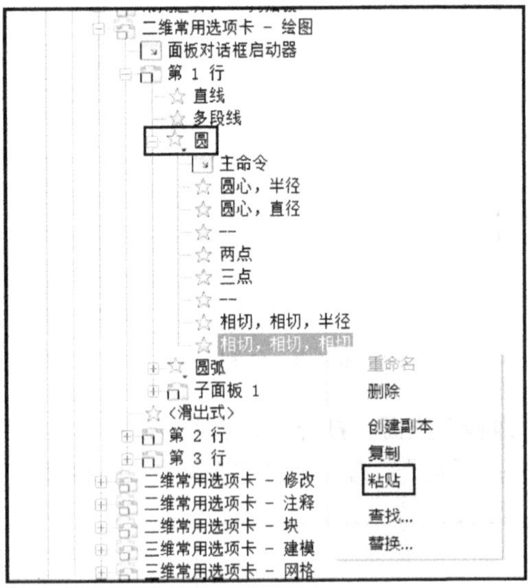

图 14-4-11　粘贴

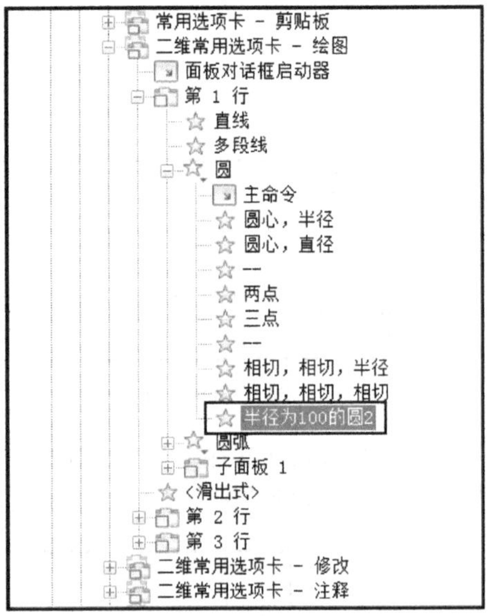

图 14-4-12　粘贴完成

【步骤 5】点击“自定义用户界面”对话框右下方的“确定”（图 14-4-13）。返回到绘图区域的菜单地方，可以看到“半径为 100 的圆 2”这个命令已经被添加进来了（图 14-4-14）。

图 14-4-13　确定

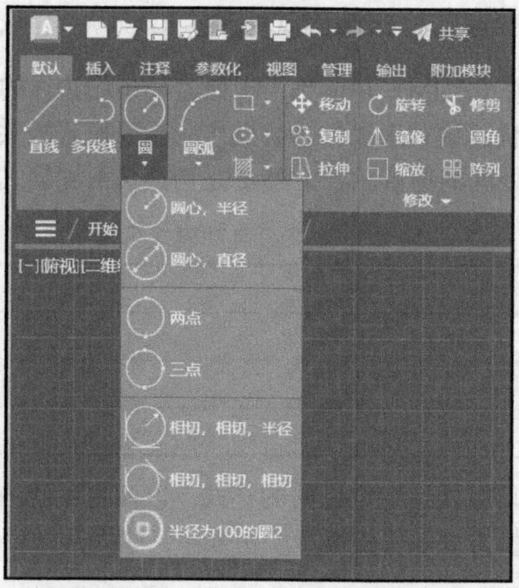

图 14-4-14 完成自制命令的添加

大家可以根据自己的需要，将命令宏自由地放置在工具选项板和菜单里，以便更加方便和快捷地进行操作。

14.5 命令宏实例

本节将为大家介绍几个实用的命令宏代码，通过绘图工作中的实例来帮助大家更好地理解和学习这些代码的应用。我们将逐步分析每个宏代码的功能和使用场景，使大家能够快速掌握并灵活运用这些工具，提高绘图效率。

14.5.1 保存文件为 DXF格式

为了方便和其他软件交流，有时候需要将文件保存为 DXF 格式。在保存文件的时候，可以通过选项命令修改保存文件的格式，也可以通过使用命令宏功能来修改，并且更高效。下面是通过宏将文件保存为 DXF 格式的代码。

```
^C^C_+SAVEAS F 2010;;;Y;^C^C
```

通过上述命令宏可以快速地将当前文件保存为 DXF 格式，其中代码的含义如表 14-5-1 所示。

表 14-5-1 命令宏的含义

命令	含义
^C^C	用于确保任何活动命令被取消
_+SAVEAS	保存文件命令
F	表示文件格式
2010	表示 DXF 文件的版本
Y	确认保存的指令

将这段代码放到工具选项板中即可使用。这个宏可以帮助我们减少手动操作，提高工作效率。

14.5.2 修剪功能的标准模式和快速模式切换

在 AutoCAD 中，修剪（TRIM）功能是用于修整线条和边界的一个重要工具。大家可以根据需要选择标准模式或快速模式来进行修剪操作。标准模式提供了更多的交互选项，而快速模式则适合于需要高效处理的场景。表 14-5-2 是切换这两种模式的命令宏代码示例。

表 14-5-2 TRIM 的模式切换

^C^C^_TRIM;O; S;
^C^C^_TRIM;O; Q;
^C^C^_EXTEND;O; S;
^C^C^_EXTEND;O; Q;

通过使用上述命令宏可以快速切换修剪的模式，以便在不同的绘图需求中选择最适合的修整方式。这种灵活的切换方式不仅提高了绘图效率，也提升了用户的操作体验。

14.5.3 为标注的尺寸添加公差

对标注好的尺寸，有时候需要去添加公差。利用命令宏可以帮助我们快速添加。以下为添加公差为 0.01 的命令宏代码。使用时只需将表 14-5-3 里提到的几个命令的数值进行适当替换，就可以改造和再利用这个宏代码。

```
^C^C^dimoverride;dimtol;on;dimlim;off;dimtp;0.01;dimtm;0.01;dimtolj;1;dimtdec;
2;dimtfac;0.5;;
```

表 14-5-3 公差代码关键命令含义

命令	含义
dimtp; 0.01	设置标注的最大公差值，这里是 0.01
dimtm; 0.01	设置标注的最小公差值，这里是 0.01
dimtolj; 1	设置公差值相对表面标注文字的垂直对正方式，1 为中间
dimtdec; 2	设置小数点后的位数，这里是 2，表示显示两位小数
dimtfac; 0.5	设置标注的比例因子，这里是 0.5

通过使用命令宏，我们可以高效地为标注的尺寸添加公差，从而提升绘图的准确性和专业性。上述标注公差用的宏代码为大家提供了一个灵活的模板，大家只需根据实际需求调整相关参数即可。掌握这些命令的含义与应用，不仅能够加速设计流程，还能确保图纸符合工程标准。

第15章 AutoLISP 编程的注意事项

优秀的 AutoLISP 编程并不仅仅是实现功能，更关乎代码的稳定性、可维护性和执行效率。因此，对于 AutoLISP 的常见注意事项有深入的了解和掌握显得尤为重要。

本章将深入探讨几个关键点，包括如何正确暂时退避数据、简化命令栏显示、对中断错误进行适当处理、清空变量以及 UNDO 标记的活用等。这些注意事项不仅可以避免常见的编程错误，还可以优化代码性能，使其更加简洁和高效。

此外，考虑到安全性和保护知识产权的需求，本章也会介绍如何编译 AutoLISP 文件以及 FAS 文件的加密技巧。

15.1 暂时退避

暂时退避是编程时经常使用的手段。在 AutoLISP 程序执行期间临时更改某些系统变量的值，以便程序能够正确运行，程序执行完毕后再将这些系统变量恢复到原始状态。这种做法可以避免对 AutoCAD 平常使用时候的正常设置造成干扰。

以对象捕捉功能为例（命令 OSNAP），如果希望在 AutoLISP 程序运行的过程中时暂时关闭对象捕捉功能，但是在程序结束时能自动恢复原来的设置，下面这段 ZD-P100-v2.lsp 程序是以 2.4 节的 ZD-P100-v1.lsp 为例进行修改的。

```
1  (defun c:ZD-P100-v2(/ OS)
   ; 创建自定义函数名称为 ZD-P100-v2，并声明局部变量 OS
2    (setq OS (getvar "OSMODE")) ; 保存当前的对象捕捉模式到 OS 里面（暂时退避）
3    (setvar "OSMODE" 0)         ; 将对象捕捉模式设置为 0（关闭）
4    (command "CIRCLE" '(0 0) 100) ; 以原点 (0,0) 为圆心，半径为 100 绘制一个圆
5    (command "polygon" "4" '(0 0) "I" 100 "")
   ; 以原点 (0,0) 为中心，内切于半径为 100 的圆内绘制一个四边形
6    (setvar "OSMODE" OS)        ; 恢复原来的对象捕捉模式
7    (princ)                     ; 函数运行结束，确保函数不留下任何多余的命令行输出
8  )                             ; 自定义函数运行结束
```

这段程序第 4 行和第 5 行的内容与 ZD-P100-v1.lsp 的第 2 行和第 3 行相同。在上面这段程序的第 2 行中，我们将当前 AutoCAD 中的对象捕捉设置保存到局部变量 OS 中，并在第 3 行关闭对象捕捉模式。运行完第 4 行和第 5 行之后，通过第 6 行使用局部变量 OS，在程序结束前将对象捕捉设置恢复到了原来的状态。关于局部变量的说明，请大家参阅 8.1 节的介绍。

再举个例子，在程序运行的时候，属性值对话窗口如果处于可以弹出的状态（变量为 1）有时候会很麻烦，这时就需要在程序运行的时候将它的变量暂时修改为 0（暂时退避），待运行结束后再将其恢复。还是以第 2.4 节的 ZD-P100-v1.lsp 这个程序为例进行修改。修改的 ZD-P100-v3.lsp 程序如下所示。

```
1  (defun c:ZD-P100-v3 ()           ; 创建自定义函数名称为 ZD-P100-v3
2    (setvar "ATTDIA" 0)            ; 关闭属性对话窗口，设置 ATTDIA 变量为 0
3    (command "CIRCLE" '(0 0) 100) ; 以原点 (0,0) 为圆心，半径为 100 绘制一个圆
4    (command "polygon" "4" '(0 0) "I" 100 "")
   ; 以原点 (0,0) 为中心，于半径为 100 的圆内绘制一个内切四边形
5    (setvar "ATTDIA" 1)            ; 恢复属性对话窗口，设置 ATTDIA 变量为 1
6    (princ)                        ; 确保函数结束后不在命令行输出任何值
7  )                                ; 自定义函数运行结束
```

创建的 ZD-P100-v3.lsp 在 ZD-P100-v1.lsp 的基础上，添加了第 2 行，在程序运行之前关闭属性对话窗口，然后通过第 5 行，在程序运行结束后恢复属性对话窗口。

通过 ZD-P100-v3.lsp 这个程序可以看到，我们没有使用局部变量就完成了暂时退避的操作，而 ZD-P100-v2.lsp 则使用了局部变量。

使用局部变量进行暂时退避有很多好处。首先，它提高了代码的可维护性和可读性。使用局部变量可以使代码逻辑更加清晰，因为它们明确地标示了变量在函数内部的使用范围。这样一来，代码本身就具有了自文档化的功能，更容易理解和维护。

其次，局部变量提高了代码的安全性。因为局部变量只在函数内部有效，它们避免了与其他函数或全局变量的命名冲突，减少了意外修改全局状态或其他函数变量的风险。局部变量还保证了状态的精确恢复。在函数结束时，环境能够准确恢复到函数执行前的状态，这对于保持系统的一致性和预期行为至关重要。

相比之下，不使用局部变量的方法看起来可能更加简洁些。对于非常简单的操作，如临时关闭对话框，这种方法更直接、更快捷。然而，这种方法也有明显的缺点。首先，它降低了代码的可维护性和可读性。直接修改全局变量的代码逻辑不够明确，容易导致误解和错误。其次，它存在安全性问题。直接操作全局变量容易导致变量名冲突或意外覆盖其他部分代码的变量，特别是在复杂的程序中。最后，如果在函数执行过程中出现错误，可能无法确保全局状态正确恢复，导致系统状态不一致。

总体而言，虽然使用局部变量会增加一些代码量，但它在提高代码的可维护性、安全性和防止错误方面具有显著优势。因此，在大多数情况下，特别是复杂程序中，使用局部变量是一个更好的选择。而在简单、临时性的操作中，可以直接操作全局变量以简化代码，但需要小心处理以避免潜在的风险。

15.2 简化命令栏显示

在执行 LISP 程序时，我们经常会在命令栏中看到大量的提示信息。这些信息虽然有助于了解程序的执行过程，但在某些情况下却显得冗余并影响效率。通过调整 AutoCAD 的“CMDECHO”系统变量，我们可以控制命令栏中提示信息的显示。

默认情况下，“CMDECHO”系统变量的值为 1，表示显示所有提示信息。将其值设置为 0，则可以关闭这些提示信息，从而使命令栏变得更加简洁。本节将通过实例展示如何利用

“CMDECHO”变量来简化命令栏的显示，使 AutoLISP 程序的执行更为高效。

本节所使用的 AutoLISP 文件共有 3 个（ZD-Echo-v1.lsp，ZD-Echo-v2.lsp 和 ZD-DIM-v2.lsp），扫描前言中的二维码可以下载。

首先看一个关于图层创建的 AutoLISP 示例 ZD-Echo-v1.lsp，这个程序里面没有控制“CMDECHO”系统变量的相关内容，如下所示。

```
(defun c:ZD-Echo-v1( )
(command "-LAYER" "M" "001" "c" "1" "" "")
(command "-LAYER" "M" "002" "c" "2" "" "_LW" "0.5" "" "")
(command "-LAYER" "M" "003" "c" "3" "" "_P" "N" "" "")
(command "_Clayer" "0")
(princ)
)
```

加载 ZD-Echo-v1.lsp 并运行后，在图层的对话框里面可以看到自动创建的图层信息（图 15-2-1），另外在命令栏窗口里面能看到冗长的信息和运行的结果（图 15-2-2）。

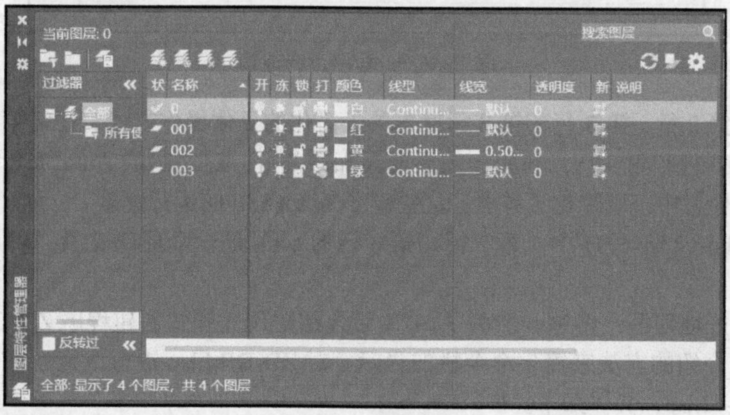

图 15-2-1　创建图层

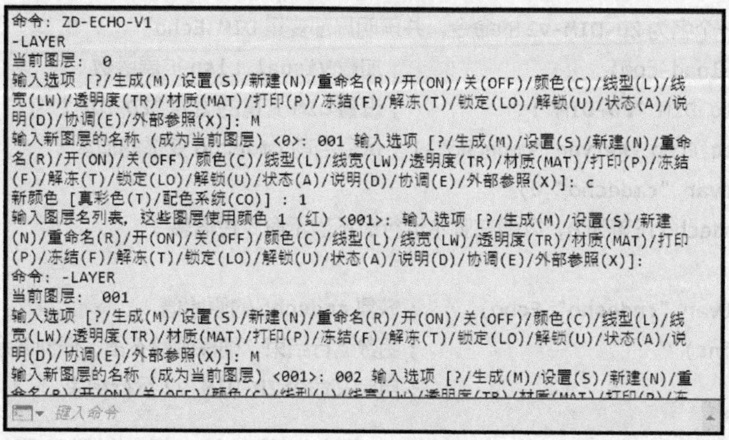

图 15-2-2　命令栏窗口

作为对比，将控制“CMDECHO”系统变量的内容追加到程序里面，命名为 ZD-Echo-v2.lsp，具体代码如下所示。

```
1 (defun c:ZD-Echo-v2( )
2 (setq echo (getvar "cmdecho"))
3 (setvar "cmdecho" 0)
4 (command "-LAYER" "M" "001" "c" "1" "" "")
5 (command "-LAYER" "M" "002" "c" "2" "" "_LW" "0.5" "" "")
6 (command "-LAYER" "M" "003" "c" "3" "" "_P" "N" "" "")
7 (command "_Clayer" "0")
8 (setvar "cmdecho" echo)
9 (princ "\nSuccess!")
10 (princ)
11 )
```

这个时候再加载并运行 ZD-Echo-v2.lsp，就可以看到命令栏窗口仅显示了第 9 行运行成功的信息（图 15-2-3），其他创建图层的信息都没有再显示出来。

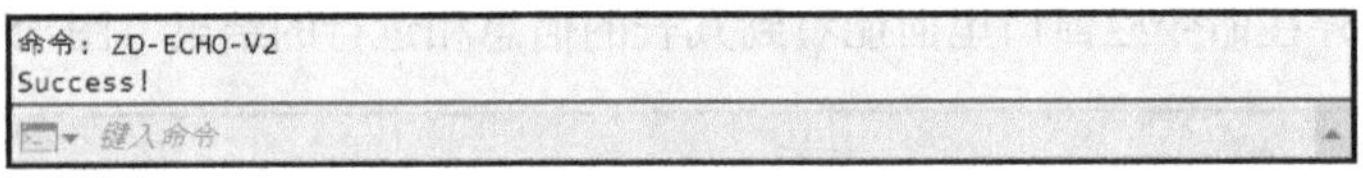

图 15-2-3　程序运行成功

程序中的第 2 行、第 3 行和第 8 行就是关于简化的具体操作方式。在需要简化的信息程序前面添加第 2 行和第 3 行，在程序的后面添加第 8 行，这之间的 AutoLISP 操作信息将会不再显示到命令栏中，既简化了界面，又提高了 AutoLISP 的运行速度。

在 ZD-Echo-v2.lsp 程序中，第 2 行和第 3 行的 echo 是一个局部变量，可以根据需要对它进行修改。

为大家更好地理解，再举一个例子。7.1 节介绍的尺寸样式创建程序 ZD-DIM.lsp，就可以利用本节所介绍的方法来简化命令栏的显示。对 ZD-DIM.lsp 进行改造，修改后的程序命名为 ZD-DIM-v2.lsp，具体如下。❶

```
1  (defun c:ZD-DIM-v2 (/ DIM Echo)
   ;定义一个名为 ZD-DIM-v2 的命令，并声明局部变量 DIM Echo
2    (vl-load-com)                   ; 加载 Visual Lisp 扩展函数
3    (setq DIM "ZD-DIM")             ; 设置 DIM 变量的值为 "ZD-DIM"
4    (setq Echo (getvar "cmdecho")) ; 保存当前 cmdecho 变量的值
5    (setvar "cmdecho" 0)
   ; 将 cmdecho 设置为 0，以便在脚本运行时不显示命令栏信息
...
27   (setvar "cmdecho" Echo)        ; 恢复 cmdecho 的原始值
28   (princ)                        ; 函数运行结束，确保函数不留下任何多余的命令行输出
29  )                               ; 自定义命令 ZD-DIM-v2 运行结束
```

ZD-DIM-v2.lsp 在 ZD-DIM.lsp 的基础上，添加了第 4 行、第 5 行以及第 27 行，实现了命令行的简化。

❶ 第 6 行到第 26 行和 ZD-DIM.lsp 程序的第 4 行至第 24 行一样，这里省略。

在复杂的设计任务中，简洁的命令栏框的界面显示将帮助我们集中注意力在核心的设计问题上，而不是被冗余的信息所干扰。特别是执行大量 AutoLISP 命令的时候，关闭命令栏的提示显示将大大减轻信息处理负担。

15.3 中断错误的处理

中断错误是指在程序执行过程中，由于某种原因导致程序无法继续运行而中断。对于 AutoLISP 程序来说，中断错误通常是由于代码中的逻辑错误、资源不足或无效操作等原因引起的。

当 AutoCAD 检测到这些错误时，会将对应的错误代码赋值给系统变量 ERRNO。通过下面这行代码读取变量，我们可以了解程序中断的原因并进行相应的处理。

```
(getvar "errno")
```

AutoCAD 并不总是将系统变量 ERRNO 清零。只有在发现错误之后才立即检查该变量，否则代码值所指示的错误可能会引起误解。在开始或打开一个图形文件时，该变量被清为零。

一些常见的错误代码含义如下。

错误代码 21，它的英文为 Zero value not allowed，中文含义为输入不能为 0。

错误代码 25，它的英文为 Bad layer name，中文含义为错误的图层名称。

错误代码 26，它的英文为 Bad linetype name，中文含义为错误的线型名称。

错误代码 36，它的英文为 Bad entity type，中文含义为图元类型错误。

通过错误代码的含义就可以找到相关程序的问题所在。完整的错误代码一览及其含义，请参阅本书的附录 3。

15.4 清空 var

在编写 AutoLISP 程序时，对全局变量的管理将非常关键，特别是“var”这样的全局变量函数。也就是说，确保在程序的末尾进行清空操作，对于维持代码的整洁和准确性至关重要。如果忽略这一步骤，“var”函数中储存的数值将会持续保留，即便是在当前的 AutoLISP 程序执行完毕之后也不例外。这种情况可能导致未预期的行为或错误，因为旧的数据值可能会错误地被下一个程序使用。

为了清空“var”变量，我们可以在 AutoLISP 代码的结尾处添加一行简单的代码，如下所示。

```
(setq var nil)
```

在这里，“nil”的含义是“无值”或“空白”，它表示该变量不再持有任何数据。执行了这个操作之后，“var”函数会被完全清空，其值不会传递到接下来执行的任何其他的 AutoLISP 程序中去。这样做可以有效地隔离不同程序段之间的变量，确保每个程序都在一个干净、未被污染的环境中运行。

采用这种做法是良好的编程习惯之一，它帮助程序员避免可能的编程错误。这不仅保证了代码的可维护性，也提高了代码的可读性，让其他开发者更容易理解和维护。因此，在处理全局变量时，始终记得在程序结束时清空它们，这是一种对代码质量负责的表现。

15.5 撤销标记 UNDO

UNDO（快捷键为 U）是 AutoCAD 的一个标准命令（图 15-5-1），它的标准功能是“撤销上一个动作”，是使用频率非常高的一个命令。

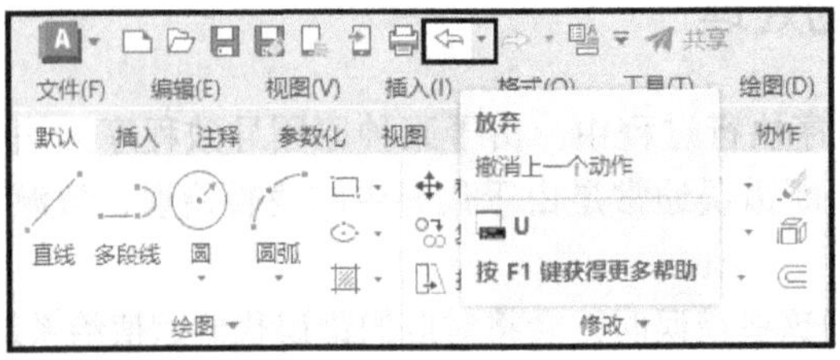

图 15-5-1 UNDO 命令

UNDO 除了标准的“撤销操作”以外，它还有一些非常好的子功能，见图 15-5-2。这些子功能可以协助和完善 AutoLISP 的许多操作。

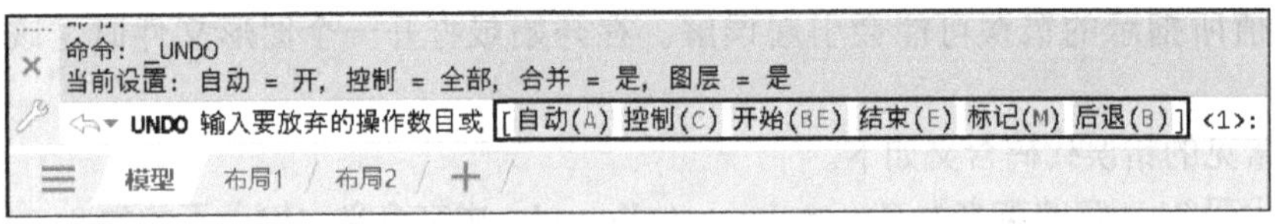

图 15-5-2 UNDO 的子功能

本节以一个绘制三角形图案的 AutoLISP 程序为例，详细讲解怎样将 UNDO 的这些功能活用到 AutoLISP 的编程里面。扫描前言中的二维码可以下载本节所有的 AutoLISP 程序。

15.5.1 打包撤销功能

在审图的时候，经常需要在修改的地方做个标记以记录过程。采用三角形标记是一个常用的方法，见图 15-5-3。

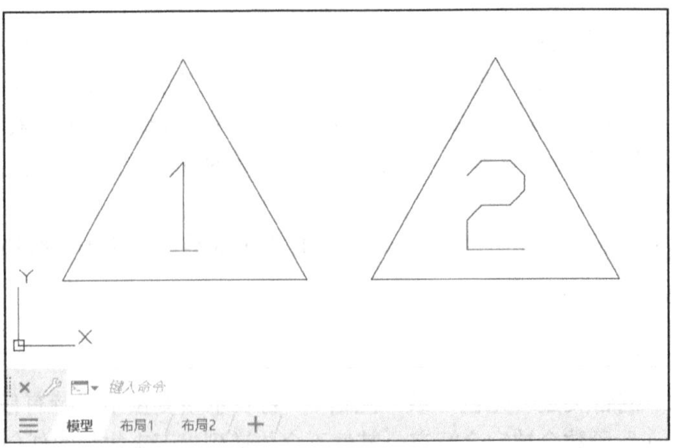

图 15-5-3 三角形标记

下面就是活用多边形 POLYGON（快捷键为 POL）功能来自动绘制三角形的 AutoLISP 程序 ZD-TRIANGLE-v1.lsp。

```
(defun c:ZD-TRIANGLE-v1(/ r pt mh n) ;自定义一个名为 ZD-TRIANGLE-v1 的函数
```

```
2    (setq r (getreal "Enter radius:")) ; 提示用户输入半径并将其存储在变量 r 中
3   (setq pt (getpoint "Select center point:"))
                                        ; 提示用户选择中心点并将其存储在变量 pt 中
4   (command "polygon" "3" pt "I" r)    ; 使用指定的半径和中心点绘制一个正三角形
5   (setq mh(getreal"Enter text height:"))
    ; 提示用户输入文本高度并将其存储在变量 mh 中
6   (setq n 1)                          ; 将变量 n 设置为 1
7   (command "text" "J" "MC" pt mh "" n) ; 在中心点处以指定高度绘制文本 n
8   (princ)                             ; 函数运行结束，确保函数不留下任何多余的命令行输出
9   )                                   ; 结束自定义函数的运行
```

ZD-TRIANGLE-v1.lsp 这个程序的核心内容为第 4 行，通过指定的半径和中心点绘制出一个正三角形。在执行这个自定义命令的时候，如果途中想要撤销所有操作，你会发现逐步撤销非常麻烦，这个时候 UNDO 的功能就可以大显身手了。

在 UNDO 里面的“开始（BE）”和“结束（E）”这两个子功能（图 15-5-4）可以将一系列的操作如同打包一样编成一个集合，这样就可以非常方便我们一次性处理开始和结束之间的操作，代码如下所示。

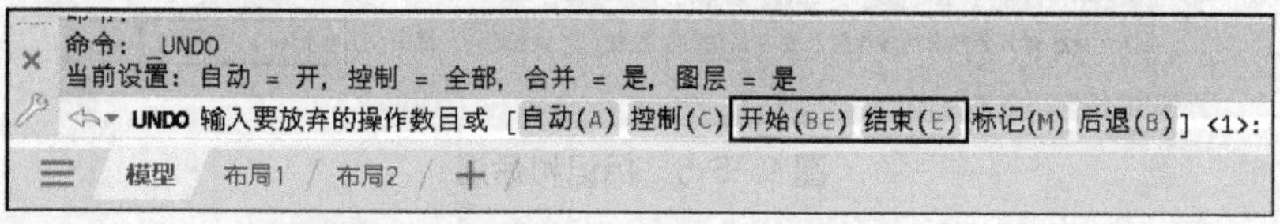

图 15-5-4　开始和结束

```
(command "_undo" "be")
……
(command "_undo" "end")
```

(command "_undo" "be") 这一行开启一个新的撤销标记。"_undo" 是撤销命令，而 "be" 是 "begin" 的简写，意思是开始一个新的撤销标记。(command "_undo" "end") 这一行结束先前开始的撤销标记。"_undo" 是撤销命令，而 "end" 表示结束当前的撤销标记。

这样做的好处是我们可以在这两行代码之间执行多个操作（例如绘制线条、绘制圆、删除对象等），但对于用户来说，这些操作会被视为一个单一的操作。这意味着，如果使用撤销命令，那么在这两行代码之间的所有操作都会一次性撤销，而不是逐个撤销。

以下是活用 UNDO 的“开始（BE）”和“结束（E）”这两个子功能，对程序 ZD-TRIANGLE-v1.lsp 进行的改造，这里命名为 ZD-TRIANGLE-v2.lsp。

```
(defun c:ZD-TRIANGLE-v2(/ r pt mh n) ; 自定义一个名为 ZD-TRIANGLE-v2 的函数
  (command "_undo" "be")        ; 开始撤销组，使以下命令可以在一个撤销步骤中完成
  (setq r (getreal "Enter radius:")) ; 提示用户输入半径并将其存储在变量 r 中
(setq pt (getpoint "Select center point:"))
                                    ; 提示用户选择中心点并将其存储在变量 pt 中
(command "polygon" "3" pt "I" r)    ; 使用指定的半径和中心点绘制一个正三角形
(setq mh(getreal"Enter text height:"))
```

```
                                   ; 提示用户输入文本高度并将其存储在变量 mh 中
7  (setq n 1)                      ; 将变量 n 设置为 1
8  (command "text" "J" "MC" pt mh "" n) ; 在中心点处以指定高度绘制文本 n
9    (command "_undo" "end")       ; 结束撤销组，使得所有操作可以通过一次撤销命令撤销
10 (princ)                         ; 函数运行结束，确保函数不留下任何多余的命令行输出
11 )                               ; 结束自定义函数的运行
```

在 ZD-TRIANGLE-v2.lsp 中，通过第 2 行和第 9 行的添加就可以实现打包撤销的应用。也就是说在第 2 行和第 9 行之间的所有操作都可以被一次性撤销，从而避免逐个撤销的麻烦。

另外，这个方法也帮助我们实现了简化操作。当大家在绘制三角形和添加文本时，若对结果不满意，可以通过一次撤销操作清除所有修改，而不需要逐步撤销，这使得程序在实际使用中的灵活性和用户体验得到了显著提升。

15.5.2 标记功能

UNDO 命令中另外一个有用的功能就是标记和后退，见图 15-5-5。我们可以活用 UNDO 子功能里面的"后退（B）"和"标记（M）"来实现 AutoLISP 程序里面的后退操作，代码如下。

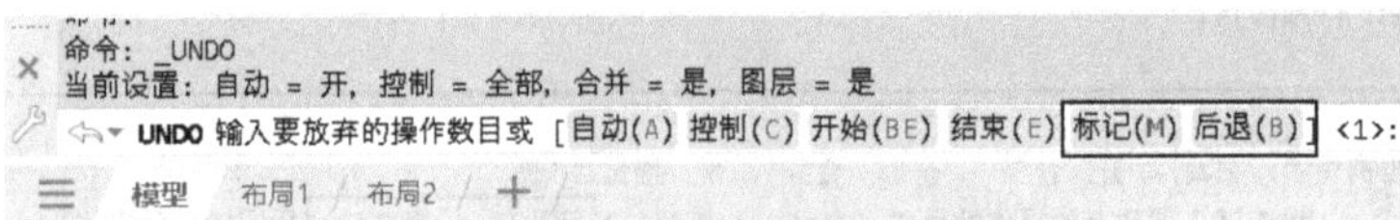

图 15-5-5　标记和后退

```
(command-s "_undo" "b" "y")
……
(command-s "_undo" "m")
```

(command-s "_undo" "b" "y") 这一行使用了"后退（B）"子功能，其中 "b" 是 "back" 的简写，表示后退到之前的某个标记，而 "y" 则是 "yes" 的简写，表示确认执行后退操作。(command-s "_undo" "m") 这一行使用了"标记（M）"子功能，其中 "m" 是 "mark" 的简写，表示在当前的位置做一个标记。这样，我们可以在需要后退的地方做一个标记，然后在需要后退的时候使用"后退（B）"子功能回到这个标记处，从而实现 AutoLISP 程序里面的后退操作。

活用 UNDO 的这两个功能，例如将它们和错误函数组合起来，在 AutoLISP 的程序里面打上标记（M），帮助我们实现指定位置的一步回归处理，以确保在出现错误时可以撤销所有操作。

下面这段代码是在 ZD-TRIANGLE-v1.lsp 的基础上进行了标记功能的添加。这里命名为 ZD-TRIANGLE-v3.lsp。

```
(defun MyError-undo (msg-undo) ; 定义一个错误处理函数
  (command-s "_undo" "b" "y") ; 执行 AutoCAD 的撤销命令
  (setq *error* errmsg)       ; 设置全局错误消息变量
  (princ (strcat "\nError: " msg-undo))     ; 打印错误消息
  (princ)                     ; 确保函数不留下任何多余的命令行输出
```

```
6  )                                    ; 错误处理函数结束
7  (defun c:ZD-TRIANGLE-v3(/ r pt mh n) ; 自定义一个名为 ZD-TRIANGLE-v3 的函数
8    (setq errmsg *error*)              ; 保存当前的错误处理函数
9    (setq *error* MyError-undo)        ; 设置新的错误处理函数
10   (command-s "_undo" "m")            ; 开始新的撤销组
11   (setq r (getreal "\nEnter radius:"))
                                        ; 提示用户输入半径并将其存储在变量 r 中
12   (setq pt (getpoint "\nSelect center point:"))
                                        ; 提示用户选择中心点并将其存储在变量 pt 中
13   (command "polygon" "3" pt "I" r)   ; 使用指定的半径和中心点绘制一个正三角形
14   (setq mh (getreal "\nEnter text height:"))
                                        ; 提示用户输入文本高度并将其存储在变量 mh 中
15   (setq n 1)                         ; 将变量 n 设置为 1
16   (command "text" "J" "MC" pt mh "" n)
                                        ; 在中心点处以指定高度绘制文本 n
17   (princ)                            ; 确保函数不留下任何多余的命令行输出
18 )                                    ; 结束自定义函数的运行
```

这个程序在开头第 1 行到第 6 行创建了一段错误处理函数。这段程序主要用于在发生错误时撤销所有操作，并输出错误信息。函数首先调用 UNDO 命令撤销到开始标记，然后恢复全局错误处理函数，最后打印错误消息。

第 10 行利用 UNDO 功能为程序做了一个标记，错误函数里面的第 2 行和第 10 行相呼应，这样所有在这个标记点之后的操作都可以被撤销到这个点。这在执行一系列复杂操作时尤其有用，因为如果操作中途出现错误，我们可以通过撤销回到这个标记点，而不必逐步撤销每一个操作。

15.5.3 UNDO 功能的综合应用

将程序 ZD-TRIANGLE-v2.lsp 和 ZD-TRIANGLE-v3.lsp 结合起来，让整个程序实现对撤销功能的综合应用。修改后的程序命名为 ZD-TRIANGLE-v4.lsp。

```
(defun MyError-undo (msg-undo)       ; 定义一个错误处理函数
  (command-s "_undo" "b" "y")        ; 执行 AutoCAD 的撤销命令
  (setq *error* errmsg)              ; 设置全局错误消息变量
  (princ (strcat "\nError: " msg-undo))     ; 打印错误消息
  (princ)                            ; 确保函数不留下任何多余的命令行输出
)                                    ; 结束错误处理函数
(defun c:ZD-TRIANGLE-v4(/ r pt mh n) ; 自定义一个名为 ZD-TRIANGLE-v4 的函数
  (setq errmsg *error*)              ; 保存当前的错误处理函数
  (setq *error* MyError-undo)        ; 设置新的错误处理函数
  (command "_undo" "m")              ; 开始新的撤销组
  (command "_undo" "be")             ; 启用后续命令可以撤销
  (setq r (getreal "\nEnter radius:"))
```

```
                                 ; 提示用户输入半径并将其存储在变量 r 中
  (setq pt (getpoint "\nSelect center point:"))
                                 ; 提示用户选择中心点并将其存储在变量 pt 中
  (command "polygon" "3" pt "I" r)
                                 ; 使用指定的半径和中心点绘制一个正三角形
  (setq mh (getreal "\nEnter text height:"))
                                 ; 提示用户输入文本高度并将其存储在变量 mh 中
  (setq n 1)                     ; 将变量 n 设置为 1
  (command "text" "J" "MC" pt mh "" n)        ; 在中心点处以指定高度绘制文本 n
  (command "_undo" "end")        ; 结束撤销组
  (princ)                        ; 确保函数不留下任何多余的命令行输出
)                                ; 结束自定义函数的运行
```

ZD-TRIANGLE-v4.lsp 不但实现了打包撤销功能，并结合错误处理函数，对程序进行了标记，以帮助我们更好地控制整个程序的处理。

15.6 使用 Visual LISP 编译文件

制作好的 AutoLISP 程序，如果需要递交到外部，内部的代码程序不想让对方自由地修改，或者不想让对方看到 AutoLISP 内部运转的逻辑，这时候就需要对 AutoLISP 进行编译。

编译后的文件格式有两种，一种为 .fas 格式，一种为 .VLX 格式。编译过的文件是无法再返回原来的 AutoLISP 文件的，所以在编译的时候需要做好 .lsp 文件的备份工作。

fas 文件是一种优化和加密的格式，它可以保护代码不被查看和修改。fas 文件运行速度较快，适合需要高效执行的程序。VLX 文件是一种更高级的打包格式，它不仅可以包含一个或多个 fas 文件，还可以包含 DCL（对话框定义）文件和其他资源文件。VLX 文件适合需要分发复杂应用程序的场合，提供了更高的灵活性和集成性。

对 AutoLISP 文件进行编译有两种方法：一种是使用 AutoCAD 自带的工具进行编译，生成 VLX 文件；另一种是利用标准的命令 VLISP-COMPILE 直接编译 lsp 文件，生成 fas 文件。

15.6.1 使用自带工具进行编译

【步骤 1】打开 AutoCAD，在管理里面可以找到 Visual LISP 编辑器这个按钮并启动它，如图 15-6-1所示。Visual LISP for AutoCAD 的窗口就会弹出来。依次点击“文件”“生成应用程序”“新建应用程序向导”（图 15-6-2）。

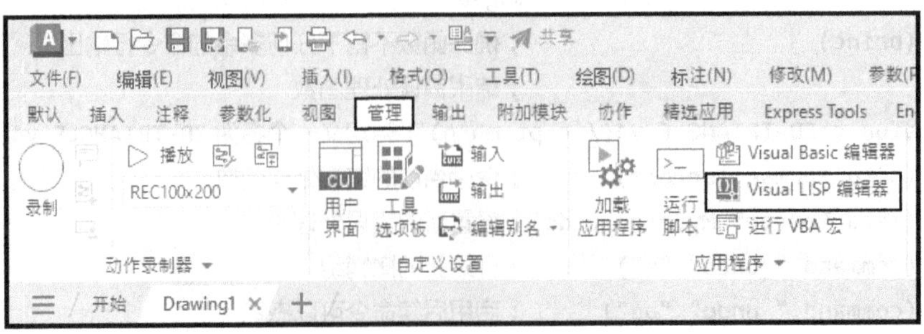

图 15-6-1　Visual LISP 编辑器

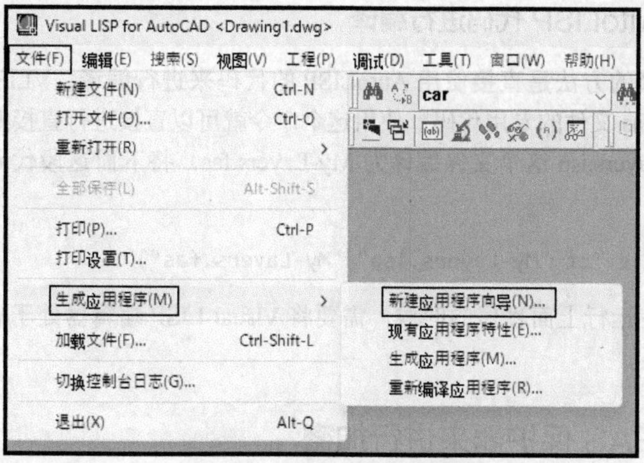

图 15-6-2 新建应用程序向导

【步骤 2】转换为向导模式，选择“简单”，然后点击“下一步”（图 15-6-3）。

【步骤 3】在应用程序目录对话框中选择应用程序所在的位置，以及要制作的 VLX 文件名称（图 15-6-4），然后点击“下一步”。

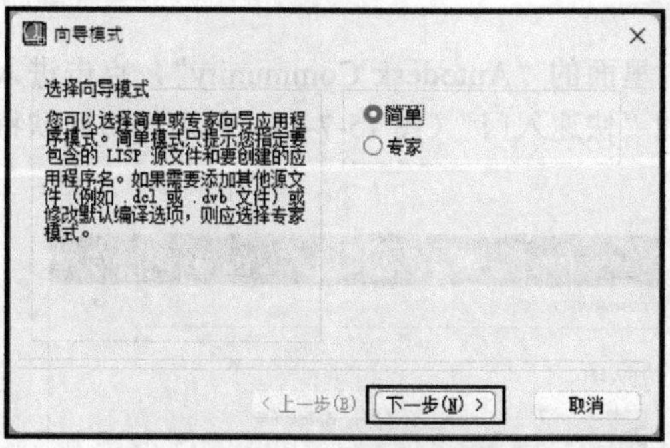

图 15-6-3 向导模式

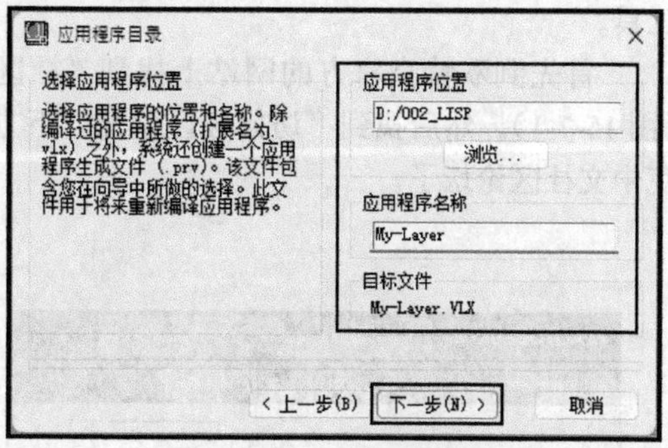

图 15-6-4 应用程序目录

【步骤 4】如果有要包含的 LISP 文件，在这里进行添加，没有的话直接点击“下一步”（图 15-6-5）。

【步骤 5】到此设定就结束了。确认“编译应用程序”前面处于勾选状态后，点击“完成”开始编译工作（图 15-6-6）。

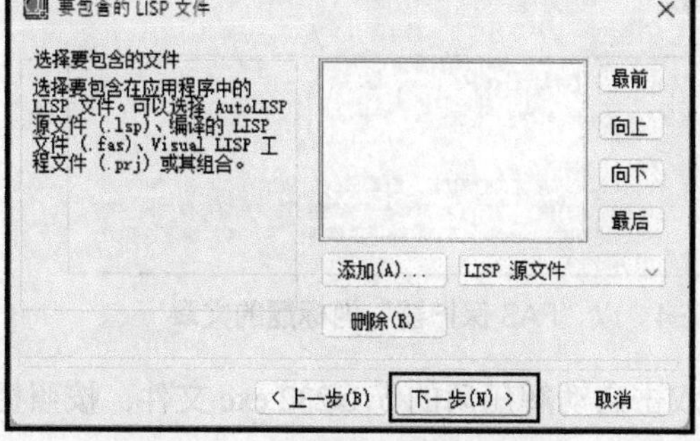

图 15-6-5 要包含的 LISP 文件

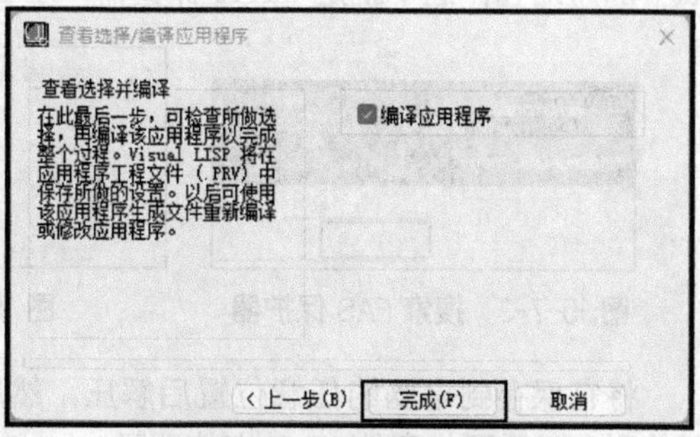

图 15-6-6 编译应用程序

编译完成之后，我们在电脑里面就可以看到编译后的 VLX 文件。

15.6.2 使用 AutoLISP 代码进行编译

另外一种编译的方法是直接使用 AutoLISP 的代码来进行编译。VLISP-COMPILE 是将 LISP 文件编译为 fas 文件的专用代码，使用这个命令就可以直接进行直接编译。

例如将 My-Layers.lsp 这个文件编译为 My-Layers.fas，将下面这段代码输入到命令行栏里即可。

```
(Vlisp-compile 'st "My-Layers.lsp" "My-Layers.fas")
```

需要注意，在运行上面程序的时候，需要将 Visual LISP 编辑器处于启动的状态，否则运行后会出现错误。

15.7 使用 FAS 保护器来进行加密

网络上存在有很多反编译工具，为了防止反编译工具对 VLX 或者 fas 文件进行破解，我们需要对文件再进行一次加密操作，对保护程序源码的不泄露将会起到更好的效果。加密后的 fas 文件在 AutoCAD 上运行没有问题，可以获得和 lsp 文件一样的运行效果。

为 VLX 或者 fas 文件进行加密的工具有很多，这里介绍一款名为“FAS 保护器”的加密工具。

首先到欧特克官方的网站上找到“社区”里面的“Autodesk Community”，点击进入（图 15-7-1）。然后找到“访问社区论坛”下方的“快速入门”（图 15-7-2），就可以访问欧特克中文社区论坛了。

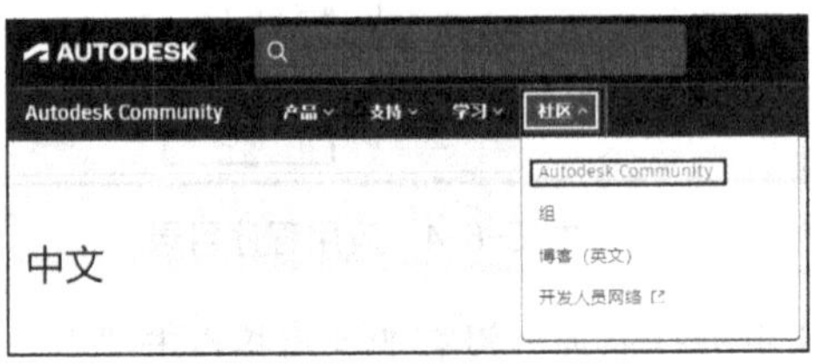

图 15-7-1 Autodesk Community

图 15-7-2 访问社区论坛

在欧特克社区论坛的搜索栏里面搜索“FAS 保护器”（图 15-7-3）。在这里可以找到以“FAS 保护器”为标题的文章（图 15-7-4），点击进去在文章的下方，就可以下载到“pvlx232.rar”的压缩包，这个就是“FAS 保护器”小工具。

图 15-7-3 搜索 FAS 保护器

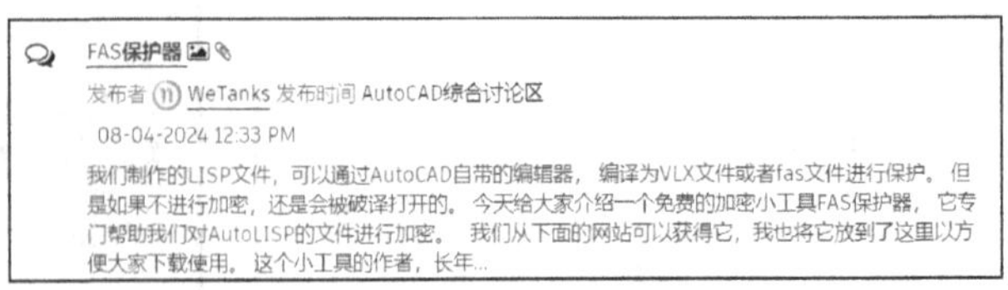

图 15-7-4 以“FAS 保护器”为标题的文章

将它保存到电脑的任意位置后解压，然后双击启动解压后的 pvlx232.exe 文件，按照提示找到自己需要加密的 VLX 文件即可。

通过上面的步骤对文件进行加密保护后，无须担心被其他人反编译和破解，既方便了共享使用，又保护了个人开发 AutoLISP 程序的知识产权。

附　录

附录1　AutoCAD默认快捷键一览表

AutoCAD 软件默认的快捷键一览表。

快捷键	说明
F1	显示帮助
F2	当“命令行”窗口是浮动时，展开“命令行”历史记录，或当“命令行”窗口是固定时，显示“文本”窗口
F3	切换 OSNAP
F4	切换 3DOSNAP 或切换 TABMODE
F5	切换 ISOPLANE
F6	切换 UCSDETECT（仅限于 AutoCAD）
F7	切换 GRIDMODE
F8	切换 ORTHOMODE
F9	切换 SNAPMODE
F10	切换“极轴追踪”
F11	切换对象捕捉追踪
F12	切换“动态输入”
Alt+F4	关闭应用程序窗口
Alt+F8	显示“宏”对话框（仅限于 AutoCAD）
Alt+F11	显示“Visual Basic 编辑器”（仅限于 AutoCAD）
Ctrl+F2	显示文本窗口
Ctrl+F4	关闭当前图形
Ctrl+F6	移动到下一个文件选项卡
Ctrl+0	切换“全屏显示”
Ctrl+1	切换特性选项板
Ctrl+2	切换设计中心
Ctrl+3	切换“工具选项板”窗口
Ctrl+4	切换“图纸集管理器”
Ctrl+6	切换“数据库连接管理器”（仅限于 AutoCAD）
Ctrl+7	切换“标记集管理器”
Ctrl+8	切换“快速计算器”选项板
Ctrl+9	切换“命令行”窗口
Ctrl+A	选择图形中未锁定或冻结的所有对象
Ctrl+B	切换捕捉

续表

快捷键	说明
Ctrl+C	将对象复制到 Windows 剪贴板
Ctrl+D	切换动态 UCS（仅限于 AutoCAD）
Ctrl+E	在等轴测平面之间循环
Ctrl+F	切换执行对象捕捉
Ctrl+G	切换栅格显示模式
Ctrl+H	切换 PICKSTYLE
Ctrl +I	切换坐标显示（仅限于 AutoCAD）
Ctrl+J	重复上一个命令
Ctrl+K	插入超链接
Ctrl+L	切换正交模式
Ctrl+M	重复上一个命令
Ctrl+N	创建新图形
Ctrl+O	打开现有图形
Ctrl+P	打印当前图形
Ctrl+Q	退出应用程序
Ctrl+R	在“模型”选项卡上的视口之间或当前命名的布局上的浮动视口之间循环
Ctrl+S	保存当前图形
Ctrl+T	切换数字化仪模式
Ctrl+U	切换“极轴追踪”
Ctrl+V	粘贴 Windows 剪贴板中的数据
Ctrl+W	切换选择循环
Ctrl+X	将对象从当前图形剪切到 Windows 剪贴板中
Ctrl+Y	取消前面的“放弃”动作
Ctrl+Z	恢复上一个动作
Shift+A	切换 OSNAP
Shift+C	对象捕捉替代：圆心
Shift+D	禁用所有捕捉和追踪
Shift+E	对象捕捉替代：端点
Shift+L	禁用所有捕捉和追踪
Shift+M	对象捕捉替代：中点
Shift+P	对象捕捉替代：端点
Shift+Q	切换对象捕捉追踪
Shift+S	启用强制对象捕捉
Shift+V	对象捕捉替代：中点
Shift+X	切换“极轴追踪”
Shift+Z	切换 UCSDETECT（仅限于 AutoCAD）
Ctrl+Shift+A	切换组

续表

快捷键	说明
Ctrl+Shift+C	使用基点将对象复制到 Windows 剪贴板
Ctrl+Shift+E	支持使用隐含面，并允许拉伸选择的面
Ctrl+Shift+H	使用 HIDEPALETTES 和 SHOWPALETTES 切换选项板的显示
Ctrl+Shift+I	切换推断约束（仅限于 AutoCAD）
Ctrl+Shift+L	选择以前选定的对象
Ctrl+Shift+P	切换“快捷特性”界面
Ctrl+Shift+S	显示“另存为”对话框
Ctrl+Shift+V	将 Windows 剪贴板中的数据作为块进行粘贴
Ctrl+Shift+Y	切换三维对象捕捉模式（仅限于 AutoCAD）

附录 2 AutoLISP 常用函数一览表

序号	命令	含义
	A	
1	abs	返回一个数的绝对值，也就是去掉负号的数值
2	acad_colordlg	打开 AutoCAD 的标准颜色选择对话框
3	acad_helpdlg	启动 AutoCAD 的帮助功能
4	acad-pop-dbmod	恢复数据库修改标志的前一个状态
5	acad-push-dbmod	保存当前的数据库修改标志状态
6	acad_strlsort	对字符串列表进行排序
7	acad_truecolordlg	打开 AutoCAD 的真彩色选择对话框
8	acdimenableupdate	启用或禁用尺寸标注的更新
9	acet-layerp-mode	设置或获取图层管理模式
10	acet-layerp-mark	标记当前图层状态
11	acet-laytrans	执行图层转换操作
12	acet-ms-to-ps	从模型空间切换到布局空间
13	acet-ps-to-ms	从布局空间切换到模型空间
14	action_tile	设置对话框中图块的动作
15	add_list	将一个元素添加到列表中
16	alert	显示错误或者警告的对话窗口
17	alloc	根据节点数量设置内存区域大小
18	and	逻辑与运算符
19	angle	计算两点之间的角度（弧度值）
20	angtof	将角度字符串转换为浮点数
21	angtos	将角度浮点数转换为字符串
22	append	将一个元素追加到列表的末尾
23	apply	将函数应用到列表的元素上
24	arx	调用 AutoCAD Runtime Extension (ARX) 函数
25	arxload	加载 ARX 文件
26	arxunload	卸载 ARX 文件

续表

序号	命令	含义
27	ascli	将字符转换为其 ASCII 码
28	assoc	在关联列表中查找与指定键对应的值
29	atan	计算反正切值（弧度）
30	atof	将字符串转换为浮点数并返回
31	atoi	将字符串转换为整数并返回
32	atom	检查当前对象是否为原子（非列表）
33	atoms-family	返回当前已经定义的符号列表
34	autoarxload	自动加载预定义的 ARX 文件
35	autoload	自动加载预定义的 LISP 文件
	B	
36	boole	布尔运算用函数
37	boundp	调查当前符号是否被设置
	C	
38	car	返回列表的第一个元素
39	caar	返回嵌套列表的第一个元素
40	cadar	返回嵌套列表的第一个元素的第二个元素的第一个元素
41	cadr	返回列表的第二个元素
42	cdr	返回列表的第一个元素之后的部分
43	cdar	返回嵌套列表的第一个元素的其余部分
44	cddr	返回列表去掉前两个元素后的部分
45	chr	返回指定 ASCII 码对应的字符
46	client_data_tile	获取或设置对话框中图块的客户端数据
47	close	关闭文件或其他资源
48	command	执行 AutoCAD 命令
49	cond	条件语句，相当于“如果…否则”结构
50	cons	构造一个新列表，将一个元素添加到一个列表的开头
51	cos	计算余弦值（输入为弧度）
52	cvunit	在不同的单位系统之间进行转换
	D	
53	defun	定义一个新函数
54	defun-q	类似于 defun，但用于快速定义函数，通常在性能敏感的情况下使用
55	defun-q-list-ref	在快速定义的函数中用于引用列表中的元素
56	defun-q-list-set	在快速定义的函数中用于设置列表中的元素
57	dictadd	向字典中添加键值对
58	dictnext	获取字典中下一个键值对
59	dictremove	从字典中移除指定的键值对
60	dictrename	重命名字典中的一个键
61	dimx_tile	设置或获取对话框中图块的宽度
62	dimy_tile	设置或获取对话框中图块的高度
63	distance	计算两点之间的距离
64	distof	将表示距离的字符串转换为数值

续表

序号	命令	含义
65	done_dialog	结束对话框交互
	E	
66	end_image	结束图像定义
67	end_list	结束列表定义
68	entdel	删除一个实体
69	entget	获取实体的数据
70	entlast	获取最后一个创建的实体
71	entmake	创建一个新的实体
72	entmakex	创建一个新的实体并返回其名称
73	entmod	修改一个现有实体
74	entnext	获取下一个实体
75	entsel	允许用户选择一个实体
76	entupd	更新实体以反映其新的属性
77	eq	比较两个对象是否相同（同一内存位置）
78	equal	比较两个对象是否相等（值相等）
79	*error*	错误处理函数，通常在出现未处理的错误时调用
80	eval	计算并返回表达式的值
81	exit	退出 AutoLISP 环境或结束程序执行
82	exp	计算 e 的幂次（自然指数函数）
83	expand	扩展字符串或表达式以提供更多细节或更高的精度
84	expt	计算底数的幂次
	F	
85	fill_image	填充图像
86	findfile	查找文件
87	fix	将一个小数转换为整数，截断小数部分
88	float	将一个整数转换为浮点数
89	foreach	对列表中的每个元素执行相同的操作
90	function	定义一个新的函数
	G	
91	gc	运行垃圾回收，清理不再使用的内存
92	gcd	计算两个整数的最大公约数
93	get_attr	获取对话框中的属性值
94	get_tile	获取对话框中图块的值
95	getangle	从用户输入获取一个角度值
96	getdist	从用户输入获取一个距离值
97	getenv	获取环境变量的值
98	getfiled	显示文件对话框，获取用户选择的文件路径
99	getint	从用户输入获取一个整数值
100	getkword	从用户输入获取一个关键字
101	getorient	从用户输入获取一个方向值
102	getpoint	从用户输入获取一个点坐标

续表

序号	命令	含义
103	getreal	从用户输入获取一个实数值
104	getstring	从用户输入获取一个字符串
105	getval	获取变量的值
106	graphscr	切换到图形屏幕
107	grclear	清除图形屏幕
108	grdraw	在图形屏幕上绘制一条线
109	grread	从图形屏幕获取用户输入
110	grtext	在图形屏幕上显示文本
111	grvecs	在图形屏幕上绘制多条线
	H	
112	handent	根据实体的句柄字符串返回该实体的名称
113	help	打开帮助文档或显示帮助信息
	I	
114	if	条件判断，根据条件的真或假执行不同的代码
115	initcommandversion	初始化命令版本
116	initdia	初始化对话框设置
117	initget	初始化命令行输入的提示选项
118	inters	计算两条线或弧的交点
119	itoa	将整数转换为字符串
	L	
120	lambda	创建一个匿名函数
121	last	返回列表的最后一个元素
122	layoutlist	获取当前布局的列表
123	layerstate-addlayers	将图层添加到图层状态中
124	layerstate-compare	比较两个图层状态
125	layerstate-delete	删除指定的图层状态
126	layerstate-export	导出图层状态到文件
127	layerstate-getlastrestored	获取最后一个被恢复的图层状态
128	layerstate-getlayers	获取图层状态中的图层列表
129	layerstate-getnames	获取所有图层状态的名称列表
130	layerstate-has	检查图层状态是否存在
131	layerstate-import	从文件中导入图层状态
132	layerstate-importfromdb	从数据库中导入图层状态
133	layerstate-removelayers	从图层状态中删除图层
134	layerstate-rename	重命名图层状态
135	layerstate-restore	恢复图层状态
136	layerstate-save	保存当前图层状态
137	length	返回列表的长度（元素数量）
138	list	创建一个列表
139	listp	检查一个值是否为列表
140	load	加载一个 LISP 文件

续表

序号	命令	含义
141	load_dialog	加载对话框定义文件
142	log	计算自然对数
143	logand	按位与运算
144	logior	按位或运算
145	lsh	进行位移运算（逻辑左移或右移）
	M	
146	mapcar	对列表中的每个元素应用一个函数，并返回结果列表
147	max	返回所有数值中的最大数值
148	mem	检查一个元素是否在列表中，建议使用 member
149	member	检查一个元素是否在列表中，返回该元素及其后续部分
150	menucmd	执行菜单命令或返回菜单项的属性
151	menugruop	返回当前菜单组的名称
152	min	返回所有数值中的最小数值
153	minusp	检查一个数是否为负数
154	mode_tile	设置或获取对话框中图块的模式
	N	
155	namedobjdict	获取或创建命名对象字典
156	nentsel	允许用户在 AutoCAD 中选择一个对象并返回其信息
157	nentselp	允许用户在 AutoCAD 中选择一个对象并返回其详细信息和选择点
158	new_dialog	创建一个新的对话框
159	not	逻辑非运算符，返回条件的相反值
160	nth	返回列表中指定位置的元素
161	null	检查列表是否为空
162	numberp	检查一个值是否为数字
	O	
163	open	打开一个文件进行读写操作
164	or	逻辑或运算符，只要有一个条件为真就返回真
165	osnap	设置或获取 AutoCAD 中的对象捕捉模式
	P	
166	polar	计算从一点出发，给定角度和距离的新点坐标
167	prin1	输出一个值（带引号），并返回该值
168	princ	输出一个值（不带引号），并返回该值
169	print	输出一个值（带引号），并在输出后换行
170	progn	顺序执行一系列表达式，并返回最后一个表达式的值
171	prompt	在命令栏里显示文字列
	Q	
172	quit	强制关闭当前的程序
173	quote	返回表达式但不演算
	R	
174	read	从输入中读取一个 LISP 表达式
175	read-char	从输入中读取一个字符

续表

序号	命令	含义
176	read-line	从输入中读取一行文本
177	redraw	在 AutoCAD 中刷新显示图形对象
178	regapp	在 AutoCAD 中注册扩展数据的应用程序名称
179	rem	计算两个整数相除后的余数
180	repeat	重复执行一段代码指定的次数
181	reverse	反转列表中元素的顺序
182	rtos	将一个实数转换为字符串
	S	
183	set	将变量设置为指定的值
184	set_tile	在对话框中设置图块的值
185	setcfg	设置配置文件中的值
186	setenv	设置环境变量的值
187	setfunhelp	为函数设置帮助字符串
188	setq	将数值代入关联表达式
189	setview	设置视图的参数
190	sin	计算正弦值
191	slide_image	显示幻灯片图像
192	snvalid	检查点是否在栅格内
193	sqrt	计算平方根
194	ssadd	向选择集添加对象
195	ssdel	从选择集中删除对象
196	ssget	获取对象选择集
197	ssgetfirst	获取上一次选择集
198	sslength	返回选择集的长度（对象数量）
199	ssmemb	检查对象是否在选择集中
200	ssname	返回选择集中的对象
201	ssnamex	返回选择集中的扩展对象名
202	sssetfirst	设置上一次选择集
203	startapp	启动外部应用程序
204	start_dialog	启动对话框定义
205	start_image	开始图像定义
206	start_list	开始列表定义
207	strcase	转换字符串的大小写
208	strcat	连接字符串
209	strlen	返回字符串的长度
210	subst	替换列表中的元素
211	substr	提取子字符串
	T	
212	tablet	管理图形平板
213	tblnext	获取数据库表中的下一个条目
214	tblobjname	获取数据库表中条目的对象名称

序号	命令	含义
215	tblsearch	在数据库表中搜索条目
216	term_dialog	终止对话框
217	terpri	输出一个换行符
218	textbox	获取文本框的尺寸和位置
219	textpage	切换到文本页面模式
220	textscr	切换到文本屏幕模式
221	trace	跟踪函数的调用情况
222	trans	坐标转换
223	type	获取数据的类型
	U	
224	unload_dialog	卸载对话框
225	untrace	停止跟踪
	V	
226	vector_image	创建或处理矢量图像
227	ver	返回当前使用的软件版本
228	vports	管理视口
	W	
229	wcmatch	使用通配符匹配字符串
230	while	在某个条件为真时重复执行一段代码
231	write-char	向文件或写入一个字符
232	write-line	向文件或写入一行文本
	X	
233	xdroom	检查扩展数据的剩余空间
234	xdsize	获取扩展数据的大小
	Z	
235	zerop	判断计算数值是否为 0
	其他	
236	(*error*<STRING>)	在程序执行过程中处理错误
237	(+<数值 1><数值 2>)	所有数值累计相加后返回结果
238	(−<数值 1><数值 2>)	第一个数值减去其他所有数值后返回结果
239	(*<数值 1><数值 2>)	所有数值相乘后返回
240	(/<数值 1><数值 2>)	第一个数值除去其他所有数值后返回结果
241	(=<数值 1><数值 2>)	比较数值，如果相等返回 T，否则返回 nil
242	(/=<数值 1><数值 2>)	比较数值，不完全相等返回 T，否则返回 nil
243	(<<数值 1><数值 2>)	比较数值，数值 1 小于数值 2 返回 T，否则返回 nil
244	(<=<数值 1><数值 2>)	比较数值，数值 1 大于或等于数值 2 返回 nil，否则为 T
245	(><数值 1><数值 2>)	比较数值，数值 1 大于数值 2 返回 T，否则返回 nil
246	(>=<数值 1><数值 2>)	比较数值，数值 1 小于或等于数值 2 返回 nil，否则为 T
247	(～<数值>)	自变量 NOT 运算值返回
248	(1+<数值>)	数值加 1 后返回
249	(1−<数值>)	数值减 1 后返回

附录 3　错误代码含义一览表

序号	含义	中文解释
0	No error	没有错误
1	Invalid symbol table name	无效的符号表名称
2	Invalid entity or selection set name	无效的图元或选择集名称
3	Exceeded maximum number of selection sets	超出选择集的最大数目
4	Invalid selection set	无效的选择集
5	Improper use of block definition	块定义的用法错误
6	Improper use of XREF	外部引用的用法错误
7	Object selection: pick failed	选择对象时拾取失败
8	End of entity file	图元文件结束
9	End of block definition file	块定义文件结束
10	Failed to find last entity	未找到最后一个图元
11	Illegal attempt to delete viewport object	非法操作：试图删除视口对象
12	Operation not allowed during PLINE	绘制 PLINE 时，非法操作
13	Invalid handle	无效的句柄
14	Handles not enabled	句柄未启用
15	Invalid arguments in coordinate transform request	坐标转换时所要求的参数无效
16	Invalid space in coordinate transform request	坐标转换时所要求的空间非法
17	Invalid use of deleted entity	非法使用已删除的图元
18	Invalid table name	无效的表名
19	Invalid table function argument	无效的函数参数表
20	Attempt to set a read-only variable	试图设置只读变量
21	Zero value not allowed	不允许输入 0 值
22	Value out of range	数值越界
23	Complex regen in progress	正在进行复杂的图形重生成
24	Attempt to change entity type	试图改变图元类型
25	Bad layer name	错误的图层名称
26	Bad linetype name	错误的线型名称
27	Bad color name	错误的颜色名称
28	Bad text style name	错误的文字式样名称
29	Bad shape name	错误的形名称
30	Bad field for entity type	错误的图元类型字段
31	Attempt to modify deleted entity	试图修改已删除的图元
32	Attempt to modify seqend subentity	试图修改子图元
33	Attempt to change handle	试图修改句柄
34	Attempt to modify viewport visibility	试图修改视口的可见性
35	Entity on locked layer	图元所在图层被锁定
36	Bad entity type	图元类型错误
37	Bad polyline entity	多义线图元错误
38	Incomplete complex entity in block	块中的复杂图元不完整

续表

序号	含义	中文解释
39	Invalid block name field	块的名称字段无效
40	Duplicate block flag field	块的标志字段重复
41	Duplicate block name fields	块的名称字段重复
42	Bad normal vector	法向矢量错误
43	Missing block name	缺少块名称
44	Missing block flags	缺少块标志
45	Invalid anonymous block	无效的匿名块
46	Invalid block definition	无效的块定义
47	Mandatory field missing	缺少必需的字段
48	Unrecognized extended data XDATA type	未知的扩展数据 XDATA 类型
49	Improper nesting of list in XDATA	XDATA 中序列的嵌套错误
50	Improper location of APPID field	APPID 字段的位置错误
51	Exceeded maximum XDATA size	超 XDATA 的最大尺寸
52	Entity selection: null response	图元选择时，响应为空
53	Duplicate APPID	APPID 重复
54	Attempt to make or modify viewport entity	试图新建或修改视口图元
55	Attempt to make or modify an xref, xdef, or dep	试图新建或修改 xref、xdef 或 xdep
56	ssget filter: unexpected end of list	函数 ssget 的过滤表意外结束
57	ssget filter: missing test operand	函数 ssget 的过滤表缺少测试运算
58	ssget filter: invalid opcode (-4) string	函数 ssget 的过滤表中操作码 (-4) 字符串无效
59	ssget filter: improper nesting or empty conditional clause	函数 ssget 的过滤表中条件序列嵌套错误或内容为空
60	ssget filter: mismatched begin and end of conditional clause	函数 ssget 的过滤表中条件序列的开始和结束不匹配
61	ssget filter: wrong number of arguments in conditional clause for NOT or XOR	函数 ssget 的过滤表中条件序列的参数数目，对于 NOT 或 XOR 而言有错误
62	ssget filter: exceeded maximum nesting limit	函数 ssget 的过滤表超出最大嵌套层数限制
63	ssget filter: invalid group code	函数 ssget 的过滤表中的组码无效
64	ssget filter: invalid string test	函数 ssget 的过滤表中的字符串测试无效
65	ssget filter: invalid vector test	函数 ssget 的过滤表中的矢量测试无效
66	ssget filter: invalid real test	函数 ssget 的过滤表中的实数测试无效
67	ssget filter: invalid integer test	函数 ssget 的过滤表中的整数测试无效
68	Digitizer is not a tablet	定点设备不是数字化仪
69	Tablet is not calibrated	数字化仪尚未校准
70	Invalid tablet arguments	数字化仪参数无效
71	ADS error: Unable to allocate new result buffer	在 ADS 程序中出现不能分配新的结果缓存区
72	ADS error: Null pointer detected	在 ADS 程序中检测到空指针
73	Cannot open executable file	无法打开可执行文件
74	Application is already loaded	应用程序已经加载
75	Maximum number of applications already loaded	已经加载最大数量的应用程序
76	Unable to execute application	无法执行应用程序
77	Incompatible version number	版本号不兼容

续表

序号	含义	中文解释
78	Unable to unload nested application	无法卸载被嵌套的应用程序
79	Application refused to unload	应用程序拒绝卸载
80	Application is not currently loaded	应用程序尚未加载
81	Not enough memory to load application	内存不足，无法加载应用程序
82	ADS error: Invalid transformation matrix	在 ADS 程序中出现非法变换矩阵
83	ADS error: Invalid symbol name	在 ADS 程序中出现无效的符号名称
84	ADS error: Invalid symbol value	在 ADS 程序中出现无效的符号值
85	AutoLISP/ADS operation prohibited while a dialog box was displayed	显示对话框时，AutoLISP/ADS 操作被禁止

注意：变量 ERRNO 的值及其含义，在 AutoCAD 的后续版本中可能会发生变化。

附录 4　本书中的 AutoLisp 程序一览表

根据章节顺序，本书中涉及的所有 LISP 程序如下表所示。

章节	名称	内容
第 2 章 AutoLISP 基础		
2.3	ZD-C100-v1.lsp	创建半径为 100 的圆
2.4	ZD-P100-v1.lsp	创建边长为 100 的正方形
第 3 章 AutoLISP 的自动加载和应用		
3.2	acaddoc.lsp	自动启动 LISP 的默认文件
3.2	acaddoc.lsp	自动启动 LISP 的默认文件 2
3.3	ZD-AppLoad.lsp	加载 acaddoc.lsp 文件用
3.4	ZD-240-v1.lsp	创建名称为 240 的图层 v1 版本
3.4	Library.lsp	LISP 库文件
3.4	ZD-240-v2.lsp	创建名称为 240 的图层 v2 版本
第 4 章 AutoLISP 函数与实例		
4.2	ZD-C100-v2.lsp	SETQ 函数
4.3	ZD-C100-v3.lsp	GETREAL 函数
4.4	ZD-C100-v4.lsp	IF 函数
4.5	ZD-C100-v5.lsp	REPEAT 函数
4.6	ZD-C100-v6.lsp	WHILE 函数
4.7	ZD-C100-v7.lsp	GETVAR 函数
4.8	ZD-C100-v8.lsp	LIST 函数
4.9	ZD-C100-v9.lsp	ERROR 函数
第 5 章 AutoLISP 与图层		
5.2	ZD-Layer-v1.lsp	创建三个图层，指定颜色编号值
5.2	ZD-Layer-v2.lsp	创建三个图层，追加线宽数值
5.2	ZD-Layer-v3.lsp	图层名的输入简化
5.2	ZD-Layer-v4.lsp	优化命令行的显示
5.2	ZD-Layer-v5.lsp	图层命令的快捷键

续表

章节	名称	内容
5.3	ZD-Layer-v6.lsp	使用 DXF 组码创建图层 v6
5.3	ZD-Layer-v7.lsp	使用 DXF 组码创建图层 v7
5.3	ZD-Layer-v8.lsp	效率化创建图层
5.4	ZD-Layer-v9.lsp	添加线型方法 1
5.4	ZD-Layer-v10.lsp	添加线型方法 2
5.5	ZD-DIM-v1.lsp	添加标注到图层
5.6	ZD_Layers.lsp	专属图层的创建
5.7	ZD-MyLayers.lsp	控制图层颜色
第 6 章 AutoLISP 与块和尺寸		
6.2	ZD-Block-v1.lsp	插入块文件 v1 版本
6.2	ZD-Block-v2.lsp	插入块文件 v2 版本
6.2	ZD-Block-v3.lsp	插入块文件 v3 版本
6.3	ZD-Wblocks.lsp	批量修改块文件的表示和非表示状态
6.4	ZD-InBlock-v1.lsp	块的插入：从简单的直线开始
6.4	ZD-InBlock-v2.lsp	块的插入：斜线的对应
6.4	ZD-InBlock-v3.lsp	块的插入：实现多段线
6.4	ZD-InBlock-v4.lsp	块的插入：删除重叠部分
6.6	ZD-NONEXPL.lsp	批量修改块为“不允许分解”
6.7	ZD-OpenFolder.lsp	快速打开块文件夹
6.8	ZD-DIM.lsp	使用 LISP 创建标注样式
6.9	ZD-PipeLine.lsp	活用尺寸样式对齐直线
6.10	ZD-Suf.lsp	自动添加尺寸后缀
第 7 章 AutoLISP 编程小技巧		
7.1	ZD-Var-v1.lsp	系统变量和 GETVAR
7.1	ZD-Var-v2.lsp	系统变量和 SETVAR
7.1	ZD-Var-v3.lsp	全局变量和局部变量
7.1	ZD-Var-v4.lsp	全局变量和局部变量
7.1	ZD-Var-v5.lsp	引数和定数
7.1	ZD-Var-v6.lsp	引数和定数
7.2	ZD_SSGET_LAYER	锁定图层中的图形非选择
7.2	ZD_SSGET_CIRCLE	选择图形中特定的对象
7.3	ZD-FL.lsp	1e99 的活用
第 8 章 利用 AutoLISP 打造自己的工作环境		
8.1	ZD-Default-v1.lsp	控制对象捕捉系统变量 OSMODE
8.1	ZD-Default-v2.lsp	控制视觉样式 VSCURRENT
8.1	ZD-Default-v3.lsp	控制自动捕捉变量 AUTOSNAP
8.1	ZD-Default-v4.lsp	控制动态输入变量 DYNMODE
8.1	ZD-Default-v5.lsp	控制动态输入变量 APERTURE
8.1	ZD-Default-v6.lsp	v1 到 v5 合并后的 LISP 文件
8.2	ZD-Default-v7.lsp	控制环境变量

续表

章节	名称	内容
8.3	ZD-Lin.lsp	自定义线型的自动下载和加载
8.5	ZD-Point.lsp	点的控制
第 9 章 切换键和鼠标宏的活用		
9.2	ZD-VSC.lsp	循环切换视觉样式中的“线框”和“概念”
9.3	ZD-XF.lsp	循环切换参照中的“表示”和“非表示”
第 11 章 鼠标点击大改造		
11.6	ZD-DIM.lsp	尺寸界线的隐藏
11.7	ZD-MyCenterMark.lsp	创建中心线
11.8	MyAddselectedBlock.lsp	块的复制
第 12 章 配置文件和共享		
12.3	ZD-MyProfiles.lsp	配置文件切换背景
第 13 章 AutoLISP 实例		
13.2	ZD-PD.lsp	两种点样式的循环切换
13.2	ZD-PD-v2.lsp	三种点样式的循环切换
13.3	ZD-Layon.lsp	批量打开和解冻图层
13.4	ZD-RightClick.lsp	打开计时右键点击
13.5	ZD-LayerPre.lsp	批量为图层添加前缀
13.5	ZD-LayerPre-v2.lsp	批量为图层添加前缀（版本 2）
13.6	ZD-OpenDrawing.lsp	打开当前项目文件夹
13.6	ZD-OpenDrawing-v2.lsp	打开固定文件夹
第 15 章 AutoLISP 编程的注意事项		
15.1	ZD-P100-v2.lsp	暂时退避举例（1）
15.1	ZD-P100-v3.lsp	暂时退避举例（2）
15.2	ZD-Echo-v1.lsp	命令栏显示的简洁化 v1
15.2	ZD-Echo-v2.lsp	命令栏显示的简洁化 v2
15.2	ZD-DIM-v2.lsp	使用 LISP 创建标注样式
15.5	ZD-TRIANGLE-v1.lsp	自动绘制三角形 v1 版本
15.5	ZD-TRIANGLE-v2.lsp	自动绘制三角形 v2 版本
15.5	ZD-TRIANGLE-v3.lsp	自动绘制三角形 v3 版本
15.5	ZD-TRIANGLE-v4.lsp	自动绘制三角形 v4 版本